面向新工科普通高等教育系列教材

网页设计与制作教程

（HTML+CSS+JavaScript）

第 3 版

张兵义　张　博　主　编

王　蓓　范培英　副主编

机械工业出版社

本书内容紧扣国家对高等院校培养高级应用型、复合型人才的技能水平和知识结构的要求，采用全新的 Web 标准编写，详细讲解了 HTML5、CSS3、JavaScript 开发技术基础和 HTML5 网站制作实例。本书共 11 章，主要内容包括网页设计与制作基础、编辑 HTML5 元素、网页布局与交互、CSS3 样式基础、使用 CSS3 修饰网页元素、CSS3 盒模型、Div+CSS 布局页面、JavaScript 基础、JavaScript DOM 编程、HTML5 的高级应用和"馨美装修"网站的制作。

本书可作为高等院校计算机及相关专业的教材，也可以作为网站建设、相关软件开发人员和计算机爱好者的参考书。

本书配有电子课件以及例题、习题、实训素材和源代码等资源，需要配套资源的教师可登录 www.cmpedu.com 免费注册，审核通过后下载，或联系编辑索取（微信：15910938545，电话：010-88379739）。

图书在版编目（CIP）数据

网页设计与制作教程：HTML+CSS+JavaScript / 张兵义，张博主编. —3 版. —北京：机械工业出版社，2022.10（2025.1 重印）
面向新工科普通高等教育系列教材
ISBN 978-7-111-71630-3

Ⅰ. ①网… Ⅱ. ①张… ②张… Ⅲ. ①网页制作工具-高等学校-教材 Ⅳ. ①TP393.092

中国版本图书馆 CIP 数据核字（2022）第 174371 号

机械工业出版社（北京市百万庄大街 22 号　邮政编码 100037）
策划编辑：胡　静　　责任编辑：胡　静　郝建伟
责任校对：张艳霞　　责任印制：任维东
河北泓景印刷有限公司印刷

2025 年 1 月第 3 版・第 6 次印刷
184mm×260mm・15.25 印张・376 千字
标准书号：ISBN 978-7-111-71630-3
定价：69.00 元

电话服务

客服电话：010-88361066
　　　　　010-88379833
　　　　　010-68326294
封底无防伪标均为盗版

网络服务

机 工 官 网：www.cmpbook.com
机 工 官 博：weibo.com/cmp1952
金 书 网：www.golden-book.com
机工教育服务网：www.cmpedu.com

前　言

随着 HTML5 规范的日臻完善和普及，Web 前端开发技术也越来越引人注目，如何开发 Web 应用程序，设计精美、独特的网页已经成为当前的热门技术之一。党的二十大报告提出"教育、科技、人才是全面建设社会主义现代化国家的基础性、战略性支撑"，首次将教育、科技、人才一体安排部署，赋予教育新的战略地位、历史使命和发展格局。为适应现代技术的飞速发展，培养出技术能力强、能快速适应网站开发（或 Web 开发）行业需求的高级技能型人才，帮助众多热爱网站开发的人员提高网站的设计及编码水平，编者结合自己多年从事教学工作和 Web 应用开发的实践经验，按照教学规律精心编写了本书。本书基于 Web 标准，深入浅出地介绍了 Web 前端设计技术的基础知识，对 HTML5、CSS3、JavaScript 和网站制作流程进行了详细讲解。其中，HTML 负责网页结构，CSS 负责网页样式及表现，JavaScript 负责网页行为和功能。

本书以模块化的结构来组织章节，选取 Web 开发设计的典型应用作为教学案例，以网站建设和网页设计为中心，以实例为引导，把介绍知识与实例设计、制作、分析融为一体，并且自始至终贯穿于书中。本书通过一个完整的"馨美装修"网站的讲解，将相关知识点分解到案例的具体制作环节中；案例具有代表性和趣味性，使学生在完成案例的同时掌握语法规则与技术的应用。本书的主要特色如下。

1）通过一个完整的网站制作过程的讲解，将相关知识点分解到实例网站的具体制作环节中，针对性强。还提供了许多其他实例，可操作性强。

2）语言通俗易懂，简单明了，让学生能够轻松掌握有关知识。

3）在案例的安排上，根据其技术难易程度采用了由浅入深的方式，将技术难点分散于各个案例中，做到了叙述上的前后呼应、技术上的逐步加深。

4）融入课程思政，通过将思政内容融入课堂进一步增强学生的家国情怀。

5）配有完整丰富的教学资源。为配合教学，方便教师讲课和学生学习，精心制作了电子课件、授课计划以及例题、习题的源代码等教学资源。

本书微课视频二维码的使用方式：

1）刮开教材封底处的"刮刮卡"，获得"兑换码"。

2）关注微信公众号"天工讲堂"，选择"我的"-"使用"。

3）输入"兑换码"和"验证码"，选择本书全部资源并免费结算。

4）使用微信扫描教材中的二维码观看微课视频。

本书由张兵义、张博担任主编，王蓓、范培英担任副主编。刘瑞新编写第 1 章，张兵义编写第 2、3 章，张博编写第 4、6 章，许镭编写第 5 章，王蓓编写第 7、8 章，范培英编写第 9、11 章，徐军编写第 10 章。全书由刘瑞新教授统编定稿。参加本书编写工作的都是具有多年计算机教学与培训经验的教师。由于 Web 前端开发技术的发展日新月异，加之编者水平有限，书中难免有不足之处，恳请读者提出宝贵的意见和建议。

编　者

目　录

第1章　网页设计与制作基础

本章将对 Web 前端开发技术、HTML5 的运行环境和创建方法进行详细讲解。

1.1　网页与网站的概念

万维网（World Wide Web，WWW）是 Internet 上基于客户/服务器体系结构的分布式多平台的超文本超媒体信息服务系统，它是 Internet 最主要的信息服务，允许用户在一台计算机上通过 Internet 存取另一台计算机上的信息。

网页（Web Page）是存放在 Web 服务器上供客户端用户浏览的文件，可以在 Internet 上传输。网页是按照网页文档规范编写的一个或多个文件，这种格式的文件由超文本标记语言创建，能将文字、图片、声音等各种多媒体文件组合在一起，这些文件被保存在特定计算机的特定目录中。几乎所有的网页都包含链接，可以方便地跳转到其他相关网页或是相关网站。

根据侧重点的不同，网站（Web Site，也称站点）被定义为已注册的域名、主页或 Web 服务器。网站由域名（也就是网站地址）和网站空间构成。网站是一系列网页的组合，这些网页拥有相同或相似的属性并通过各种链接相关联。所谓相同或相似的属性，就是拥有相同的实现目的、相似的设计或共同描述相关的主体。通过浏览器，可以实现网页的跳转，从而浏览整个网站。

如果在浏览器的地址栏中输入网站地址，浏览器会自动连接到这个网址所指向的网络服务器，并出现一个默认的网页（一般为 index.html 或 default.html），这个最先打开的默认页面就被称为"主页"或"首页"。主页（Homepage）就是网站默认的网页，通常指用户进入网站后所看到的第一个页面，而网页是指 Internet 中所有可供浏览的页面。两者的概念不同。对于整个网站来说，主页的设计至关重要。主页能体现出网站的风格、特点，容易引起浏览者的兴趣，反之，则很难给浏览者留下深刻的印象。

1.2　Web 前端开发技术简介

HTML5、CSS3 和 JavaScript 是网页制作的基本应用技术，也是本书讲解的重点内容，要想掌握好这门技术，首先需要对它们有一个整体的认识。本节将详细讲解 HTML5、CSS3 和 JavaScript 的发展历史、流行版本及常用的开发工具。

1.2.1　HTML5 简介

HTML 是 HyperText Markup Language（超文本标记语言）的缩写，是构成 Web 页面、表示 Web 页面的符号标签语言。通过 HTML，将所需表达的信息按某种规则写成 HTML 文件，再通过专用的浏览器来识别，并将这些 HTML 文件翻译成可以识别的信息，这就是网页。

1. HTML 的发展历史

HTML 最早源于 SGML（Standard General Markup Language，标准通用标记语言），它由 Web 的发明者 Tim Berners-Lee 及其同事 Daniel W. Connolly 于 1990 年创立。在互联网发展的初期，由于互联网没有一种网页技术呈现的标准，所以多家软件公司合力打造了 HTML 标准，其中最著名的就是 HTML 4.0，这是一个具有跨时代意义的标准。但 HTML 4.0 依然有其缺陷和不足，人们也在不断改进它，使它更加具有可控制性和弹性，以适应网络上的应用需求。2000 年，W3C 组织公布发行了 XHTML 1.0 版本。

XHTML 1.0 是一种在 HTML 4.0 基础上优化和改进的新语言，主要是基于 XML 应用。不过 XHTML 并没有成功，大多数的浏览器厂商认为 XHTML 作为一个过渡化的标准并没有太大必要，所以 XHTML 并没有成为主流。HTML5 也因此孕育而生。

HTML5 的前身名为 Web Applications 1.0，由 WHATWG 在 2004 年提出，于 2007 年被 W3C 接纳。W3C 随即成立了新的 HTML 工作团队，团队包括 AOL、Apple、Google、IBM、Microsoft、Mozilla、Nokia、Opera 以及数百个其他的开发商。这个团队于 2009 年公布了第一份 HTML5 正式草案，HTML5 将成为 HTML 和 HTML DOM 的新标准。2012 年 12 月 17 日，W3C 宣布凝结了大量网络工作者心血的 HTML5 规范正式定稿，确定了 HTML5 在 Web 网络平台奠基石的地位。

2. HTML 代码与网页结构

下面通过"馨美装修"企业文化页面的一段 HTML 代码（见图 1-1）和相应的网页结构（见图 1-2）来简单地认识 HTML。

图 1-1　HTML 代码片段　　　　　　　　　　图 1-2　代码相应的网页结构

从图 1-1 中可以看出，网页内容是通过 HTML 标签（图中带有"< >"的符号）组织的，网页文件其实是一个纯文本文件。

3. HTML5 的特性

HTML5 虽然继承了以前版本的特点，但更侧重于在浏览器中实现 Web 应用程序。对于网页的制作，HTML5 主要有两个方面的改动，即实现 Web 应用程序和用于更好地呈现内容。

（1）实现 Web 应用程序

HTML5 引入了新的功能，以帮助 Web 应用程序的创建者能够更好地在浏览器中创建富媒体应用程序，这是当前 Web 应用的热点。多媒体应用程序目前主要由 Ajax 和 Flash 来实现，HTML5 的出现增强了这种应用。HTML5 用于实现 Web 应用程序的功能如下。

1）绘画的 Canvas 元素，该元素就像在浏览器中嵌入一块画布，可以在画布上绘画。

2）更好的用户交互操作，包括拖放、内容可编辑等。

3）扩展的 HTML DOM API（Application Programming Interface，应用程序编程接口）。

4）本地离线存储。

5）Web SQL 数据库。

6）离线网络应用程序。

（2）更好地呈现内容

基于 Web 表现的需要，HTML5 引入了能够更好地呈现内容的元素，主要有以下几项。

1）用于视频、音频播放的 video 元素和 audio 元素。

2）用于文件结构的 article、footer、header、nav、section 等元素。

3）功能强大的表单控件。

1.2.2　CSS3 简介

CSS（Cascading Style Sheets，层叠样式表单）简称为样式表，是用于（增强）控制网页样式并允许将样式信息与网页内容分离的一种标记性语言。CSS 是目前最好的网页表现语言之一，所谓表现就是赋予结构化文件内容显示的样式，包括版式、颜色和大小等，它扩展了 HTML 的功能，使网页设计者能够以更有效的方式设置网页格式。现在几乎所有漂亮的网页都使用 CSS，CSS 已经成为网页设计必不可少的工具之一。

1. CSS 的发展历史

伴随着 HTML 的飞速发展，CSS 也以各种形式应运而生。1996 年 12 月，W3C 推出了 CSS 规范的第一个版本 CSS 1.0。这个规范立即引起了各方的积极响应，随即 Microsoft 公司和 Netscape 公司纷纷表示自己的浏览器能够支持 CSS 1.0，从此 CSS 技术的发展几乎"一马平川"。1998 年，W3C 发布了 CSS 2.0/2.1 版本，这也是至今流行广泛并且主流浏览器都采用的标准。随着计算机软件、硬件及互联网日新月异的发展，浏览者对网页的视觉效果和用户体验提出了更高的要求，开发人员对如何快速提供高性能、高用户体验的 Web 应用也提出了更高的要求。

早在 2001 年 5 月，W3C 就着手开发 CSS 的第 3 版（即 CSS3）的规范，它被分为若干个相互独立的模块。CSS3 的产生大大简化了编程模型，不仅对已有功能进行扩展和延伸，更多的是对 Web UI 设计理念和方法的革新。虽然完整的、规范权威的 CSS3 标准还没有尘埃落定，但是各主流浏览器已经开始支持其中的绝大部分特性。

2. 使用 CSS 样式控制页面的外观

样式就是格式，在网页中，像文字的大小、颜色及图片的位置等，都是设置显示内容的样式。图 1-3 所示文字的颜色、大小都是通过 CSS 样式控制的。

众所周知，使用 HTML 编写网页并不难，但对于一个由几百个网页组成的网站来说，统一采用相同的格式就困难了。CSS 能将样式的定义与 HTML 文件内容分离，只要建立定义样式的 CSS 文件，并且让所有的 HTML 文件都调用这个 CSS 文件所定义的样式即可。

同时，CSS 非常灵活，既可以是一个单独的样式表文件，也可以嵌入在 HTML 文件中。图 1-4 所示的代码片段，采用的是将 CSS 代码内嵌到 HTML 文件中的方式。虽然 CSS 代码与 HTML 结构代码同处一个文件中，但 CSS 集中编写在 HTML 文件的头部，仍然符合结构与表现相分离的原则。

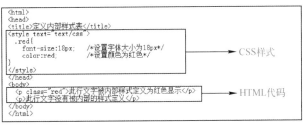

图 1-3　CSS 控制页面外观　　　　　图 1-4　CSS 代码与 HTML 结构代码的结合

1.2.3　JavaScript 简介

在 Web 标准中，使用 HTML 设计网页的结构，使用 CSS 设计网页的外观，使用 JavaScript 制作网页的特效。CSS 样式表可以控制和美化网页的外观，但对网页的交互行为却无能为力，此时脚本语言提供了解决方案。

JavaScript 是一种由 Netscape 公司的 LiveScript 发展而来的客户端脚本语言，Netscape 公司最初将其脚本语言命名为 LiveScript，在 Netscape 与 Sun 合作之后将其改名为 JavaScript。为了取得技术优势，Microsoft 公司推出了 JScript，它与 JavaScript 一样，可以在浏览器上运行。为了互用性，ECMA 国际制定了 ECMAScript 262 标准（ECMAScript），目前流行使用的 JavaScript 和 JScript 可以认为是 ECMAScript 的扩展。

JavaScript 的开发环境很简单，不需要 Java 编译器，而是直接运行在浏览器中。JavaScript 通过嵌入或调入 HTML 文件中实现其功能。通过 JavaScript 可以实现网页中常见的特效，例如，循环滚动的字幕、下拉菜单、Tab 切换栏、轮播广告等。图 1-5 所示为通过 JavaScript 实现的轮播广告，每隔一段时间，广告自动切换到下一幅画面；用户单击广告下方的数字，将直接切换到相应的画面。

图 1-5　轮播广告

1.3　HTML5 的基本结构和编码规范

每个网页都有其基本的结构，包括 HTML 的语法结构、文档结构、标签的格式以及代码的编写规范等。

1.3.1　HTML5 语法结构

HTML 文件由元素构成，元素由标签、内容和属性 3 部分组成。

1. 标签

HTML 文档由标签和被标签的内容组成。标签能产生各种效果，其功能类似于一个排版软件，将网页的内容排成理想的效果。标签（tag）是用一对尖括号（"<" ">"）括起来的单词或单词缩写，各种标签的效果差别很大，但总的表示形式却大同小异，大多数都成对出现。在 HTML 中，通常标签都是由开始标签和结束标签组成的，开始标签用"<标签>"表示，结束标签用"</标签>"表示，其格式如下。

<标签> 受标签影响的内容 </标签>

例如，一级标题标签<h1>表示为：

<h1>Web 前端开发</h1>

需要注意以下两点。

1）每个标签都要用"<"（小于号）和">"（大于号）括起来，如<p>，<table>，以表示这是 HTML 代码而非普通文本，"<" ">" 与标签名之间不能留有空格或其他字符。

2）在标签名前加上符号 "/" 便是其结束标签，表示该标签内容的结束，如</h1>。标签也有不用</标签>结尾的，称之为单标签。例如，换行标签
。

2．内容

HTML 文件中的元素是指从开始标签到结束标签的所有代码，即一个元素通常由开始标签、元素内容和结束标签（有些标签没有结束标签，要写上 ">"）组成。HTML 元素分为有内容的元素和空元素两种。

（1）有内容的元素

有内容的元素是由开始标签、结束标签及两者之间的元素内容组成的，其中元素内容既可以是需要显示在网页中的文字内容，也可以是其他元素。例如，<title>和</title>是标签，下面代码是一个 title 元素。

```
<title>淘宝网 - 淘！我喜欢</title>
```

（2）空元素

空元素只有开始标签而没有结束标签，也没有元素内容。例如，
、<hr>（横线）元素就是空元素。

（3）元素的嵌套

除了 HTML 文件元素 html 外，其他 HTML 元素都是被嵌套在另一个元素之内的。在 HTML 文件中，html 是最外层元素，也称为根元素。head 元素、body 元素是嵌套在 html 元素内的。body 元素内又嵌套许多元素。HTML 中的元素可以多级嵌套，但是不能互相交叉。例如，下面代码对于<head>和</head>标签来说，就是一个 head 元素。

```
<head><title>淘宝网 - 淘！我喜欢</title></head>
```

同时，这个 title 元素又是嵌套在 head 元素中的另一个元素。

例如，下面是不正确的嵌套写法，<p>元素的开始标签在<b>元素的外层，但它的结束标签却放在了<b>元素的结束标签内。

```
<p>这是<b>第一段</p>文字</b>
```

正确的 HTML 写法如下。

```
<p>这是<b>第一段</b>文字</p>
```

为了防止出现错误的 HTML 元素嵌套，在编写 HTML 文件时，建议先写外层的一对标签，然后逐渐往里写，这样既不容易忘记写 HTML 元素的结束标签，也可以减少 HTML 元素的嵌套错误。

3．属性

标签仅仅规定这是什么信息，但是要想显示或控制这些信息，就需要在标签后面加上相关的属性。标签通过属性来制作出各种效果，通常都是以 "属性名="值""的形式来表示，用空格隔开后，还可以指定多个属性，并且在指定多个属性时不用区分顺序，其格式如下。

```
<标签  属性 1="属性值 1"  属性 2="属性值 2" …> 受标签影响的内容 </标签>
```

1.3.2　HTML5 文档结构

HTML5 文档是一种纯文本格式的文件，文档的基本结构如下。

```
<!DOCTYPE html>
<html>
```

```
    <head>
        <meta charset="utf-8">
        <title>文档标题</title>
    </head>
    <body>
        网页内容
    </body>
</html>
```

1. 文档类型

在编写 HTML5 文档时，要求指定文档类型，用于向浏览器说明当前文档使用的是哪种 HTML 标准。文档类型声明的格式如下。

```
<!DOCTYPE html>
```

这行代码称为 doctype 声明，doctype 是 document type（文档类型）的简写。要建立符合标准的网页，doctype 声明是必不可少的关键组成部分。doctype 声明必须放在每一个 HTML 文档的最顶部，在所有代码和标签之前。

2. HTML 文档标签\<html\>…\</html\>

HTML 文档标签的格式如下。

```
<html> HTML 文档的内容 </html>
```

\<html\>处于文档的最前面，表示 HTML 文档的开始，即浏览器从\<html\>开始解释，直到遇到\</html\>为止。每个 HTML 文档均以\<html\>开始，以\</html\>结束。

3. HTML 文档头标签\<head\>…\</head\>

HTML 文档包括头部（head）和主体（body）。HTML 文档头标签的格式如下。

```
<head> 头部的内容 </head>
```

文档头部内容在开始标签\<html\>和结束标签\</html\>之间定义，其内容可以是标题名或文本文件地址、创作信息等网页信息说明。

4. HTML 文档编码

HTML5 文档直接使用 meta 元素的 charset 属性指定文档编码，格式如下。

```
<meta charset="UTF-8">
```

为了被浏览器正确解释和通过 W3C 代码校验，所有的 HTML 文档都必须声明它们所使用的语言编码。文档声明的编码应该与实际的编码一致，否则就会呈现为乱码。utf-8 是世界通用的 HTML 语言编码，用户一般使用 utf-8 来指定文档编码。

5. 页面标题标签\<title\>…\</title\>

HTML 文件的标题显示在浏览器的标题栏中，用以说明文件的用途。标题文字位于\<title\>和\</title\>标签之间，其语法格式如下。

```
<title>页面标题</title>
```

网页的标题不会显示在文本窗口中，而以窗口的名称显示出来，每个文件只允许有一个标题。网页的标题能给浏览者带来方便，如果浏览者喜欢该网页，则将它加入书签中或保存到磁盘上，标题就作为该页面的标志或文件名。另外，使用搜索引擎时显示的结果也是页面的标题。

例如，搜狐网站的主页，对应的网页标题如下。

```
<title>搜狐</title>
```

打开网页后，将在浏览器窗口的标题栏显示"搜狐"网页标题。在网页文件头部定义的标题内容不会在浏览器窗口中显示，而是在浏览器的标题栏中显示。

6．HTML 文档主体标签\<body\>…\</body\>

HTML 文档主体标签的格式如下。

```
<body>
    网页的内容
</body>
```

主体位于头部之后，以\<body\>为开始标签，\</body\>为结束标签。它定义网页上显示的主要内容与显示格式，是整个网页的核心，网页中要真正显示的内容都包含在主体中。

1.3.3　HTML5 编码规范

页面的 HTML 代码书写必须符合 HTML 规范，这是用户编写拥有良好结构文档的基础，这些文档可以很好地工作于所有的浏览器，并且可以向后兼容。

1．HTML 书写规范

1）文件第一行添加 HTML5 的声明类型\<!DOCTYPE html\>。

2）建议为\<html\>根标签指定 lang 属性，从而为文件设置正确的语言 lang="zh-CN"。

3）编码统一为\<meta charset="utf-8"/\>。

4）\<title\>标签必须设置为 head 元素的直接子元素，并紧随\<meta charset\>声明之后。

5）文件中除了开头的 DOCTYPE、utf-8（或 UTF-8）和 zh-CN 或\<head\>标签中可以使用大写字母外，其他 HTML 标签名必须使用小写字母。

6）标签的闭合要符合 HTML5 的规定。

7）标签的使用必须符合标签的嵌套规则，例如，\<div\>标签不得置于\<p\>标签中。

8）属性名必须使用小写字母，其属性值必须用双引号包围。布尔类型的属性建议不添加属性值。自定义属性推荐使用 data-。

2．标签的规范

1）标签分单标签和双标签，双标签往往是成对出现，所有标签（包括空标签）都必须关闭，如\<br/\>、\<img/\>、\<p\>…\</p\>等。

2）标签名和属性建议都用小写字母。

3）多数 HTML 标签可以嵌套，但不允许交叉。

3．属性的规范

1）根据需要可以使用该标签的所有属性，也可以只用其中的几个属性。在使用时，属性之间没有顺序。

2）属性值都要用双引号括起来。

3）并不是所有的标签都有属性，如换行标签就没有。

4．元素的嵌套

1）块级元素可以包含行级元素或其他块级元素，但行级元素却不能包含块级元素，它只能包含其他的行级元素。

2）有几个特殊的块级元素只能包含行级元素，不能再包含块级元素，这几个特殊块级元素对应的标签是\<h1\>、\<h2\>、\<h3\>、\<h4\>、\<h5\>、\<h6\>、\<p\>、\<dt\>。

5．代码的缩进

HTML 代码并不要求在书写时缩进，但为了文档的结构性和层次性，建议初学者使用标签时首尾对齐，内部的内容向右缩进几格。

1.4 编辑 HTML 文件

"工欲行其事，必先利其器"，制作网页的第一件事就是选择一种网页编辑工具。

1.4.1 常见的网页编辑工具

随着互联网的普及，HTML 技术不断发展和完善，产生了众多网页编辑器。网页编辑器基本上可以分为"所见即所得"网页编辑器和"非所见即所得"网页编辑器（即源代码编辑器）两类，两者各有千秋。

网站制作及前端开发软件是指用于制作 HTML 网页的工具软件。

1．HBuilder X

HBuilder X（简称 HX）编辑器是 DCloud（数字天堂）推出的一款支持 HTML5 的 Web 开发软件。HBuilder X 占用资源少、启动快，可通过完整的语法提示、代码输入法和代码块等，大幅提升 HTML、JS、CSS 的开发效率。HBuilder X 在使用上比较符合中国人的开发习惯，用 HBuilder X 写 HTML 代码很方便。

2．Dreamweaver

Dreamweaver 是美国 Adobe 公司推出的一套拥有可视化编辑界面，用于制作并编辑网站和移动应用程序的网页设计软件。由于 Dreamweaver 支持代码、拆分、设计、实时视图等多种方式来创作、编写和修改网页。对于 Web 开发初级人员而言，Dreamweaver 可以无须编写任何代码就能快速创建 Web 页面；其成熟的代码编辑工具更适合 Web 开发高级人员的创作。Adobe Dreamweaver 也是一个比较好的 HTML 代码编辑器。

3．Visual Studio Code

Visual Studio Code（简称 VS Code）是Microsoft公司开发的运行于Windows、macOS X 和 Linux 操作系统之上的，开源的、免费的、跨平台的、高性能的、轻量级的代码编辑器。它在性能、语言支持、开源社区等方面都做得很不错。该编辑器支持多种语言和文件格式的编写，集成了所有现代编辑器所应该具备的特性，包括语法高亮、可定制的热键绑定、括号匹配及代码片段收集等。

4．Sublime Text

Sublime Text 是一款具有代码高亮、语法提示、自动完成且反应快速的编辑器软件。它不仅具有华丽的界面，还支持插件扩展。用 Sublime Text 编辑代码，很容易上手。

5．Notepad++

Notepad++旨在替代 Windows 默认的 Notepad，而且比 Notepad 的功能强大。Notepad++支持插件，可添加不同的插件，以支持不同的功能。Notepad++属于轻量级的文本编辑类软件，比其他一些专业的文本编辑类工具启动更快、占用资源更少，从功能使用等方面来说，不亚于专业工具。

1.4.2 HTML 文件的创建

一个网页可以简单得只有几个文字，也可以复杂得像一张或几张海报。任意文本编辑器都可以用于编写网页源代码，当前比较流行的网页编辑器是 HBuilder X。使用 HBuilder X 编辑 HTML 文件的操作非常简单，在 HBuilder X 的代码窗口中手工输入代码，有助于设计人员对网页结构和样式有更深入的了解。

下面使用 HBuilder X 创建一个只有文本组成的简单页面，通过它来学习网页的编辑、保存和浏览过程。

1）在桌面上双击 HBuilder X 的快捷方式图标。

2）打开 HBuilder X，如果是初次使用 HBuilder X，则将显示"历次更新说明"，如图 1-6 所示。如果以前编辑过网页，则将显示上次编辑的 HTML 文件，如图 1-7 所示。若不需要则关闭该标签卡。

图 1-6　初次使用 HBuilder X

图 1-7　显示上次编辑的 HTML 文件

3）新建一个 HTML 文件，选择"文件"→"新建"→"html 文件"命令，如图 1-8 所示。

4）显示"新建 html 文件"对话框，如图 1-9 所示。在"文件名"文本框中输入 html 文件名，如"welcome.html"，保持.html 不变。

图 1-8　新建 html 文件

图 1-9　"新建 html 文件"对话框

5）单击"浏览"按钮，显示"选择文件夹"对话框，如图 1-10 所示，找到保存 html 文件的文件夹，如"D:/web/ch1"，单击"选择文件夹"按钮。返回"新建 html 文件"对话框，单击"创建"按钮，如图 1-11 所示。

6）显示代码编辑区，其中已经有 HTML5 网页结构代码，如图 1-12 所示。在此结构代码的基础上输入示例代码，如图 1-13 所示。

7）如果文件中的缩进排列不整齐，则在文件中右击，从弹出的快捷菜单中选择"重排代码格式"命令，如图 1-14 所示，或者直接按〈Ctrl+K〉组合键重排文件。

图 1-10 "选择文件夹"对话框

图 1-11 修改后的"新建 html 文件"对话框

图 1-12 新建的 HTML5 网页结构代码

图 1-13 在结构代码的基础上输入示例代码

8）单击窗口左上角的"保存"按钮，保存文件。

9）选择"运行"→"运行到浏览器"→"Edge"命令，或者选择自己安装的浏览器，如图 1-15 所示。

图 1-14 快捷菜单

图 1-15 运行菜单

10）运行结果显示在 Edge 浏览器中，如图 1-16 所示。

图 1-16 运行结果

HBuilder X 还有许多提高编辑效率的方法，读者可以在使用过程中逐步熟悉。

1.5　案例——制作"馨美装修"公司介绍页面

【例】　制作"馨美装修"公司介绍页面，本例文件 1-1.html 在浏览器中的显示效果如图 1-17 所示。

图 1-17　页面显示效果

```html
<!DOCTYPE html>
<html>
    <head>
        <meta charset="utf-8">
        <title>馨美装修公司介绍</title>
    </head>
    <body>
        <h2>公司介绍</h2>
        <hr>
        <p style="font-size:18px;text-align:center">人民对美好生活的向往，就是我们的奋斗目标。在这里，创业的氛围让每个人都积极创新，为做出美好的事情而努力。</p>
    </body>
</html>
```

【说明】本例使用了一些 HTML 元素来建立网页结构，包括标题元素 h2、水平线元素 hr 和段落元素 p，这些基本的网页排版元素将在下一章详细讲解。另外，对段落使用了行内 CSS 样式 style="font-size:12px;text-align:center"来控制段落文字的大小及对齐方式。关于 CSS 样式的应用将在后面的章节中详细讲解。

习题 1

1. 简述 Web 前端开发的常用技术组合。
2. 简述 HTML 的发展历史及 HTML5 的特性。
3. 简述 HTML5 文档的基本结构及语法规范。
4. 简述常见的网页编辑工具。
5. 使用 HBuilder X 创建一个包含网页基本结构的页面。
6. 制作简单的 HTML5 文档，检测浏览器是否支持 HTML5。

第 2 章 编辑 HTML5 元素

本章将重点介绍如何在页面中添加与编辑 HTML5 元素，以实现 HTML5 页面的基本排版。

2.1 HTML5 元素的分类

根据元素的作用不同，元素可以分为元信息元素和语义元素。

2.1.1 元信息元素

元信息（Meta-information）或称元数据（Metadata）元素是指用于描述文件自身信息的一类元素，meta 元素定义元信息，包含页面的描述、关键字、最后的修改日期、作者及其他元信息，<meta>标签写在<head>…</head>标签中。元信息元素供浏览器、搜索引擎（关键字）及其他 Web 服务调用，一般不会显示给用户。对于样式和脚本的元数据，可以直接在网页里定义，也可以链接到包含相关信息的外部文件。

元信息元素在 HTML 中是一个单标签的空元素，可重复出现在头部元素中，用来指明本页的作者、制作工具、所包含的关键字，以及其他一些描述网页的信息。

meta 元素的常用属性如下。

1）charset：定义文件的字符编码，常用的是 "utf-8"。

2）content：定义与 name 和 http-equiv 相关的元信息。

3）name：关联 content 的名称（常用的有 keywords 关键字、author 作者名、description 页面描述）。

不同的属性又有不同的参数值，这些不同的参数值就实现了不同的网页功能。本节主要介绍 name 属性，用于设置搜索关键字和描述。meta 元素的 name 属性语法格式如下。

```
<meta name="参数" content="参数值">
```

name 属性主要用于描述网页摘要信息，与之对应的属性值为 content；content 中的内容主要用于搜索引擎查找信息和分类信息。

name 属性主要有两个参数：keywords 和 description。其中，keywords 用来告诉搜索引擎网页使用的关键字；description 用来告诉搜索引擎网站的主要内容。

例如，腾讯网主页的内容描述设置如下。

```
<meta name="description" content="腾讯网从 2003 年创立至今，已经成为集新闻信息、区域垂直生活服务、社会化媒体资讯和产品为一体的互联网媒体平台。腾讯网下设新闻、科技、财经、娱乐、体育、汽车、时尚等多个频道，充分满足用户对不同类型资讯的需求。同时专注不同领域内容，打造精品栏目，并顺应技术发展趋势，推出网络直播等创新形式，改变了用户获取资讯的方式和习惯。" />
```

当浏览者通过百度搜索引擎搜索"腾讯"时，就可以看到搜索结果中显示出网站主页的标题、关键字和内容描述，如图 2-1 所示。

图 2-1　页面摘要信息

2.1.2　语义元素

语义元素是指清楚地向浏览器和开发者描述其意义的元素，如标题元素、段落元素、列表元素等。有些语义元素在网页中可以呈现显示效果，有些没有显示效果。

元素的语义化能够呈现出很好的内容结构，语义化使得代码更具有可读性，让其他开发人员更容易理解 HTML 结构，从而减少差异化；方便其他设备解析，如屏幕阅读器、盲人阅读器、移动设备等，以有意义的方式来渲染网页。爬虫还可以依赖标签来确定关键字的权重，以便抓取更多的有效信息。

有 100 多个 HTML 语义元素可供选择。语义元素分为块级元素、行内（内联）元素、行内块元素等。

1．块级元素（block）

块级元素是指本身属性为 display:block 的元素。因为它自身的特点，通常使用块级元素进行大布局（大结构）的搭建。块级元素的特性如下。

1）每个块级元素总是独占一行，表现为另起一行开始，而且其后的元素也必须另起一行显示。

2）块级元素可以直接控制宽度（width）、高度（height）及盒子模型的相关 CSS 属性，内边距（padding）和外边距（margin）等都可控制。

3）在不设置宽度的情况下，块级元素的宽度是其父级元素内容的宽度。

4）在不设置高度的情况下，块级元素的高度是其本身内容的高度。

常用的块级元素主要有 p、div、ul、ol、li、dl、dt、dd、h1~h6、hr、form、address、pre、table、blockquote、center、dir、fieldset、isindex、menu、noframes、noscript 等。

2．行内元素（inline）

行内元素也称内联元素，是指本身属性为 display:inline 的元素，行内元素可以和相邻的行内元素在同一行，对宽、高属性值不生效，完全靠内容撑开宽、高。因为行内元素自身的特点，通常使用块级元素来进行文字、小图标（小结构）的搭建。行内元素的特性如下。

1）行内元素会与其他行内元素从左到右在一行显示。

2）行内元素不能直接控制宽度（width）、高度（height）及盒子模型的相关 CSS 属性，例如，内边距的 top、bottom（padding-top、padding-bottom）和外边距的 top、bottom（margin-top、margin-bottom）都不可改变，但可以设置内/外边距的水平方向的值。也就是说，对于行内元素的 margin 和 padding，只有 margin-left/margin-right 和 padding-left/padding-right 是有效的，但是竖直方向的 margin 和 padding 无效。

3）行内元素的宽、高是由本身内容（文字、图片等）的大小决定的。

4）行内元素只能容纳文本或其他行内元素（不能在行内元素中嵌套块级元素）。

常用的行内元素主要有 a、span、em、strong、b、i、u、label、br、abbr、acronym、

bdo、big、br、cite、code、dfn、em、font、img、input、kbd、label、q、s、samp、select、small、span、strike、strong、sub、sup、textarea、tt、var 等。

利用 CSS 可以摆脱上面 HTML 标签归类的限制，自由地在不同标签或元素上应用需要的属性。常用的 CSS 样式有以下 3 个。

display:block：显示为块级元素。

display:inline：显示为行内元素。

display:inline-block：显示为行内块元素。表现为同行显示并可修改宽、高、内/外边距等属性。例如，将 ul 元素加上 display:inline-block 样式，原本垂直的列表就可以水平显示了。

3．行内块元素

行内块元素结合行内元素和块级元素，不仅可以对宽和高属性值生效，还可以多个元素存在一行显示。行内块元素能和其他元素放在一行，可以设置宽、高。常用的行内块元素有 img、input、textarea 等。

块级元素可以嵌套行内元素，行内元素不可以嵌套块级元素。

4．可变元素

可变元素根据上下文关系确定该元素是块级元素还是行内元素，主要有 applet、button、del、iframe、ins、map、object、script 等。

5．HTML5 中新增的结构语义元素

在 HTML5 之前，页面只能用 div 元素作为结构元素来分隔不同的区域，由于 div 元素无任何语义，给设计者和阅读代码者带来困扰，所以在 HTML5 中增加了结构语义元素。HTML5 增加的结构语义元素明确了一个 Web 页面的不同部分，如图 2-2 所示。

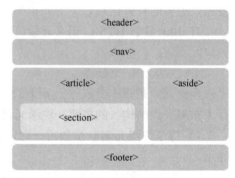

图 2-2　结构语义元素

HTML5 常用的语义结构元素如下。

1）header 元素用于定义文件的头部区域，为文件或节规定页眉，常被用作介绍性内容的容器，可以包含标题元素、Logo、搜索框等。一个文件中可以有多个 header 元素。

2）nav 元素用于定义页面的导航链接部分区域，导航有顶部导航、底部导航、侧边导航等。

3）article 元素用于定义文件内独立的文章，可以是新闻、条件、用户评论等。

4）section 元素用于定义文件中的一个区域或节。节是有主题的内容组，通常有标题。可以将网站首页划分为简介、内容、联系信息等节。

5）aside 元素用于定义页面主区域内容之外的内容（如侧边栏）。<aside>标签的内容是独立的，与主区域的内容无关。

6）footer 元素用于定义文件的底部区域，一个页脚通常包含文件的作者、著作权信息、链接的使用条款链接、联系信息等，文件中可以使用多个 footer 元素。

7）figure 元素用于定义一段独立的引用内容，经常与 figcaption 元素配合使用，通常用在主文本的图片、代码、表格等中。就算这部分内容被转移或删掉，也不会影响到主体。

8）figcaption 元素用于表示与其相关联引用的说明或标题，描述其父节点 figure 元素中的其他内容。figcaption 元素应该被置于 figure 元素的第一个或最后一个子元素的位置。

9）main 元素用于规定文件的主内容。

10）mark 元素用于定义重要的或强调的文本。

11）details 元素用于定义用户能够查看或隐藏的额外细节。

12）summary 元素用于定义 details 元素的可见标题。

13）time 元素用于定义日期或时间。

以上元素中除了 figcaption 元素，其他都是块级元素。

2.1.3 无语义元素

无语义元素无须考虑其内容，有两个无语义元素 div 和 span。div 是块级元素，span 是行内元素。

常用 div 元素划分区域或节，div 元素可以用作组织工具，而不使用任何格式。所谓 Div+CSS 的网页布局，就是用 div 元素组织要显示的数据（文字、图片、表格等）结构，用 CSS 显示数据的样式，从而做到结构与样式的分离，这种布局代码简单，易于维护。

2.2 注释和特殊符号

本节主要介绍注释的作用和格式，以及常用特殊符号对应的字符实体及其示例等。

2.2.1 注释

注释的作用是方便阅读和调试代码，便于后期维护和修改。当浏览器遇到注释时会自动忽略注释内容，访问者在浏览器中是看不见这些注释的，只有在用文本编辑器打开文档源代码时才可见。注释元素的格式如下。

```
<!-- 注释内容 -->
```

注释并不局限于一行，长度不受限制。结束标签与开始标签可以不在一行上。例如，以下代码将在页面中显示段落的信息，而加入的注释不会显示在浏览器中，如图 2-3 所示。

```
<!--这是一段注释。注释不会在浏览器中显示。-->
<p>Web 前端开发技术</p>
```

图 2-3　注释的运行结果

2.2.2 特殊符号

由于大于号">"和小于号"<"等已作为 HTML 的语法符号，因此，如果要在页面中显示这些特殊符号，就必须使用相应的 HTML 代码表示，这些特殊符号对应的 HTML 代码被称为字符实体。

字符实体由三部分组成：以一个符号（&）开头，一个实体名称，再以一个分号（;）结束。例如，要在 HTML 文件中显示小于号，输入"<"。需要强调的是，实体书写对大小写是敏感的。常用的特殊符号及对应的字符实体见表 2-1。

表 2-1　常用的特殊符号及对应的字符实体

特殊符号的描述	字符实体	显示结果	示　　例
空格			公司 咨询热线：400-83886688
大于号（>）	&gt;	>	3>2
小于号（<）	&lt;	<	2<3

（续）

特殊符号的描述	字符实体	显示结果	示　　例
双引号（"）	&quot;	"	HTML 属性值必须使用成对的"括起来
单引号（'）	&apos;	'	She said 'hello'
和号（&）	&amp;	&	a & b
版权号（©）	&copy;	©	Copyright ©
注册商标（®）	&reg;	®	馨美®
节（§）	&sect;	§	§1.1
乘号（×）	&times;	×	10 × 20
除号（÷）	&divide;	÷	10 ÷ 2

空格是 HTML 中最常用的字符实体。通常情况下，在 HTML 源代码中，如果通过按空格键输入了多个连续空格，则浏览器会只保留一个空格，而删除其他空格。在需要添加多个空格的位置，使用多个 " " 就可以在文件中增加空格。

2.3　HTML5 的颜色表示

在 HTML 中，颜色有两种表示方式：一种是用颜色的英文名称表示，如 blue 表示蓝色，red 表示红色；另一种是用十六进制的数表示 RGB 值。

RGB 颜色的表示方式为#rrggbb。其中，rr、gg、bb 三色对应的取值范围都是 00～FF，如白色的 RGB 值是（255，255，255），用#ffffff 表示；黑色的 RGB 值是（0，0，0），用#000000 表示。常用色彩的代码表见表 2-2。

表 2-2　常用色彩的代码表

色　　彩	色彩英文名称	十六进制代码
黑色	black	#000000
蓝色	blue	#0000ff
棕色	brown	#a52a2a
青色	cyan	#00ffff
灰色	gray	#808080
绿色	green	#008000
乳白色	ivory	#fffff0
橘黄色	orange	#ffa500
粉红色	pink	#ffc0cb
红色	red	#ff0000
白色	white	#ffffff
黄色	yellow	#ffff00
深红色	crimson	#cd061f
黄绿色	greenyellow	#0b6eff
湖蓝色	dodgerblue	#0b6eff
淡紫色	lavender	#dbdbf8

2.4　文本元素

在网页制作过程中，通过文本与段落的基本排版即可制作出简单的网页。文本元素包括字体样式元素和短语元素。

2.4.1　字体样式元素

字体样式元素可以使文本内容在浏览器中呈现特定的文字效果。但是，这些文本格式化元素仅能实现简单的、基本的文本格式化。在 HTML5 中，建议使用 CSS 样式表来取得更加丰富的文本格式化效果，还可以简单地更改字体样式。字体样式元素全是成对出现的标签，而且不使用属性。常用的字体样式标签见表 2-3。

表 2-3　常用的字体样式标签

元　素	描　述
\<b>…\</b>	本标签定义粗体文本，是 bold 的缩写。呈现粗体文本效果。根据 HTML5 的规范，在没有其他合适的标签时，才把\<b>标签作为最后的选项。HTML5 规范声明，应该使用\<h1>~\<h6>来表示标题，使用\<em>标签来表示强调的文本，使用\<strong>标签来表示重要文本，使用\<mark>标签来表示标注的或突出显示的文本
\<big>…\</big>	本标签呈现大号字体效果，使用\<big>标签可以很容易地放大字体，浏览器显示包含在\<big>…\</big>标签之间的文字时，其字体比周围的文字要大一号。但是，如果文字已经是最大号字体，则\<big>标签将不起任何作用。还可以嵌套\<big>标签来放大文本。每一个\<big>标签都可以使字体大一号，直到上限 7 号文本。但使用\<big>标签时还是要小心，因为浏览器总是很宽大地试图去理解各种标签，对于那些不支持\<big>标签的浏览器来说，经常将其认为是粗体字标签
\<i>…\</i>	本标签将包含其中的文本以斜体字（italic）或倾斜（oblique）字体显示。如果这种斜体字对该浏览器不可用的话，可以使用高亮、反白或加下划线等样式
\<small>…\</small>	本标签呈现小号字体效果，\<small>标签与\<big>标签对应，但它是缩小字体。如果被包围的字体已经是字体模型所支持的最小字号，那么\<small>标签将不起任何作用。\<small>标签也可以嵌套，从而连续地把文字缩小。每个\<small>标签都把文本的字体变小一号，直到下限的一号字
\<tt>…\</tt>	本标签呈现类似打字机或等宽的文本效果。对于那些已经使用了等宽字体的浏览器来说，这个标签在文本的显示上就没有什么特殊效果了
\^{…\}	本标签定义上标文本。包含在\^{标签和其结束标签\}中的内容将会以当前文本流中字符高度的一半来显示上标，但与当前文本流中文字的字体和字号都是一样的。这个元素在向文件添加脚注以及表示方程式中的指数值时非常有用。如果和\<a>标签结合起来使用，就可以创建出很好的超链接脚注
_{…\}	本标签定义下标文本。包含在_{标签和其结束标签\}中的内容将会以当前文本流中字符高度的一半来显示下标，但与当前文本流中文字的字体和字号都是一样的。无论是\<sub>标签还是和它对应的\<sup>标签，在数学等式、科学符号和化学公式中都非常有用

【例 2-1】　字体样式元素示例。本例文件 2-1.html 在浏览器中的显示效果如图 2-4 所示。

```
<!DOCTYPE html>
<html>
    <head>
        <meta charset="utf-8">
        <title>HTML5 保留的文本格式元素示例</title>
    </head>
    <body>
        <p><b>粗体文本</b><big>大号字体</big><big>
<big>更大号字体</big></big><b><big>粗体大号字体</big></b></p>
        <p><i>斜体文本</i><small>小号字体</small>
<small><small>更小号字体</small></small><i><small>斜体小号字体</small></i></p>
        <p><tt>打字机或者等宽的文本</tt>这段文本包含 <sup>上标</sup>还包括<sub>下标
</sub></p>
    </body>
</html>
```

图 2-4　字体样式元素示例

2.4.2 短语元素

短语元素拥有明确的语义，用以标注特殊用途的文本，这类特殊的文本格式化元素都会呈现特殊的样式。在文本中加入强调也要有技巧，如果强调太多，有些重要的短语就会被漏掉；如果强调太少，就无法真正突出重要的部分。语义标签不只是让用户更容易理解和浏览你的文件，而且将来某些自动系统还可以利用这些恰当的标签，从你的文件中提取信息及从文件中提取有用参数。提供给浏览器的语义信息越多，浏览器就可以越好地把这些信息展示给用户。如果只是为了达到某种视觉效果而使用这些标签的话，则不建议使用，而应该用样式表。常用的特殊语义的短语标签见表 2-4。

表 2-4 常用的特殊语义的短语标签

标　签	描　述
\<em\>…\</em\>	本标签告诉浏览器把其中的文本表示为强调的内容。浏览器会把这段文字用斜体来显示
\<strong\>…\</strong\>	与\<em\>标签一样，本标签用于强调文本，但它强调的程度更强一些。在浏览器中用粗的字体来显示
\<code\>…\</code\>	本标签用于表示计算机源代码或其他机器可以阅读的文本内容。在浏览器中显示等宽、类似电传打字机样式的字体（Courier）
\<kbd\>…\</kbd\>	本标签用来表示文本是从键盘上输入的。浏览器通常用等宽字体来显示该标签中包含的文本
\<var\>…\</var\>	本标签表示变量的名称，或者由用户提供的值。用\<var\>标签标记的文本通常显示为斜体字
\<dfn\>…\</dfn\>	本标签标记特殊术语或短语。浏览器通常用斜体字来显示\<dfn\>标签中的文本
\<cite\>…\</cite\>	本标签通常表示它所包含的文本对某个参考文献的引用，如书籍或杂志的标题。按照惯例，引用的文本将以斜体字显示
\<address\>…\</address\>	本标签定义文件或文章的作者或拥有者的联系信息，显示为斜体字
\<q\>…\</q\>	本标签定义短的引用，浏览器在引用的内容周围添加双引号
\<pre\>…\</pre\>	本标签定义预格式化的文本。被包围在 pre 元素中的文本会保留空格和换行符，文本呈现为等宽字体。\<pre\>标签的一个常见应用就是用来表示计算机的源代码。pre 元素中允许的文本可以包括物理样式和基于内容的样式变化，还有链接、图像和水平分隔线
\<del\>…\</del\>	本标签定义文件中已经被删除（delete）的文本，文字上显示一条删除线
\<ins\>…\</ins\>	本标签定义已经被插入（insert）文件中的文本。\<ins\>与\<del\>标签配合使用，来描述文件中的更新和修正
\<samp\>…\</samp\>	本标签定义计算机程序代码的样本文本。标签并不经常使用，只有在要从正常的上下文中将某些短字符序列提取出来，对它们加以强调的极少情况下，才使用这个标签
\<abbr\>…\</abbr\>	本标签用来表示一个缩写词或首字母缩略词，如"WWW"。通过对缩写词进行标记，能够为浏览器、拼写检查程序、翻译系统及搜索引擎分度器提供有用的信息
\<bdo\>…\</bdo\>	bdo（Bi-Directional Override）标签定义文字方向，使用 dir 属性，属性值是 ltr（left to right，从左到右）或 rtl（right to left，从右到左）

【例 2-2】 短语元素示例。本例文件 2-2.html 在浏览器中的显示效果如图 2-5 所示。

```
<!DOCTYPE html>
<html>
    <head>
        <meta charset="utf-8">
        <title>短语元素示例</title>
    </head>
    <body>
        <p>em 标签告诉浏览器把文本表示为强调的内容，<em>用斜体来显示。</em></p>
        <p> strong 强调的程度更强一些，<strong>用粗的字体来显示。</strong></p>
        <p><code>
            <pre>
PI = 3.1415926
r = int(input('r='))    #请输入 <kbd>100</kbd> , 其中变量 <var>r</var> 表示圆的半径
s = PI*r**2
print('s=', s)
            </pre>
```

```
            </code>
        </p>
        <p>She said <q>I didn't know.</q></p>
        <p>一打有 <del>20</del> <ins>12</ins> 件。</p>
    </body>
</html>
```

图 2-5　短语元素示例

2.5　文本层次语义元素

为了使 HTML 页面中的文本内容更加形象生动，需要使用一些特殊的元素来突出文本之间的层次关系，这样的元素称为层次语义元素。文本层次语义元素通常用于描述特殊的内容片段，可使用这些语义元素标注出重要信息，例如，名称、评价、注意事项、日期等。

2.5.1　mark 元素

mark 元素用来定义带有记号的文本，其主要功能是在文本中高亮显示某个或某几个字符，旨在引起用户的特别注意。

【例 2-3】　mark 元素示例。本例文件 2-3.html 在浏览器中的显示效果如图 2-6 所示。

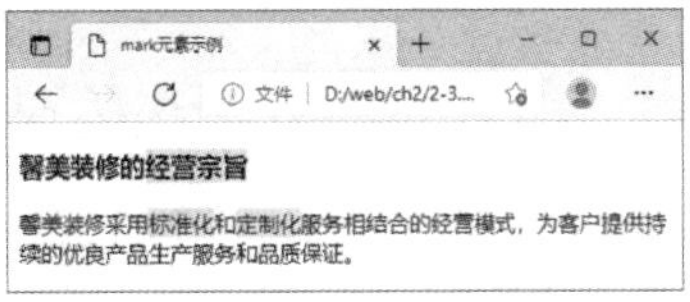

```
<!DOCTYPE html>
<html>
    <head>
        <meta charset="utf-8">
        <title>mark 元素示例</title>
    </head>
    <body>
        <h3>馨美装修的<mark>经营宗旨</mark></h3>
        <p>馨美装修采用<mark>标准化</mark>和<mark>定制化</mark>服务相结合的经营模式，为客户提
供持续的优良产品生产服务和品质保证。
    </body>
</html>
```

图 2-6　mark 元素示例

2.5.2　cite 元素

cite 元素可以创建一个引用标记，用于对文件参考文献的引用说明，一旦在文件中使用了该标记，被标记的文件内容就将以斜体的样式展示在页面中，以区别于段落中的其他字符。

【例 2-4】　cite 元素示例。本例文件 2-4.html 在浏览器中的显示效果如图 2-7 所示。

```
<!DOCTYPE html>
<html>
    <head>
        <meta charset="utf-8">
        <title>>cite 元素示例</title>
    </head>
    <body>
        <p>床前明月光，疑是地上霜。</p>
        <cite>——李白《静夜思》</cite>
    </body>
</html>
```

图 2-7　cite 元素示例

2.5.3　time 元素

time 元素用于定义公历的时间（24 小时制）或日期，时间和时区偏移是可选的。time 元

19

素不会在浏览器中呈现任何特殊效果，但是能以机器可读的方式对日期和时间进行编码，搜索引擎也能够生成更智能的搜索结果。time 元素的属性见表 2-5。

表 2-5　time 元素的属性

属　　性	描　　述
datetime	规定日期/时间，否则由元素的内容给定日期/时间
pubdate	指示<time>标签中的日期/时间是文件（或<article>标签）的发布日期

【例 2-5】　time 元素示例。本例文件 2-5.html 在浏览器中的显示效果如图 2-8 所示。

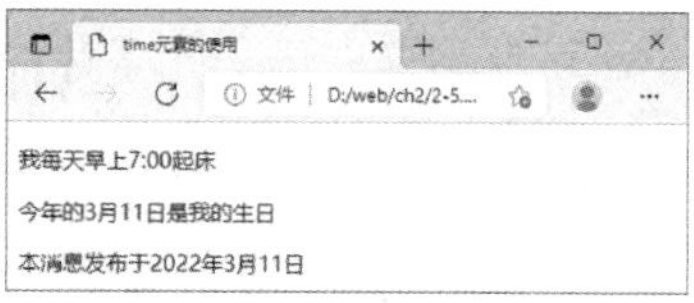

```
<!DOCTYPE html>
<html>
    <head>
        <meta charset="utf-8">
        <title>time 元素的使用</title>
    </head>
    <body>
        <p>我每天早上<time>7:00</time>起床</p>
        <p>今年的<time datetime="2022-03-11">3 月 11 日</time>是我的生日</p>
        <time datetime="2022-03-11" pubdate="pubdate">
            本消息发布于 2022 年 3 月 11 日
        </time>
    </body>
</html>
```

图 2-8　time 元素示例

2.6　基本排版元素

标题、段落和水平线属于最基本的文件结构元素。在网页制作过程中，通过文件结构元素的排版即可制作出简单的网页。

2.6.1　标题元素

在页面中，标题是一段文字内容的核心，所以总是用加强的效果来表示。网页中的信息可以分为主要点、次要点，还可以通过设置不同大小的标题，增加文章的条理性。标题元素的格式如下。

```
<h# align="left|center|right"> 标题文字 </h#>
```

"#"用来指定标题文字的大小，#取 1～6 的整数值，取 1 时文字最大，取 6 时文字最小。<h#>…</h#>标签默认显示宋体，在一个标题行中无法使用不同大小的字体。

【例 2-6】　列出 HTML 中的各级标题。本例文件 2-6.html 在浏览器中的显示效果如图 2-9 所示。

```
<!DOCTYPE html>
<html>
    <head>
        <meta charset="utf-8">
        <title>标题示例</title>
    </head>
    <body>
        <h1>第 1 章  HTML5 概述（一级标题）</h1>
        <h2>1.1  Web 前端开发技术简介（二级标题）</h2>
```

图 2-9　各级标题

```
            <h3>1.1.1  HTML5 简介（三级标题）</h3>
            <h4>1. HTML 的发展（四级标题）</h4>
            <h5>（1）HTML1.0（五级标题）</h5>
            <h6>（六级标题）</h6>
        </body>
    </html>
```

【说明】在 HTML5 中，推荐使用 CSS 设置标题元素的属性。

2.6.2　段落元素和换行元素

段落标签<p>…</p>定义段落，浏览器增加段前、段后的行距。段落的行数会根据浏览器窗口的大小而改变。而且如果段落元素的内容中有多个连续的空格（按〈Space〉键），或者连续多个换行（按〈Enter〉键），浏览器都将其解读为一个空格（ ）。该标签支持全局标准属性和全局事件属性。段落元素的格式如下。

<p>段落文字</p>

在 HTML5 中，推荐使用 CSS 设置段落元素 p 的属性。

若要正常地换行，使用
标签，
标签定义一个换行，通常放在<p>标签内。需要注意的是，不要用
标签分段落，它们的语义不同，在浏览器中的显示也不同，
标签不会增加段前、段后的行距。换行元素的格式如下。

例 2-7

**
**

【例 2-7】　段落、换行元素示例。本例文件 2-7.html 在浏览器中的显示效果如图 2-10 所示。

```
    <!DOCTYPE html>
    <html>
        <head>
            <meta charset="utf-8">
            <title>段落和换行示例</title>
        </head>
        <body>
            <p>馨美装修新闻发布<br/ ><br/ >
            编辑：孙小美</p>
            <p>馨美装修有限公司获得北京开发区百强企业荣誉称号。2022 年 3 月，百强企业表彰大会在开发区投
资服务中心举行。</p>
            <p>Copyright &copy; 2022 馨美装修</p>
        </body>
    </html>
```

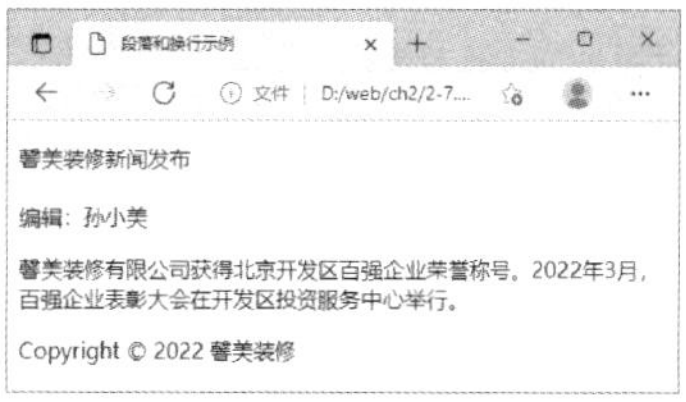

图 2-10　段落、换行元素示例

【说明】段落标签会在段落前后加上额外的空行，不同段落间的间距等于连续加了两个换行标签
，用以区别文字的不同段落。

2.6.3　缩排元素

缩排（blockquote）元素可定义一个块引用。<blockquote>与</blockquote>之间的所有文本都会从常规文本中分离出来，经常会在左、右两边进行缩进，而且有时会使用斜体。也就是说，块引用拥有它们自己的空间。缩排元素的格式如下。

<blockquote>文本</blockquote>

【例 2-8】　blockquote 元素示例。本例文件 2-8.html 在浏览器中的显示效果如图 2-11 所示。

```
    <!DOCTYPE html>
    <html>
```

```
    <head>
        <meta charset="utf-8">
        <title>blockquote 元素示例</title>
    </head>
    <body>
        <h4>馨美装修</h4>
        <blockquote>
            <p>馨美装修公司……（此处省略文字）</p>
        </blockquote>
        <p>不断对家装行业进行……（此处省略文字）</p>
    </body>
<html>
```

【说明】浏览器会自动在 blockquote 元素前后添加换行，并增加外边距。

图 2-11　blockquote 元素示例

2.6.4　水平线元素

水平线可以作为段落与段落之间的分隔线，使得文档结构清晰，层次分明。当浏览器解释到 HTML 文档中的<hr/>标签时，会在此处换行，并加入一条水平线段。水平线标签的格式如下。

`<hr />`

【例 2-9】　hr 元素示例。本例文件 2-9.html 在浏览器中的显示效果如图 2-12 所示。

```
<!DOCTYPE html>
<html>
    <head>
        <meta charset="utf-8">
        <title>hr 元素示例</title>
    </head>
    <body>
        <p>馨美装修新闻发布
            <hr/> 馨美装修有限公司获得中国五百强企业荣誉称号。
        </p>
    </body>
<html>
```

图 2-12　hr 元素示例

【说明】<hr/>标签强制执行一个换行，将导致段落的对齐方式重新回到默认值设置。

2.6.5　案例——制作"馨美装修"网购向导页面

经过前面文档结构元素的学习，接下来使用基本的段落排版制作"馨美装修"网购向导页面。

【例 2-10】　制作"馨美装修"网购向导页面。本例文件 2-10.html 在浏览器中的显示效果如图 2-13 所示。

```
<!DOCTYPE html>
<html>
    <head>
        <meta charset="utf-8">
        <title>馨美装修网购向导</title>
    </head>
    <body>
        <h1>馨美装修网购向导</h1>    <!--一级标题-->
        <hr/>                                        <!--水平分隔线-->
        <h2>拍下的商品想要退货退款怎么办?</h2>
        <p>    我想要购买本店的商品……（此处省略文字）</p>
        <h2>解决方案</h2>                   <!--二级标题-->
```

图 2-13　"馨美装修"网购向导页面

```
<p>                             <!--段落左对齐-->
        A: 活动期间成功付款……（此处省略文字）<br/><br/>
        B: 非活动期间成功付款……（此处省略文字）
</p>
<h3>服务宗旨</h3>
<blockquote>
    装修引领<br/>
    个性定制<br/>
    品质正装<br/>
    宜居空间
</blockquote>
<hr/>
<p>
    Copyright &copy; 2022 馨美装修
</p>
</body>
</html>
```

2.7　图像元素

图像是美化网页最常用的元素之一。HTML 的一个重要特性就是可以在文本中加入图像，既可以把图像作为文档的内在对象加入，又可以通过超链接的方式加入，同时还可以将图像作为背景加入到文档中。

2.7.1　常用的 Web 图像格式

虽然计算机图像格式有很多种，但由于受网络带宽和浏览器的限制，在网页上常用的图像格式有下面 3 种。

1）GIF。GIF 是 Internet 上应用最广泛的图像文件格式之一，是一种索引颜色的图像格式。该格式在网页中使用较多，它的特点是体积小，支持小型翻页型动画，GIF 图像最多可以使用 256 种颜色，最适合制作徽标、图标、按钮和颜色、风格比较单一的图片。

2）JPEG（JPG）。JPEG 也是 Internet 上应用最广泛的图像文件格式之一，适用于摄影或连续色调图像。JPG 文件可以包含多达数百万种颜色，因此 JPG 格式的文件体积较大，图片质量较佳。通常可以通过压缩 JPG 文件在图像品质和文件大小之间取得良好的平衡。当网页中对图片的质量有要求时，建议使用此格式。

3）PNG。PNG 是一种新型的无专利权限的图像格式，兼有 GIF 和 JPG 的优点。它的显示速度很快，只需下载 1/64 的图像信息就可以显示出低分辨率的预览图像；还可以用来代替 GIF 格式，同样支持透明层，在质量和体积方面都具有优势，适合在网络中传输。

2.7.2　图像元素的基本用法

在 HTML 中，用<img>标签在网页中添加图像，图像是以嵌入的方式添加到网页中的。图像元素的格式如下。

```
<img src="图像文件名" alt="替代文字" title="鼠标悬停提示文字" width="图像宽度"
    height="图像高度" border="边框宽度" hspace="水平空白" vspace="垂直空白"
    align="环绕方式|对齐方式" />
```

<img>标签中的属性说明见表 2-6，其中 src 是必需的属性。

表 2-6　img 元素的常用属性

属　性	说　　明
src	指定图像源，即图像的 URL 路径
alt	如果图像无法显示，代替图像的说明文字
title	为浏览者提供额外的提示或帮助信息，方便用户使用
width	指定图像的显示宽度（像素数或百分数），通常只设为图像的真实大小以免失真。若需要改变图像大小，最好事先使用图像编辑工具进行修改。百分数是指相对于当前浏览器窗口的百分比
height	指定图像的显示高度（像素数或百分数）
border	指定图像的边框大小，用数字表示，默认单位为像素，默认情况下图片没有边框，即 border=0
hspace	设定图片左侧和右侧的空白像素数（水平边距）
vspace	设定图片顶部和底部的空白像素数（垂直边距）
align	指定图像的对齐方式，设定图像在水平（环绕方式）或垂直方向（对齐方式）上的位置，包括 left（图像居左，文本在图像的右边）、right（图像居右，文本在图像的左边），top（文本与图像在顶部对齐）、middle（文本与图像在中央对齐）或 bottom（文本与图像在底部对齐）

需要注意的是，在 width 和 height 属性中，如果只设置了其中的一个属性，则另一个属性会根据已设置的属性按原图等比例显示。如果对两个属性都进行了设置，且其比例和原图大小的比例不一致的话，那么显示的图像会相对于原图变形或失真。

【例 2-11】　img 元素的基本用法，本例在浏览器中正常显示的效果如图 2-14 所示；当显示的图像路径错误时，显示如图 2-15 所示。

图 2-14　正常显示的图像效果

图 2-15　图像路径错误时的显示效果

```
<!DOCTYPE html>
<html>
    <head>
        <meta charset="utf-8">
        <title>img 元素的基本用法</title>
    </head>
    <body>
        <img src="images/case.jpg" width="400" height="250" alt="温馨客厅" title="家装案例" />
    </body>
</html>
```

【说明】

①　当显示的图像存在时，由于设置了 title 属性，因此在正确显示图像的同时还显示提示信息"家装案例"；当显示的图像不存在时，页面中图像的位置将显示出网页图片丢失的信息，但由于设置了 alt 属性，因此在图像占位符上显示出替代文字"温馨客厅"。

②　在使用<img>标签时，最好同时使用 alt 属性和 title 属性，避免因图片路径错误带来的错误信息；同时，增加了鼠标提示信息也方便了浏览者的使用。

2.8　超链接元素

超链接是一个网站的精髓，超链接在本质上属于网页的一部分，通过超链接将各个网页链接在一起后，才能真正构成一个网站。

超链接（Hyperlink）（标准叫法称为锚点）是使用<a>标签定义的。超链接是指从一个网页指向一个目标的连接关系，这个目标可以是另一个网页，也可以是相同网页上的不同位置，还可以是一张图片、一个电子邮件地址、一个文件，甚至是一个应用程序。当网页中包含超链接时，其外观形式为彩色（一般为蓝色）且带下划线的文字或图像。单击这些文本或图像，可跳转到相应位置。鼠标指针指向超链接时，将变成手形。

2.8.1　a 元素

锚点（Anchor）由 a 元素定义，它在网页上建立超文本链接。通过单击一个词、句或图像，可从此处转到另一个链接资源（目标资源），这个目标资源有唯一的地址（URL）。具有以上特点的词、句或图像就称为热点。a 元素的格式如下。

```
<a href="URL" target="打开窗口方式">热点</a>
```

a 元素中的属性说明如下。

1）href 属性：规定链接指向页面的 URL。如果要创建一个不链接到其他位置的空超链接，可用 "#" 代替 URL。链接目标可以是站内目标，也可以是站外目标；站内目标可以用相对路径，也可以用绝对路径，站外目标则必须用绝对路径。

2）target 属性：指定链接被单击后会产生网页跳转动作。打开目标页面方式的属性值如下。

- _self：默认值，指在超链接所在的窗口中打开目标页面。
- _blank：在新浏览器窗口中打开目标页面。
- _parent：将目标页面载入含有该链接的父窗口中。
- _top：在当前的整个浏览器窗口中打开目标页面。

2.8.2　页面转向链接

创建页面转向链接，就是在当前页面与其他相关页面之间建立超链接。根据目标文件与当前文件的目录关系，有 4 种写法。注意，应该尽量采用相对路径。

1. 链接到同一目录内的网页文件

格式如下。

```
<a href="目标文件名.html"> 热点文本 </a>
```

其中，"目标文件名" 是链接所指向的文件。

2. 链接到下一级目录中的网页文件

格式如下。

```
<a href="子目录名/目标文件名.html"> 热点文本 </a>
```

3. 链接到上一级目录中的网页文件

格式如下。

```
<a href="../目标文件名.html"> 热点文本 </a>
```

其中，"../"表示退到上一级目录中。

4．链接到同级目录中的网页文件

格式如下。

```
<a href="../子目录名/目标文件名.html"> 热点文本 </a>
```

表示先退到上一级目录中，再进入目标文件所在的目录。

2.8.3　书签链接

在浏览页面时，如果页面篇幅很长，要不断地拖动滚动条，给浏览带来不便。要是浏览者既可以从头阅读到尾，又可以很快寻找到自己感兴趣的特定内容进行部分阅读，这个时候就可以通过书签链接来实现。当浏览者单击页面上的某一"标签"，就能自动跳到网页相应的位置进行阅读，给浏览者带来方便。

书签就是用<a>标签对网页元素作一个记号，其功能类似于用于固定船的锚，所以书签也称锚记或锚点。如果页面中有多个书签链接，对不同目标元素要设置不同的书签名。书签名在<a>标签的 name 属性中定义，格式如下。

```
<a name="记号名"> 目标文本附近的内容 </a>
```

1．页面内书签的链接

要在当前页面内实现书签链接，需要定义两个标签：一个为超链接标签，另一个为书签标签。超链接元素的格式如下。

```
<a href="#记号名"> 热点文本 </a>
```

即单击"热点文本"，将跳转到"记号名"开始的网页元素。

2．其他页面书签的链接

书签链接还可以在不同页面间进行链接。当单击书签链接标题，页面会根据链接中 href 属性所定的地址，将网页跳转到目标地址中书签名称所表示的内容。要在其他页面内实现书签链接，需要定义两个标签：一个为当前页面的超链接标签，另一个为跳转页面的书签标签。当前页面的超链接元素的格式如下。

```
<a href="目标文件名.html #记号名"> 热点文本 </a>
```

即单击"热点文本"，将跳转到目标页面"记号名"开始的网页元素。

2.8.4　下载文件链接

当需要在网站中提供资料下载时，就需要为资料文件提供下载链接。如果超链接指向的不是一个网页文件，而是其他文件，如 zip、rar、mp3、exe 文件等，单击链接时就会下载相应的文件。下载文件链接的格式如下。

```
<a href="文件路径"> 热点文本 </a>
```

例如，下载一个装修指南的压缩包文件 guide.rar，可以建立如下链接。

```
装修指南:<a href="guide.rar">下载</a>
```

2.8.5　电子邮件链接

网页中电子邮件地址的链接，可以使网页浏览者将有关信息以电子邮件的形式发送给电子邮件的接收者。通常情况下，接收者的电子邮件地址位于网页页面的底部。当用户单击电子邮件链接，系统会自动启动默认的电子邮件软件，打开一个邮件窗口。电子邮件链接的格式如下。

```
<a href="mailto:E-mail 地址"> 热点文本 </a>
```

例如，E-mail 地址是 pretty@163.com，可以建立如下链接。

```
电子邮件:<a href="mailto: pretty@163.com">联系我们</a>
```

2.8.6　JavaScript 链接

如果链接到 JavaScript 代码，单击链接将执行该 JavaScript 代码，其格式如下。

```
<a href="javascript:代码;">热点文本</a>
```

其中，javascript 表示 url 的内容通过 JavaScript 执行。

例如，执行 JavaScript 代码 "alert('Hello World');"，可以建立如下链接。

```
<a href="javascript:alert('Hello World');">单击显示消息框</a>
```

2.8.7　图像链接

图像也可作为超链接热点，单击图像则跳转到被链接的文本或其他文件，其格式如下。

```
<a href="URL" target="打开窗口方式"><img src="图像文件名" /> </a>
```

例如，为"中国工商银行"图像添加超链接，代码如下。

```
<a href="http://www.icbc.com.cn/icbc/"><img src=" images/icbc.jpg" alt="中国工商银行" /></a>
```

2.8.8　空链接

空链接是指未指派目标地址的链接。空链接用于向页面上的对象或文本附加行为。例如，可向空链接附加一个行为，以便在指针滑过该链接时会交换图像或显示绝对定位的元素。

创建空链接有下面两种方法。

1．第一种方法

语法格式如下。

```
<a href="#">热点文本</a>或<a href="">热点文本</a>
```

虽然这也是空链接，但它其实有锚点#top 的意思，会产生回到顶部的效果。

2．第二种方法

语法格式如下。

```
<a href="javascript:void(0);">热点文本</a>
```

其中，"href="javascript:void(0);""的含义是让超链接去执行一个 JavaScript 函数，而不是跳转到一个地址。void(0)表示一个空的方法，并不进行任何操作，这样可防止链接跳转到其他页面。其目的是为了保留链接的样式，而不让链接执行实际操作。

2.8.9　案例——制作"馨美装修"服务资源页面

【例 2-12】 制作"馨美装修"服务资源页面，本例文件 2-12.html 和 2-12-doc.html 在浏览器中的显示效果如图 2-16 与图 2-17 所示。

文件 2-12.html 中的代码如下。

```
<!DOCTYPE html>
<html>
    <head>
        <meta charset="utf-8">
```

```
            <title>馨美装修服务资源</title>
    </head>
    <body>
        <h2><a name="top">服务资源</a></h2>
        分类/标题<br/>
        <hr>
        <!--水平分隔线-->
        <a href="2-12-doc.html" target="_blank">装修技术文档</a><br/>
        <a href="#" target="_blank">家具选购文档</a><br/>
        <a href="#" target="_blank">技术手册文档</a><br/>
        <a href="#" target="_blank">色彩搭配文档</a><br/>
        <a href="#" target="_blank">销售合同文档</a><br/>
    </body>
</html>
```

图 2-16　页面转向链接

图 2-17　下载文件链接

文件 2-12-doc.html 中的代码如下：

```
<!DOCTYPE html>
<html>
    <head>
        <meta charset="utf-8">
        <title>下载文档详细页面</title>
    </head>
    <body>
        <h2><a name="top">装修文档</a></h2>
        <hr>              <!--水平分隔线-->
        <img src="images/case1.jpg" align="left" hspace="20" />装修技术文档<br/><br/>
下载次数：    50
        <br/><br/> 文件大小：    34.8 KB<br/><br/> 添加时间： 
   2022-03-12
        <br/><br/><br/><br/><br/>
        <h2>下载</h2>
```

```
        <hr1>            <!--水平分隔线-->
        文件名称：装修技术文档  文件大小：34.8KB    
        <a href="guide.rar">下载</a> <br/><br/> 和我联系：
        <a href="mailto:pretty@163.com">馨美装修资料下载</a>  
        <a href="#top">返回页顶</a>
    </body>
</html>
```

【说明】在下载专区页面中，将鼠标指针移动到下载文档的超链接时，鼠标指针变为手形，单击文档标题链接则打开指定的网页 2-12-doc.html。如果在<a>标签中省略属性 target，则在当前窗口中显示；当 target="_blank"时，将在新的浏览器窗口中显示。

2.9 列表元素

列表是以结构化、易读性的方式提供信息的方法。把相关内容以列表的形式放在一起，可以使内容显得更加有条理。HTML5 提供了 4 种列表模式，即无序列表、有序列表、定义列表和嵌套列表。

2.9.1 无序列表

无序列表就是列表中列表项的前导符号没有一定的次序，而是用黑点、圆圈、方框等一些特殊符号标识。无序列表并不会使列表项杂乱无章，反而使列表项的结构更清晰、更合理。

当创建一个无序列表时，主要使用 HTML 的<ul>标签和<li>标签来标记。其中<ul>标签标识一个无序列表的开始；<li>标签标识一个无序列表项。无序列表的格式如下。

```
<ul>
    <li> 第一个列表项
    <li> 第二个列表项
    …
</ul>
```

从浏览器上看，无序列表的特点是，列表项目作为一个整体，与上下段文本间各有一行空白；表项向右缩进并左对齐，每行前面有项目符号。

HTML5 推荐使用 CSS 来定义列表的类型，那么列表的类型将在 CSS 章节介绍。

【例 2-13】 使用无序列表显示"馨美装修"的博文分类。本例文件 2-13.html 在浏览器中的显示效果如图 2-18 所示。

```
<!DOCTYPE html>
<html>
    <head>
        <meta charset="utf-8">
        <title>无序列表</title>
    </head>
    <body>
        <h2>博文分类</h2>
        <ul>
            <li>业界新闻
            <li>美家社区
            <li>心得体验
            <li>每日学堂
        </ul>
    </body>
</html>
```

图 2-18 无序列表

2.9.2 有序列表

有序列表是一个有特定顺序的列表项的集合。在有序列表中，各个列表项有先后顺序之分，它们之间以编号来标记。使用<ol>标签可以建立有序列表，表项的标签仍为<li>。有序列表的格式如下。

```
<ol>
    <li> 表项 1
    <li> 表项 2
    …
</ol>
```

在浏览器中显示时，有序列表整个表项与上下段文本之间各有一行空白；列表项目向右缩进并左对齐；各表项前带顺序号。

HTML5 推荐使用 CSS 来改变有序列表中的序号类型，这里不详细介绍。

【例 2-14】 使用有序列表显示馨美装修注册步骤。本例文件 2-14.html 在浏览器中的显示效果如图 2-19 所示。

```
<!DOCTYPE html>
<html>
    <head>
        <meta charset="utf-8">
        <title>有序列表</title>
    </head>
    <body>
        <h2>馨美装修注册步骤</h2>
        <ol>
            <li>填写会员信息；
            <li>接收电子邮件；
            <li>激活会员账号；
            <li>注册成功。
        </ol>
    </body>
</html>
```

图 2-19 有序列表

2.9.3 定义列表

定义列表又称为释义列表或字典列表，定义列表不是带有前导字符的列项目，而是一系列术语以及与其相关的解释。当创建一个定义列表时，主要用到 3 个 HTML 标签：<dl>标签、<dt>和<dd>标签。定义列表的格式如下。

```
<dl>
    <dt>…第一个标题项…</dt>
    <dd>…对第一个标题项的解释文字…</dd>
    <dt>…第二个标题项…</dt>
    …
    <dd>…对第二个标题项的解释文字…</dd>
</dl>
```

在<dl>、<dt>和<dd>3 个标签组合中，<dt>是标题，<dd>是内容，<dl>可以看作是承载它们的容器。当出现多组这样的标签组合时，应尽量使用一个<dt>标签配合一个<dd>标签的方法。如果<dd>标签中内容很多，可以嵌套<p>标签。

【例 2-15】 使用定义列表显示"馨美装修"联系方式。本例文件 2-15.html 在浏览器中的显示效果如图 2-20 所示。

```
<!DOCTYPE html>
<html>
    <head>
        <meta charset="utf-8">
        <title>定义列表</title>
    </head>
    <body>
```

图 2-20 定义列表

```
        <h2>馨美装修联系方式</h2>
        <dl>
                <dt>电话：</dt>
                <dd>13520812732</dd>
                <dt>地址：</dt>
                <dd>北京市智谷创意产业园</dd>
        </dl>
    </body>
</html>
```

【说明】在上面的示例中，<dl>列表中每一项的名称不再是<li>标签，而是用<dt>标签进行标记，接着由<dd>标签标记的条目定义或解释。默认情况下，浏览器一般会在左边界显示条目的名称，并在下一行缩进显示其定义或解释。

2.9.4 嵌套列表

所谓嵌套列表就是无序列表与有序列表嵌套混合使用。嵌套列表可以把页面分为多个层次，给人以很强的层次感。有序列表和无序列表不仅可以自身嵌套，而且彼此可互相嵌套。嵌套方式可分为：无序列表中嵌套无序列表、有序列表中嵌套有序列表、无序列表中嵌套无序列表、有序列表中嵌套有序列表等方式，读者需要灵活掌握。

【例 2-16】 制作馨美社区页面。本例文件 2-16.html 在浏览器中的显示效果如图 2-21 所示。

```
<!DOCTYPE html>
<html>
        <head>
                <meta charset="utf-8">
                <title>嵌套列表</title>
        </head>
        <body>
                <h2>馨美社区</h2>
                <ul>
                        <li>博文分类
                                <ul>
                                        <li>业界新闻
                                        <li>美家社区
                                        <li>心得体验
                                        <li>每日学堂
                                </ul>
                                <hr />              <!--水平分隔线-->
                        <li>馨美装修注册步骤
                                <ol>
                                        <li>填写会员信息；
                                        <li>接收电子邮件；
                                        <li>激活会员账号；
                                        <li>注册成功。
                                </ol>
                                <hr />              <!--水平分隔线-->
                        <li>馨美装修联系方式
                                <dl>                <!--嵌套定义列表-->
                                        <dt>电话：</dt>
                                        <dd>13520812732</dd>
                                        <dt>地址：</dt>
                                        <dd>北京市智谷创意产业园</dd>
                                </dl>
                </ul>
        </body>
</html>
```

图 2-21 嵌套列表

例 2-17

2.9.5 案例——制作"馨美装修"广告联盟页面

【例 2-17】 使用列表元素制作"馨美装修"广告联盟页面。本例文件 2-17.html 在浏览器中的显示效果如图 2-22 所示。

```html
<!DOCTYPE html>
<html>
    <head>
        <meta charset="utf-8" />
        <title>馨美装修广告联盟</title>
    </head>
    <body>
        <h3>广告联盟</h3>
        <hr color="red" />
        <dl>
            <dt><img src="images/case1.jpg" width=
"300" height="187" /></dt>
            <dd>
                <p>馨美装修是国内顶尖的招商加
盟……（此处省略文字）</p>
            </dd>
            <dt><img src="images/case2.jpg"
width="300" height="187" /></dt>
            <dd>
                <p>馨美装修为个人提供最全最新最准
确……（此处省略文字）</p>
            </dd>
        </dl>
        <h3>平台推广</h3>
        <hr color="red" />
        <p>技术支持</p>
        <ul>
            <li>馨美装修技术服务部已经成为公司商务……（此处省略文字）</li>
            <li>馨美装修商务中心提供的技术支持……（此处省略文字）</li>
            <li>馨美装修商务的形象，随着品牌的……（此处省略文字）</li>
        </ul>
    </body>
</html>
```

图 2-22 "馨美装修"广告联盟页面

2.10 HTML5 多媒体元素

在 HTML5 出现之前并没有将音频和视频嵌入页面的标准方式，多媒体内容在大多数情况下都是通过第三方插件或集成在 Web 浏览器的应用程序置于页面中的。由于这些插件不是浏览器自身提供的，往往需要手动安装，不仅烦琐而且容易导致浏览器崩溃。

2.10.1 HTML5 对音频和视频的支持

HTML5 中提供了<audio>和<video>标签，可以直接在浏览器中播放音频和视频文件，无须事先在浏览器上安装任何插件，只要浏览器本身支持 HTML5 规范即可。目前各种主流浏览器如 IE 9+、Firefox、Opera、Safari 和 Chrome 等浏览器都支持使用<video>和<audio>标签来播放视频和音频。

HTML5 对原生音频和视频的支持潜力巨大，但由于音频、视频的格式众多，以及相关厂商的专利限制，导致各浏览器厂商无法自由使用这些音频和视频的解码器，浏览器能够支持的音频和视频格式相对有限。如果用户需要在网页中使用 HTML5 的音频和视频，就必须熟悉音频和视频格式。

2.10.2 audio 元素

HTML5 提供了播放音频的标准，audio 元素能够播放声音文件或音频流。当前，audio 元素支持 3 种音频格式：OGG、MP3 和 WAV。audio 元素的格式如下。

\<audio src="音频文件的 URL" controls="controls" ···>文本\</audio>

\<audio>与\</audio>之间插入的文本是供不支持 audio 元素的浏览器显示的提示文字。audio 元素的属性见表 2-7。

表 2-7　audio 元素的属性

属　　性	描　　述
autoplay	如果出现该属性，则音频在就绪后马上播放
controls	如果出现该属性，则向用户显示控件，如播放、暂停和音量控件
loop	如果出现该属性，则每当音频结束时重新开始播放
preload	如果出现该属性，则音频在页面进行加载，并预备播放
src	要播放音频的 URL

【例 2-18】 播放音频控件示例。本例文件 2-18.html 在浏览器中的显示效果如图 2-23 所示。

```
<!DOCTYPE html>
<html>
    <head>
        <meta charset="utf-8">
        <title>播放音频控件示例</title>
    </head>
    <body>
        <h3>播放音频</h3>
        <audio src="audio/song.mp3" controls="controls">
            您的浏览器不支持音频元素
        </audio>
    </body>
</html>
```

图 2-23　播放音频控件示例

2.10.3　video 元素

video 元素用于定义视频，如电影片段或其他视频流。目前 video 元素支持 3 种视频格式：MP4、WebM 和 OGG。video 元素的格式如下。

\<video src="视频文件的 URL" controls="controls" ···>文本\</video>

可以在\<video>和\</video>标签之间放置文本内容，这样不支持 video 元素的浏览器就可以显示出该元素的信息。video 元素的属性见表 2-8。

表 2-8　video 元素的属性

属　　性	描　　述
autoplay	如果出现该属性，则视频在就绪后马上播放
controls	如果出现该属性，则向用户显示控件，如播放、暂停和音量控件
height	设置视频播放器的高度
loop	如果出现该属性，则每当视频结束时重新开始播放
preload	如果出现该属性，则视频在页面进行加载，并预备播放。如果使用"autoplay"，则忽略该属性
src	要播放视频的 URL
width	设置视频播放器的宽度

【例 2-19】 播放视频控件示例。本例文件 2-19.html 在浏览器中的显示效果如图 2-24 所示。

```
<!DOCTYPE html>
<html>
    <head>
        <meta charset="utf-8">
        <title>播放视频控件示例</title>
    </head>
    <body>
        <h3>播放视频</h3>
        <video src="video/ccp.mp4" width="1200"
height="" controls="controls">
            您的浏览器不支持视频元素
        </video>
    </body>
</html>
```

图 2-24　播放视频控件示例

习题 2

1. 使用段落与文字的基本排版技术制作如图 2-25 所示的页面。
2. 使用图像基本排版技术制作如图 2-26 所示的诗人简介页面。

图 2-25　题 1 图

图 2-26　题 2 图

3. 使用锚点链接和电子邮件链接制作如图 2-27 所示的网页。
4. 使用嵌套列表制作如图 2-28 所示的馨美装修公司名片页面。

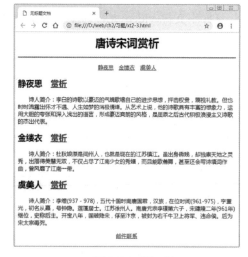

图 2-27　题 3 图

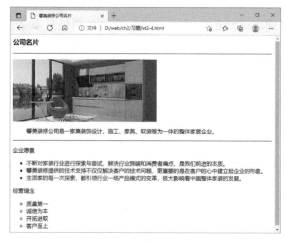

图 2-28　题 4 图

第 3 章　网页布局与交互

网页的布局指对网页上元素的位置进行合理的安排，一个具有好的布局的网页，往往给浏览者带来赏心悦目的感受。表单是网站管理者与访问者之间进行信息交流的桥梁，利用表单可以收集用户意见。前面讲解了网页的基本排版方法，并未涉及元素的布局与页面交互，本章将重点讲解使用 HTML5 布局页面及实现页面交互的方法。

3.1　iframe 框架元素

框架布局可以在同一个浏览器窗口中显示一个以上的页面。

3.1.1　基本格法

iframe 元素能够创建包含另外一个文档的行内框架，有效地将其他 HTML 页面嵌入当前页面中。iframe 元素的语法格式如下。

```
<iframe src="path" name="mainFrame" ></iframe>
```

其中，path 表示引用页面地址；mainFrame 表示框架标识名。

可以设置 src 的属性值为线上页面的地址，例如，http://www.baidu.com，这样就可以在当前页面中打开一个线上的网页。

iframe 框架元素的常用属性见表 3-1。

表 3-1　iframe 框架元素的常用属性

属　　性	描　　述
src	设置引用页面的地址
name	设置框架标识名
width	设置框架的宽度
height	设置框架的高度

3.1.2　使用 iframe 框架元素布局页面

iframe 框架元素最常用的应用就是在当前页面中同时显示其他多个页面。下面通过一个简单的例子讲解如何使用 iframe 框架元素布局页面。

【例 3-1】　使用 iframe 框架元素布局页面。本例文件 3-1.html 在浏览器中的显示效果如图 3-1 所示。

```
<!DOCTYPE html>
<html>
    <head>
        <meta charset="utf-8">
        <title>使用 iframe 框架元素布局页面</title>
    </head>
    <body>
```

```
必应: <iframe name="bing" src="http://www.bing.com" width="100%" height="200">
         </iframe><br/>
淘宝: <iframe name="taobao" src="http://www.taobao.com" width="100%" height="200">
         </iframe><br/>
新浪: <iframe name="sina" src="http://www.sina.com.cn" width="100%" height="200">
         </iframe><br/>
    </body>
</html>
```

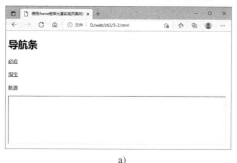

图 3-1 iframe 框架元素布局页面

3.1.3 使用 iframe 框架元素实现页面间的跳转

可以在当前页面中添加超链接，并在超链接上设置 target 目标窗口属性为希望显示的框架窗口名，就可以实现页面间的跳转。

【例 3-2】 使用 iframe 框架元素实现页面间的跳转。当页面初次加载后，iframe 框架中由于未指定引用页面的地址，所以没有任何显示内容；当用户单击其中的某个导航链接后，在 iframe 框架中打开相应的网页。本例文件 3-2.html 在浏览器中的显示效果如图 3-2 所示。

a)   b)

图 3-2 iframe 框架元素实现页面间的跳转

a) 单击导航链接前 b) 单击导航链接后

```
<!DOCTYPE html>
<html>
    <head>
        <meta charset="utf-8">
        <title>使用 iframe 框架元素实现页面间的跳转</title>
    </head>
    <body>
        <h1>导航条</h1>
        <p><a href="http://www.bing.com" target="mainFrame">必应</a><br /><br />
        <a href="http://www.taobao.com" target="mainFrame">淘宝</a><br /><br />
        <a href="http://www.sina.com.cn" target="mainFrame">新浪</a><br />
```

```
        </p>
        <iframe name="mainFrame" width="800px" height="150px" />
    </body>
</html>
```

3.2　分区元素

上面讲解的 iframe 框架元素一般用于组织小区块的内容，为了方便管理，许多小区块还需要放到一个大区块中进行布局。

3.2.1　基本语法

分区元素 div 常用于页面布局时对区块进行划分，它相当于一个大"容器"，div 可定义文件中的分区。div 是 division 的简写，意为分割、区域、分组。div 元素是一个块级元素，用来为 HTML 文档中大块内容提供结构和背景。div 元素可以把文件分割为独立的、不同的部分，其中的内容可以是任何 HTML 元素。

浏览器通常会在 div 元素前后放置一个换行符，换行是 div 元素固有的唯一格式表现。通常使用 div 元素来组合块级元素，这样即可使用样式对它们进行格式化。由于 div 元素没有明显的外观效果，因此需要为其添加 CSS 样式属性，这样才能看到区块的外观效果。<div>元素的格式如下。

<div id="控件 id" class="类名"> HTML 元素</div>

div 元素的属性如下。

1）id 属性：用于标识单独的唯一的元素。id 值必须以字母或下划线开始，不能以数字开始。

2）class 属性：用于标识类名或元素组（类似的元素，或者可以理解为某一类元素）。

如果用 id 或 class 来标记<div>标签，那么该元素的作用会变得更加有效。不必为每一个<div>标签都加上 class 或 id，虽然这样做也有一定的好处。

3.2.2　使用 div 元素布局页面内容

页面中如果有多个 div 元素把文档分成多个部分，可以使用 id 或 class 属性来区分不同的<div>标签。下面通过一个案例讲解如何使用 div 元素布局页面内容。

【例 3-3】　使用 div 元素布局页面内容。本例文件 3-3.html 在浏览器中的显示效果如图 3-3 所示。

```
<!DOCTYPE html>
<html>
    <head>
        <meta charset="utf-8">
        <title>div 元素布局页面内容</title>
    </head>
    <body>
        <div class="page">
            <div id="head" class="header">
                <h1>馨美装修</h1>
                <hr />
            </div>
            <div class="nav">
                <p>首页   合作案例   新闻中心   人才招聘
  联系我们</p>
                <hr />
            </div>
```

图 3-3　div 元素布局页面内容

```
            <div id="main" class="main_news">
                <h3>行业新闻</h3>
                <h4>家的两重性视角——解读 2022 家居流行色</h4>
                <p>过去曾以奢华高调面貌占据主流时尚的金色，以全新的姿态重返...</p>
            </div>
            <div class="foot">
                <hr />
                <h5>Copyright &copy; 2022 馨美装修 版权所有</h5>
            </div>
        </div>
    </body>
</html>
```

【说明】本例把整个文件体（body）设置为 1 个分区（page），然后在该分区中设置了 4 个分区，分别是页头分区（header）、导航栏分区（nav）、主题内容分区（main）和页脚的版权分区（foot）。

由于页面中的内容并未设置 CSS 样式，因此整个页面看起来并不美观，在后续章节的练习中将利用 CSS 样式对该页面进行美化。有关 div 元素的应用，将在后续章节中介绍。

3.3 范围元素

分区元素 div 主要用来定义网页上的区域，通常用于较大范围的设置，而范围元素 span 被用来组合文档中的行级元素。

3.3.1 基本语法

span 元素用来定义文档中一行的一部分，是行级元素。行级元素没有固定的宽度，也没有固定的格式表现，当对它应用样式时，才会产生视觉上的变化。范围元素 span 用于标识行内的某个范围，以实现行内某个部分的特殊设置以区分其他内容。Span 元素的语法格式如下。

内容

例如，<p>文本内容其他内容</p>。

如果不对 span 应用样式，那么 span 元素中的文本与其他文本不会有任何视觉上的差异。尽管如此，上例中的 span 元素仍然为 p 元素增加了额外的结构。

可以为 span 元素应用 id 或 class 属性，这样既可以增加适当的语义，又便于对 span 元素应用样式。

3.3.2 span 元素与 div 元素的异同

span 元素与 div 元素在网页上的使用，都可以用来产生区域范围，以定义不同的文字段落，且区域间彼此是独立的。不过，两者在使用上还是有一些差异。

1．区域内是否换行

span 元素仅是个行内元素，不会换行，而 div 元素是一个块级元素，它包围的元素会自动换行。块级元素相当于行内元素在前后各加了一个
标签。可以用容器这个词来理解它们的区别，块级元素 div 相当于一个大容器，而行内元素 span 相当一个小容器，大容器当然可以盛放小容器。

2．标签相互包含

div 与 span 标签区域可以同时在网页上使用，由于 span 元素本身没有任何属性，没有结构上的意义，一般在使用上建议用 div 标签包含 span 标签；但 span 标签最好不包含 div 标签，否则会造成 span 标签的区域不完整，形成断行的现象。

3.3.3　案例——布局"馨美装修"技术支持页面

本节通过一个综合的案例讲解如何使用分区元素和范围元素布局网页内容，包括文本、水平线、列表、图像和链接等常见的网页元素。

【例 3-4】　使用分区元素和范围元素布局网页内容。本例文件 3-4.html 在浏览器中的显示效果如图 3-4 所示。

```html
<!DOCTYPE html>
<html>
    <head>
        <meta charset="utf-8">
        <title>布局馨美装修技术支持页面</title>
    </head>
    <body>
        <div style="width:600px; height:210px;">
            <h2 align="center">技术支持</h2>
            <hr/>
            <ul>
                <li>馨美装修技术服务部已经成为公司商务……（此处省略文字）</li>
                <li>馨美装修商务中心提供的技术支持不仅仅……（此处省略文字）</li>
                <li>馨美装修商务的形象，随着品牌的不断……（此处省略文字）</li>
            </ul>
        </div>
        <div style="width:600px;height:78px;border:1px solid #f96;text-align:center">
            <span><img src="images/logo.png" align="middle"/>  版权 &copy;
2022 馨美装修</span>
        </div>
    </body>
</html>
```

图 3-4　div 元素布局页面内容

【说明】

① 本例中设置了两个<div>分区：内容分区和版权分区。

② 内容分区<div>标签的样式为 style="width:600px; height:210px;"，表示分区的宽度为 600px、高度为 210px。

③ 版权分区<div>标签的样式为 style="width:600px;height:78px;border:1px solid #f96;text-align:center "，表示分区的宽度为 600px、高度为 78px 及边框为 1px 橘红色实线。

④ 版权分区中<span>标签中组织的内容包括图像、文本两种行级元素。

3.4　HTML5 文档结构元素

在 HTML5 中，为了使文档的结构更加清晰明确，可以使用文档结构元素构建网页布局，使 Web 设计和开发变得容易起来，其典型布局如图 3-5 所示。

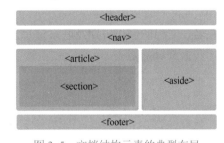

图 3-5　文档结构元素的典型布局

HTML5 中的主要文档结构元素如下。

● section 元素：代表文档中的一段或者一节。

● nav 元素：用于构建导航。

- header 元素：页面的页眉。
- footer 元素：页面的页脚。
- article 元素：表示文档、页面、应用程序或网站中一体化的内容。
- aside 元素：代表与页面内容相关、有别于主要内容的部分。
- hgroup 元素：代表段或者节的标题。
- time 元素：表示日期和时间。
- mark 元素：文档中需要突出的文字。

3.4.1 section 元素

section 元素用来定义文档中的节（section、区段），如章节、页眉、页脚或文档中的其他部分。例如，下面的代码定义了文档中的区段，解释了 CSS 的含义。

```
<section>
    <h1> CSS</h1>
    <p>是 Cascading Style Sheets（层叠样式表单）的简称</p>
</section>
```

3.4.2 nav 元素

nav 元素用来定义导航链接的部分。例如，下面的代码定义了导航条中常见的首页、上一页、下一页和尾页链接。

```
<nav>
    <a href="index.html">首页</a>
    <a href="prev.html">上一页</a>
    <a href="next.html">下一页</a>
    <a href="end.html">尾页</a>
</nav>
```

3.4.3 header 元素

header 元素用来定义文档的页眉。例如，下面的代码定义了文档的欢迎信息。

```
<header>
    <h1>欢迎光临馨美装修</h1>
    <p>公司的宗旨是让每个人都积极创新，为做出美好的事情而努力。</p>
</header>
```

3.4.4 footer 元素

footer 元素用来定义 section 或 document 的页脚，通常该元素包含网站的版权、创作者的姓名、文档的创作日期及联系信息。例如，下面的代码定义了网站的版权信息。

```
<footer>
    <p>Copyright &copy; 2022 馨美装修 版权所有</p>
</footer>
```

3.4.5 article 元素

article 元素用来定义独立的内容，该元素定义的内容可独立于页面中的其他内容使用。article 元素经常应用于论坛帖子、新闻文章、博客条目和用户评论等应用中。

section 元素可以包含 article 元素，article 元素也可以包含 section 元素。section 元素用来分组相类似的信息，而 article 元素则用来放置诸如一篇文章或是博客一类的信息，这些内容可在不影响内容含义的情况下被删除或是被放置到新的上下文中。article 元素，正如它的名称所暗示的那样，提供了一个完整的信息包。相比之下，section 元素包含的是有关联的信息，但这些信息自身不能被放置到不同的上下文中，否则其代表的含义就会丢失。

除了内容部分，一个 article 元素通常有它自己的标题（一般放在 header 元素里面），有时还有自己的脚注。

【例 3-5】　使用 article 元素定义新闻内容。本例文件 3-5.html 在浏览器中的显示效果如图 3-6 所示。

```
<!DOCTYPE html>
<html>
    <head>
        <meta charset="utf-8">
        <title>article 元素示例</title>
    </head>
    <body>
        <article>
            <header>
                <h1>馨美装修行业新闻</h1>
                <p>发布日期:2022/03/02</p>
            </header>
            <h3>注重品质与细节，打造精致家居角落</h3>
            <p>精致的角落需要好的家饰承载，在灯光柔美的角落...（文章正文）</p>
            <footer>
                <p>Copyright &copy; 2022 馨美装修 版权所有</p>
            </footer>
        </article>
    </body>
</html>
```

图 3-6　article 元素示例

【说明】这个示例讲述的是使用 article 元素定义新闻的方法。在 header 元素中嵌入了新闻的标题部分，标题"馨美装修行业新闻"被嵌入到 h1 元素中，新闻的发布日期被嵌入到 p 元素中；在标题部分下面的 p 元素中，嵌入了新闻的正文；在结尾处的 footer 元素中嵌入了新闻的版权，作为脚注。整个示例的内容相对比较独立、完整，因此，对这部分内容使用了 article 元素。

article 元素是可以嵌套使用的，内层的内容在原则上需要与外层的内容相关联。例如，针对该新闻的评论就可以使用嵌套 article 元素的方法实现；用来呈现评论的 article 元素被包含在表示整体内容的 article 元素里面。

【例 3-6】　使用嵌套的 article 元素定义新闻内容及评论。本例文件 3-6.html 在浏览器中的显示效果如图 3-7 所示。

```
<!DOCTYPE html>
<html>
    <head>
        <meta charset="utf-8">
        <title>article 元素示例</title>
    </head>
    <body>
        <article>
            <header>
                <h1>馨美装修行业新闻</h1>
                <p>发布日期:2022/03/02</p>
            </header>
            <h3>注重品质与细节，打造精致家居角落</h3>
            <p>精致的角落需要好的家饰承载，在灯光柔美的角
落...（文章正文）</p>
            <section>
                <h2>评论</h2>
                <article>
```

图 3-7　嵌套的 article 元素示例

```
            <header>
                <h3>发表者：刘大海</h3>
                <p>3 小时前</p>
            </header>
            <p>在结束疲劳的工作后，总能在角落中找到最适合自己的慢节奏。</p>
        </article>
        <article>
            <header>
                <h3>发表者：张小兵</h3>
                <p>5 小时前</p>
            </header>
            <p>赞美馨美装修公司的精致服务，体现了以人文本的发展理念。</p>
        </article>
    </section>
    <footer>
        <p>Copyright &copy; 2022 馨美装修 版权所有</p>
    </footer>
</article>
        </body>
    </html>
```

【说明】

① 这个示例比例 3-5 的内容更加完整，添加了新闻的评论内容，示例的整体内容还是比较独立、完整的，因此使用了 article 元素。其中，示例的内容又分为几个部分，新闻的标题放在了 header 元素中，新闻正文放在了 header 元素后面的 p 元素中，然后 section 元素把正文与评论部分进行了区分，在 section 元素中嵌入了评论的内容，在评论中的 article 元素中又可以分为标题与评论内容部分，分别放在 header 元素和 p 元素中。

② 在 HTML5 中，article 元素可以看作是一种特殊的 section 元素，它比 section 元素更强调独立性。即 section 元素强调分段或分块，而 article 元素强调独立性。具体来说，如果一块内容相对来说比较独立和完整，应该使用 article 元素；但是如果用户需要将一块内容分成几段，则应该使用 section 元素。另外，用户不要为没有标题的内容区块使用 section 元素。

3.4.6 aside 元素

aside 元素用来表示当前页面或新闻的附属信息部分，它可以包含与当前页面或主要内容相关的引用、侧边栏、广告、导航条，以及其他类似的有别于主要内容的部分。

【例 3-7】 使用 aside 元素定义了网页的侧边栏信息。本例文件 3-7.html 在浏览器中的显示效果如图 3-8 所示。代码如下。

```
<!DOCTYPE html>
<html>
    <head>
        <meta charset="utf-8">
        <title>侧边栏示例</title>
    </head>
    <body>
        <aside>
            <nav>
                <h2>评论</h2>
                <ul>
                    <li>
                        <a href="http://blog.sohu.com/123">刘大海</a> 03-02 14:25<br/>
                        <a href="http://blog.sohu.com/1257">爱国是国家和民族对公民的基
本道德要求</a>
                    </li>
                    <li>
                        <a href="http://blog.sohu.com//111">张小兵</a> 03-01 23:48<br/>
```

图 3-8 aside 元素示例

```
                                        <a href="http://blog.sohu.com/1256">我今天学习了社会主义核心价
值观，受益多多</a>
                                    </li>
                                    <li>
                                        <a href="http://blog.sohu.com/">搜狐官博</a> 03-01 08:50<br/>
                                        <a href="#">恭喜！您已经成功开通了博客</a>
                                    </li>
                                </ul>
                            </nav>
                        </aside>
                    </body>
                </html>
```

【说明】本例为一个典型的博客网站中的侧边栏部分，因此放在了 aside 元素中；该侧边栏又包含导航作用的链接，因此放在 nav 元素中；侧边栏的标题是"评论"，放在了 h2 元素中；在标题之后使用了一个无序列表 ul 元素，用来存放具体的导航链接。

3.4.7 分组元素

分组元素用于对页面中的内容进行分组。HTML5 中包含 3 个分组元素，分别是 figure 元素、figcaption 元素和 hgroup 元素。

1．figure 元素和 figcaption 元素

figure 元素用于定义独立的流内容（图像、图表、照片、代码等），一般指一个单独的单元。figure 元素的内容应该与主内容相关，但如果被删除，也不会对文档流产生影响。figcaption 元素用于为 figure 元素组添加标题，一个 figure 元素内最多允许使用一个 figcaption 元素，该元素应该放在 figure 元素的第一个或者最后一个子元素的位置。

【例 3-8】 使用 figure 元素和 figcaption 元素分组页面内容。本例文件 3-8.html 在浏览器中的显示效果如图 3-9 所示。

```
<!DOCTYPE html>
<html>
    <head>
        <meta charset="utf-8">
        <title>figure 和 figcaption 元素示例</title>
    </head>
    <body>
        <p>人民对美好生活的向往……（此处省略文字）</p>
        <figure>
            <figcaption>馨美装修宣传部</figcaption>
            <p>编辑：刘大海 时间：2022 年 03 月</p>
            <img src="images/home.jpg">
        </figure>
    </body>
</html>
```

图 3-9 figure 和 figcaption 元素示例

【说明】figcaption 元素用于定义文章的标题。

2．hgroup 元素

hgroup 元素用于将多个标题（主标题和副标题或者子标题）组成一个标题组，通常与 h1～h6 元素组合使用。一般将 hgroup 元素放在 header 元素中。

在使用 hgroup 元素时要注意以下几点。

1）如果只有一个标题元素不建议使用 hgroup 元素。

2）当出现两个或者两个以上的标题与元素时，推荐使用 hgroup 元素作为标题元素。

3）当一个标题包含副标题、section 或者 article 元素时，建议将 hgroup 元素和标题相关元素存放到 header 元素容器中。

【例 3-9】 使用 hgroup 元素分组页面内容。本例文件 3-9.html 在浏览器中的显示效果如图 3-10 所示。

```html
<!DOCTYPE html>
<html>
    <head>
        <meta charset="utf-8">
        <title>hgroup 元素示例</title>
    </head>
    <body>
        <header>
            <hgroup>
                <h1>馨美装修网站</h1>
                <h2>馨美装修宣传部</h2>
            </hgroup>
            <p>新闻发布</p>
        </header>
    </body>
</html>
```

图 3-10　hgroup 元素示例

3.4.8　案例——制作"馨美装修"人才招聘页面

【例 3-10】 使用文档结构元素构建网页布局，制作"馨美装修"人才招聘页面。本例文件 3-10.html 在浏览器中的显示效果如图 3-11 所示。

```html
<!DOCTYPE html>
<html>
    <head>
        <meta charset="utf-8">
        <title>使用文档结构元素构建网页布局</title>
    </head>
    <body>
        <article id="main">
            <header>
                <h1 align="center">馨美装修人才招
聘</h>
            </header>
            <aside>
                <h3>人才分类</h3>
                <section>
                    <ul>
                        <li>营销经理</li>
                        <li>财务总监</li>
                        <li>技术助理</li>
                    </ul>
                </section>
            </aside>
            <section>
                <header>
                    <hgroup>
                        <h1>招聘启事</h1>
                        <h3>2022 年 03 月 02 日，馨美装修在……（此处省略文字）</h3>
                    </hgroup>
                </header>
                <section>
                    <img src="images/city.jpg" />
                </section>
                <article>
                    <span>招聘信息</span>
                    <hr />
                    <p>为了进一步扩大公司的业务领域，馨美……（此处省略文字）</p>
                </article>
                <article>
                    <span>基本要求</span>
```

图 3-11　使用文档结构元素
构建网页布局

```
            <hr />
            <p>爱岗敬业，诚信友善，注重个人形象，……（此处省略文字）</p>
        </article>
    </section>
    <footer>
        <p align="center">Copyright &copy; 2022 馨美装修 版权所有</p>
    </footer>
</article>
</body>
</html>
```

3.5 HTML5 页面交互元素

对于网站应用来说，表现最为突出的就是客户端与服务器端的交互。HTML5 增加了交互体验元素，本节将详细讲解这些元素。

3.5.1 details 元素和 summary 元素

details 元素用于描述文档或文档某个部分的细节。summary 元素经常与 details 元素配合使用，作为 details 元素的第一个子元素，用于为 details 定义标题。标题是可见的，当用户单击标题时，会显示或隐藏 details 中的其他内容。

【例 3-11】 使用 details 元素和 summary 元素描述文档。标题折叠的效果如图 3-12 所示，标题展开的效果如图 3-13 所示。

图 3-12 标题折叠的效果　　　　图 3-13 标题展开的效果

```
<!DOCTYPE html>
<html>
    <head>
        <meta charset="utf-8">
        <title>details 和 summary 元素示例</title>
    </head>
    <body>
        <details>
            <summary>人才招聘</summary>
            <ul>
                <li>营销经理</li>
                <li>财务总监</li>
                <li>技术助理</li>
            </ul>
        </details>
    </body>
</html>
```

3.5.2 progress 元素

progress 元素用于表示一个任务的完成进度。这个进度可以是不确定的，只是表示进度正在进行，但是不清楚还有多少工作量没有完成。progress 元素的常用属性值有两个，具体如下。

1）value：已经完成的工作量。

2）max：总共有多少工作量。

其中，value 和 max 属性的值必须大于 0，且 value 的值要小于或等于 max 属性的值。

【例 3-12】 使用 progress 元素显示工程开发进度。本例文件 3-12.html 在浏览器中的显示效果如图 3-14 所示。

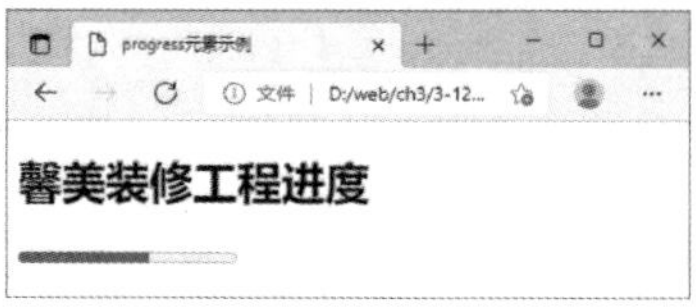

```
<!DOCTYPE html>
<html>
    <head>
        <meta charset="utf-8">
        <title>progress 元素示例</title>
    </head>
    <body>
        <h1>馨美装修工程进度</h1>
        <p><progress min="0" max="100" value="60"></progress></p>
    </body>
</html>
```

图 3-14 progress 元素示例

3.6 表格元素

表格是网页中的一个重要容器元素，表格除了用来显示数据外，还用于搭建网页的结构。

3.6.1 表格的组成

表格是由行和列组成的二维表，而每行又由一个或多个单元格组成，用于放置数据或其他内容。表格中的单元格是行与列的交叉部分，它是组成表格的最基本单元。单元格的内容是数据，也称数据单元格，数据单元格可以包含文本、图片、列表、段落、表单、水平线或表格等元素。表格中的内容按照相应的行或列进行分类和显示如图 3-15 所示。

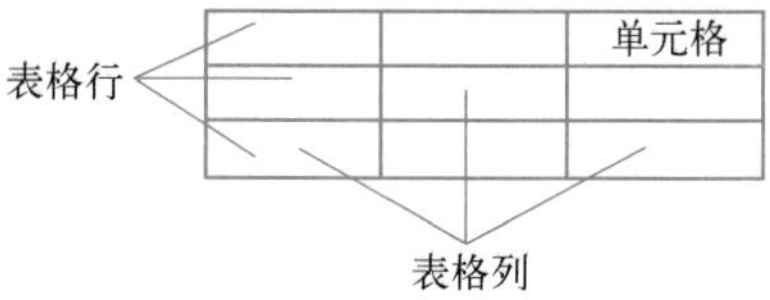

3.6.2 基本表格

表格用<table>标签定义，表格的标题用<caption>标签定义；每个表格有若干行，用<tr>标签定义；每行被分隔为若干单元格，用<td>标签定义；当单元格是表头时，用<th>标签定义。定义表格元素的格式如下。

图 3-15 表格的组成

```
<table border="n" width="x|x%" height="y|y%" cellspacing="i" cellpadding="j">
    <caption align="left|right|top|bottom valign=top|bottom>标题</caption>
    <tr> <th>表头 1</th> <th>表头 2</th> <th>…</th> <th>表头 n</th></tr>
    <tr> <td>表项 1</td> <td>表项 2</td> <td>…</td> <td>表项 n</td></tr>
     …
    <tr> <td>表项 1</td> <td>表项 2</td> <td>…</td> <td>表项 n</td></tr>
</table>
```

表格是按行建立的，在每一行中填入该行每一列的表项数据。表格的第一行为表头，通过<th>标签实现。在浏览器中显示时，<th>标签的文字按粗体显示，<td>标签的文字按正常字体显示。

表格的整体外观由<table>标签的属性决定。

1）border 属性：定义表格边框的粗细，n 为整数，单位为像素。如果省略，则不带边框。

2）width 属性：定义表格的宽度，x 为像素数或百分数（占窗口的）。

3）height 属性：定义表格的高度，y 为像素数或百分数（占窗口的）。

4）cellspacing 属性：定义表项间隙，i 为像素数。

5）cellpadding 属性：定义表项内部空白，j 为像素数。

【例 3-13】 制作"馨美装修"员工录表格。本例文件 3-13.html 在浏览器中的显示效果如图 3-16 所示。

```html
<!DOCTYPE html>
<html>
    <head>
        <meta charset="utf-8">
        <title>表格示例</title>
    </head>
    <body>
        <table border="2" cellspacing="10" cellpadding="20">
            <caption>馨美装修员工录</caption>
            <tr><th> 姓 名 </th><th> 性 别 </th><th> 职 务
</th></tr>

            <tr><td>刘大海</td><td>男</td><td>营销经理</td></tr>
            <tr><td>赵小燕</td><td>女</td><td>财务总监</td></tr>
            <tr><td>张小兵</td><td>男</td><td>技术助理</td></tr>
        </table>
    </body>
</html>
```

图 3-16 表格示例

3.6.3 不规范表格

colspan 和 rowspan 属性用于建立不规范表格，所谓不规范表格是指单元格的个数不等于行乘以列的数值。表格在实际应用中经常使用不规范表格，需要把多个单元格合并为一个单元格，也就是要用到表格的跨行、跨列功能。

1. 跨行

跨行是指单元格在垂直方向上合并，语法如下。

```html
<table>
    <tr>
        <td rowspan="所跨的行数">单元格内容</td>
    </tr>
</table>
```

其中，rowspan 指明该单元格应有多少行的跨度，在<th>和<td>标签中使用。

2. 跨列

跨列是指单元格在水平方向上合并，语法如下。

```html
<table>
    <tr>
        <td colspan="所跨的行数">单元格内容</td>
    </tr>
</table>
```

其中，colspan 指明该单元格应有多少列的跨度，在<th>和<td>标签中使用。

3. 跨行、跨列

【例 3-14】 制作一个展示公司业绩的跨行、跨列表格。本例文件 3-14.html 在浏览器中显示的效果如图 3-17 所示。

```html
<!DOCTYPE html>
<html>
    <head>
        <meta charset="utf-8">
        <title>跨行跨列表格示例</title>
    </head>
    <body>
        <table width="300" border="2">
            <tr>
                <td colspan="3">公司业绩(万元)</td> <!--设置单元格水平跨 3 列-->
```

图 3-17 跨行、跨列表格

```
                </tr>
                <tr>
                        <td rowspan="2">2022 年</td>        <!--设置单元格垂直跨 2 行-->
                        <td>工程装修</td>
                        <td>8900</td>
                </tr>
                <tr>
                        <td>家庭装修</td>
                        <td>9200</td>
                </tr>
                <tr>
                        <td rowspan="2">2021 年</td>        <!--设置单元格垂直跨 2 行-->
                        <td>工程装修</td>
                        <td>8500</td>
                </tr>
                <tr>
                        <td>家庭装修</td>
                        <td>8600</td>
                </tr>
        </body>
</html>
```

【说明】表格跨行、跨列以后，并不改变表格的特点。表格中同行的内容总高度一致，同列的内容总宽度一致，各单元格的宽度或高度互相影响，结构相对稳定，不足之处是不能灵活地进行布局控制。

3.6.4 数据分组

表格数据的分组元素包括 thead、tbody 和 tfooter，主要用于对报表数据进行逻辑分组。其中，<thead>标签定义表格的头部；<tbody>标签定义表格的主体，即报表详细的数据描述；<tfoot>标签定义表格的脚部，即对各分组数据进行汇总的部分。

thead、tbody 和 tfooter 元素通常用于对表格内容进行分组，当创建某个表格时，希望拥有一个标题行、一些带有数据的行，以及位于底部的一个总计行。这种划分使浏览器有能力支持独立于表格标题和页脚的表格正文滚动。当长的表格被打印时，表格的表头和页脚可被打印在包含表格数据的每张页面上。

如果使用 thead、tbody 和 tfooter 元素，就必须全部使用。它们出现的次序是 thead、tbody、tfooter。

【例 3-15】 制作产品销量季度数据报表。本例文件 3-15.html 的浏览效果如图 3-18 所示。

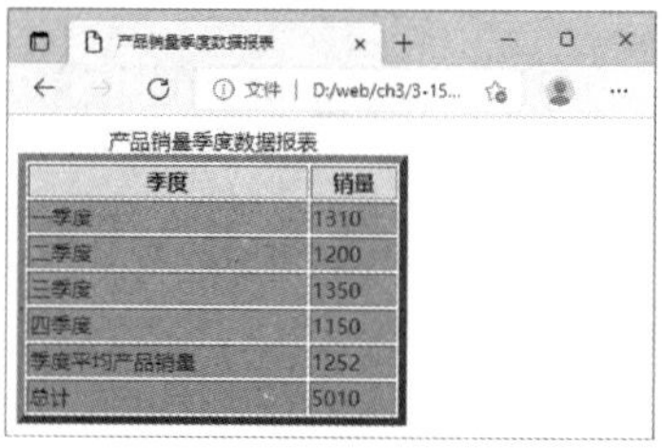

```
<!DOCTYPE html>
<html>
        <head>
                <meta charset="utf-8">
                <title>产品销量季度数据报表</title>
        </head>
        <body>
                <table width="300" border="6">
                        <!--设置表格宽度为 300px，边框 6px-->
                        <caption>产品销量季度数据报表</caption>
<!--设置表格的标题-->
                        <thead style="background: #ddd">        <!--设置报表的页眉-->
                                <tr><th>季度</th><th>销量</th></tr>
                        </thead>                                <!--页眉结束-->
                        <tbody style="background: #999">        <!--设置报表的数据主体-->
                                <tr><td>一季度</td><td>1310</td></tr>
                                <tr><td>二季度</td><td>1200</td></tr>
```

图 3-18　产品销量季度数据报表

```
        <tr><td>三季度</td><td>1350</td></tr>
        <tr><td>四季度</td><td>1150</td></tr>
    </tbody>                               <!--数据主体结束-->
    <tfoot style="background: #0af">      <!--设置报表的数据页脚-->
        <tr><td>季度平均产品销量</td><td>1252</td></tr>
        <tr><td>总计</td><td>5010</td></tr>
    </tfoot>                               <!--页脚结束-->
    </table>
    </body>
</html>
```

3.6.5　调整列的格式

为了调整列的格式，对表格中的列组合后，可以对表格中的列定义属性值。

1）<colgroup>标签：对表格中的列进行组合，以便对其进行格式化。

2）<col>标签：对表格中一个或多个列定义属性值，通常位于<colgroup>标签内。

【例 3-16】　调整列格式示例。本例文件 3-16.html 在浏览器中的显示效果如图 3-19 所示。

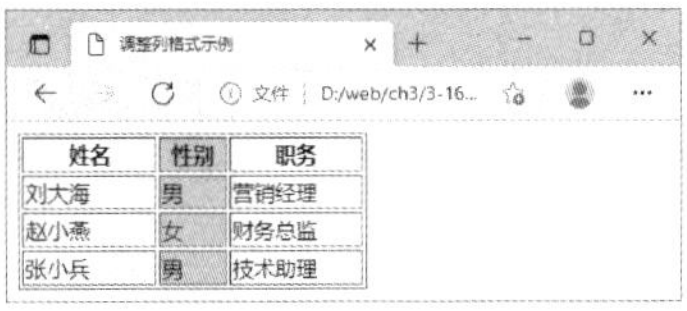

```
<!DOCTYPE html>
<html>
    <head>
        <meta charset="utf-8">
        <title>调整列格式示例</title>
    </head>
    <body>
        <table border="1">
            <colgroup>
                <col width="100" style="background:#FFFAF0">
                <col width="50" style="background:#ccc">
                <col width="100" style="background:#FFFAF0">
            </colgroup>
            <tr><th>姓名</th><th>性别</th><th>职务</th></tr>
            <tr><td>刘大海</td><td>男</td><td>营销经理</td></tr>
            <tr><td>赵小燕</td><td>女</td><td>财务总监</td></tr>
            <tr><td>张小兵</td><td>男</td><td>技术助理</td></tr>
        </table>
    </body>
</html>
```

图 3-19　调整列格式示例

3.6.6　案例——使用表格布局"馨美装修"案例页面

在设计页面时，常需要利用表格来定位页面元素。使用表格可以导入表格化数据，设计页面分栏，定位页面上的文本和图像等。使用表格还可以实现页面局部布局，类似于产品展示、新闻列表这样的效果，可以采用表格来实现。

【例 3-17】　使用表格布局"馨美装修"案例页面。本例文件 3-17.html 在浏览器中的显示效果如图 3-20 所示。

例 3-17

```
<!DOCTYPE html>
<html>
    <head>
        <meta charset="utf-8">
        <title>馨美装修案例页面</title>
    </head>
    <body>
        <h2 align="center">装修案例展示</h2>
        <table border="0" align="center">
            <tr>
                <td align="center"><img src="images/01.jpg" /></td>
                <td align="center"><img src="images/02.jpg" /></td>
                <td align="center"><img src="images/03.jpg" /></td>
```

```
        </tr>
        <tr>
            <td align="center">客厅 1</td>
            <td align="center">客厅 2</td>
            <td align="center">客厅 3</td>
        </tr>
        <tr>
            <td align="center"><img src="images/04.jpg" /></td>
            <td align="center"><img src="images/05.jpg" /></td>
            <td align="center"><img src="images/06.jpg" /></td>
        </tr>
        <tr>
            <td align="center">客厅 4</td>
            <td align="center">客厅 5</td>
            <td align="center">餐厅 1</td>
        </tr>
    </table>
</body>
</html>
```

图 3-20　使用表格布局"馨美装修"案例页面

【说明】本例中的表格、行、单元格的居中对齐都是使用 align="center"实现的，虽然可以实现这一功能，但是并不推荐这样使用，在后面的章节中将会讲解使用 CSS 样式来实现元素的居中对齐。

3.7　表单

表单是网页中最常用的元素，是网站服务器端与客户端之间沟通的桥梁。表单在网上随处可见，被用于在登录页面输入账号、客户留言、搜索产品等。一个完整的交互表单由两部分组成：一是客户端包含的表单页面，用于填写浏览者进行交互的信息；另一个是服务端的应用程序，用于处理浏览者提交的信息。当访问者在 Web 浏览器显示的表单中输入信息后，单击"提交"按钮，这些信息将被发送给服务器，服务器端脚本或应用程序将对这些信息进行处理，并将结果发送回访问者。

3.7.1　表单元素 form

网页上具有可输入表项及项目选择等控制所组成的栏目称为表单。表单元素是块级元素，其前后会产生折行。<form>标签用于创建供用户输入的 HTML 表单，<form>标签是成对出现的。在一个 HTML 页面中允许有多个表单，表单元素的基本语法如下。

```
<form name="表单名" action="URL" method="get|post" …>
```

```
    ...
    </form>
```

<form>标签主要进行表单结果的处理和传送，常用属性的含义如下。

1）name 属性：表单的名字，在一个网页中用于唯一识别一个表单，与 id 属性值相同。

2）method 属性：规定用于发送表单数据时的发送类型，其属性值可以是 get 或 post，具体是哪一个，取决于后台程序。这个属性必须有。

3）action 属性：规定当提交表单时向何处发送表单数据，是网址还是 E-mail 地址。这个属性必须有。

4）enctype 属性：规定在发送表单数据之前如何对其进行编码。enctype 属性有以下 3 个值。

- application/x-www-form-urlencoded：默认的编码方式，在发送前编码所有字符。
- multipart/form-data：被编码为一条二进制消息，网页上的每个控件对应消息中的一个部分，包括文件域指定的文件。在使用包含文件上传控件的表单时，必须使用这个值。
- text/plain：空格转换为加上（+），但不对特殊字符编码。

3.7.2 输入元素 input

<input>元素用来定义用户输入数据的输入字段，根据不同的 type 属性，输入字段可以是文本字段、密码字段、复选框、单选按钮、按钮、隐藏域、电子邮件、日期时间、数值、范围、图像、文件等。<input>元素的基本语法如下。

```
<input type="表项类型" name="表项名" value="默认值" size="x" maxlength="y" />
```

input 元素的常用属性如下。

1）type 属性：指定要加入表单项目的类型，常用的 type 属性值见表 3-2。

表 3-2   input 元素的 type 属性值

type 属性值	描 述
text	单行文本输入框，可以输入一行文本，可通过 size 和 maxlength 定义显示的宽度和最大字符数
password	密码输入框，同单行文本框，不同的是该区域字符会被掩码
radio	单选按钮，相同 name 属性的单选按钮只能选中一个，默认选中 checked="checked"
checkbox	复选框，多选按钮，可以同时选中多个，默认选中 checked="checked"
submit	提交按钮，单击该按钮后将表单数据发送到服务器
reset	重置按钮，单击该按钮后会清除表单中输入的所有数据
button	按钮，大部分情况下执行的是 JavaScript 脚本
image	图片形式的提交按钮，效果同提交按钮，必须使用 src 属性定义图片的 URL，并且使用 alt 定义当图片无法显示时的替代文字。height 和 width 属性定义图片的高和宽
file	选择文件控件，用于上传文件
hidden	隐藏的输入区域，一般用于定义隐藏的参数
color	让用户从拾色器中选择一个颜色
date	让用户从一个日期选择器中选择一个日期
datetime	让用户从一个 UTC 日期和时间选择器中选择一个日期，有的浏览器不支持
datetime-local	让用户从日期时间选择器中选择一个本地的日期和时间
time	让用户从时间选择器中选择小时和分
month	让用户从月份选择器中选择月份，包括年和月
week	让用户从周、年选择器中选择周和年
email	生成一个 E-mail 地址的输入框

（续）

type 属性值	描　述
number	生成一个只能输入数值的输入框
range	生成一个拖动条，通过拖动输入一定范围内的数字值
search	生成一个用于输入搜索关键字的文本框
tel	生成一个只能输入电话号码的文本框
url	生成一个 URL 地址的输入框

2）name 属性：该表项的控制名，主要在处理表单时起作用。

3）size 属性：输入字段中的可见字符数。

4）maxlength 属性：允许输入的最大字符数目。

5）checked 属性：当页面加载时是否预先选择该 input 元素（适用于 type="checkbox"或 type="radio"）。

6）readonly 属性：设置字段的值无法修改。

7）required 属性：设置必须输入字段的值。

8）pattern 属性：输入字段的值的模式或格式。

9）placeholder 属性：设置用户填写输入字段的提示。

10）autocomplete 属性：设置是否使用输入字段的自动完成功能。

11）autofocus 属性：设置输入字段在页面加载时是否获得焦点（type= "hidden"时不适用）。

12）disabled 属性：当页面加载时是否禁用该 input 元素（type="hidden"时不适用）。

【例 3-18】 制作不同类型的 input 元素示例。本例文件 3-18.html 在浏览器中的显示效果如图 3-21 所示。

图 3-21　不同类型的 input 元素

```html
<!DOCTYPE html>
<html>
    <head>
        <meta charset="utf-8">
        <title>不同类型的 input 元素</title>
    </head>
    <body>
        <form action="" method="">
            账号: <input type="text" name="user" size=30 /><br />
            密码: <input type="password" name="passwd" size=30 /><br />
            性别: <input type="radio" name="sex" vlaue="male" /> 男
            <input type="radio" name="sex" value="female" checked="checked" />女<br />
            爱好: <input type="checkbox" name="like" value="java" />下棋
            <input type="checkbox" name="like" value="html" />游泳
            <input type="checkbox" name="like" value="css" />足球<br />
            喜欢的颜色: <input type="color" name="favcolor"><br>
            出生日期: <input type="date" name="bday"><br>
            年龄(15 到 60 之间): <input type="number" name="age" min="15" max="60"><br />
            工作年限: <input type="range" name="points" min="1" max="50"><br />
            博客地址: <input type="url" name="blog" placeholder="您的博客地址"><br /><br />
            <input type="reset" />  <input type="submit" />  
<input type="reset" value="自定义按钮" />  <input type="image" src="images/ClickEnter.jpg" width="80" height="25"><br />
        </form>
    </body>
</html>
```

3.7.3　标签元素 label

label 元素为表单中的其他控件元素添加说明文字。在浏览器中，当用户单击 label 元素生成标签时，就会自动将焦点转到与该标签相关的表单控件上。label 元素的格式如下。

```
<label for="id">说明文字</label>
```

label 元素最重要的属性是 for 属性，for 属性把 label 元素绑定到另一个元素中，把 for 属性的值设置为相关元素的 id 属性的值。使 label 元素与表单控件关联的方法有以下两种。

- 将<label>标签 for 属性指定为关联表单控件的 id。
- 把说明与表单控件一起放入<label>…</label>标签内部。

【例 3-19】　label 元素示例。单击"账号"标签，焦点将定位到其关联的文本框中。本例文件 3-19.html 在浏览器中的显示效果如图 3-22 所示。

```
<!DOCTYPE html>
<html>
    <head>
        <meta charset="utf-8">
        <title>label 元素示例</title>
    </head>
    <body>
        <form action="" method="post">
            <label for="username">账号：</label><input id="username" type="text"
name="user" /><br />
            <label>密码：<input type="password" name="passwd" /></label><br />
        </form>
    </body>
</html>
```

图 3-22　label 元素

3.7.4　选择栏元素 select

select 元素可创建下拉菜单或列表框，实现单选或多选菜单。select 元素必须配合 option 元素和 optgroup 元素使用，option 元素定义列表中的可用选项；optgroup 元素表示一个列表项组，该元素中只能有 option 子元素。

1．select 元素

select 元素的格式如下。

```
<select size="x" name="控制操作名" multiple= "multiple">
    <optgroup>
        <option …> … </option>
        <option …> … </option>
        …
    </optgroup>
    …
</select>
```

select 元素的属性如下。

1）size：可选项，用于改变下拉框的大小。size 属性的值是数字，表示显示在列表中选项的数目，当 size 属性的值小于列表框中的列表项数目时，浏览器会为该下拉框添加滚动条，用户可以使用滚动条来查看所有的选项，size 默认值为 1。

2）name：选择栏的名称。

3）multiple：如果加上该属性，表示允许用户从列表中选择多项。

2．option 元素

option 元素定义下拉列表中的一个选项。浏览器将<option>标签中的内容作为<select>标签的菜单或是滚动列表中的一个元素显示。option 元素必须位于 select 元素内部。option 元素的格式如下。

```
<option value="可选择的内容" selected ="selected"> … </option>
```

option 元素的属性如下。

1）value 属性：定义该列表项对应地送往服务器的参数。若省略，则初值为 option 元素中的内容。

2）selected 属性：指定该选项的初始状态为选中，其属性值只能是 selected。

3．optgroup 元素

如果列表选项有很多，则可以使用<optgroup>标签对相关选项分组。optgroup 元素的格式如下。

```
<optgroup>
    <option …> … </option>
    <option …> … </option>
      …
</optgroup>
```

optgroup 元素的属性如下。

1）label 属性：为选项组指定说明文字，本属性必须设置。

2）disabled 属性：设置用该选项组，属性值是 disabled。

【例 3-20】 制作员工信息调查的选择栏示例。本例文件 3-20.html 在浏览器中的显示效果如图 3-23 所示。

图 3-23　选择栏示例

```html
<!DOCTYPE html>
<html>
    <head>
        <meta charset="utf-8">
        <title>员工信息调查</title>
    </head>
    <body>
        <h2>员工信息调查</h2>
        <form>
            <p>
                职业: <select size="3" name="work">
                <option value="政府职员">政府职员</option>
                <option value="工程师" selected>工程师</option>
                <option value="工人">工人</option>
                <option value="教师" selected>教师</option>
                <option value="医生">医生</option>
                <option value="学生">学生</option>
                </select>
            </p>
            <p>
                收入: <select name="salary">
                <optgroup label="低收入">
                    <option value="2000 元以下">2000 元以下</option>
                    <option value="2000-3000 元">2000-3000 元</option>
                </optgroup>
                <optgroup label="中等收入">
                    <option value="3000-5000 元">3000-5000 元</option>
                    <option value="5000-10000 元" selected>5000-10000 元</option>
                </optgroup>
                <optgroup label="高收入">
                    <option value="10000 元以上">10000 元以上</option>
                </optgroup>
                </select>
            </p>
        </form>
    </body>
```

```
            </html>
```

【说明】"职业"选择栏使用的是列表框，其<select>标签中的 size 属性值设置为 3；"收入"选择栏使用的是下拉菜单。

3.7.5　多行文本元素 textarea

在意见反馈栏中往往需要浏览者发表意见和建议，且提供的输入区域一般较大，可以输入较多的文字。textarea 元素用于定义多行文本输入控件，<textarea>标签是成对标签，开始标签<textarea>和结束标签</textarea>之间的内容就是显示在文本输入框中的初始信息。textarea 元素的格式如下。

```
<textarea name="文本域名" rows="行数" cols="列数">
    初始文本内容
</textarea>
```

textarea 元素的属性如下。

1）name 属性：指定多行文本元素的名称。

2）cols 属性：指定 textarea 文本区内的宽度，此属性必须设置。

3）rows 属性：指定 textarea 文本区内的可见行数，即高度，此属性必须设置。

4）maxlength 属性：指定文本区内的最大字符数。行数和列数是指不拖动滚动条就可看到的部分。

5）placeholder 属性：指定描述文本区的简短提示。

6）readonly 属性：指定文本区为只读，这个属性值只能是 readonly。

7）required 属性：指定文本区是必填的，这个属性值只能是 required。

【例 3-21】　多行文本元素示例。本例文件 3-21.html 在浏览器中的显示效果如图 3-24所示。

```
<!DOCTYPE html>
<html>
    <head>
        <meta charset="utf-8">
        <title>textarea 元素示例</title>
    </head>
    <body>
        <form action="" method="post">
            <p>员工档案</p>
            <textarea rows="5" cols="60" placeholder=
"请慎重填写" required="required"> </textarea><br />
            <p>说明</p>
            <textarea rows="4" cols="60"></textarea>
<br />
            <input type="submit" name="" id="" value=" 提 交 " />  <input
type="reset" name="" id="" value="重置" />
        </form>
    </body>
</html>
```

图 3-24　多行文本元素示例

3.7.6　表单分组

大型表单容易在视觉上产生混淆，通过对表单分组可以将表单上的元素在形式上进行组合，达到一目了然的效果。常见的分组元素有 fieldset 和 legend。表单分组的格式如下。

```
<form>
    <fieldset>
        <legend>分组标题</legend>
```

```
        表单元素…
    </fieldset>
        ...
</form>
```

其中，fieldset 元素可以看作表单的一个子容器，将所包含的内容以边框环绕方式显示；legend 元素则是为 fieldset 元素的边框添加相关的标题。

【例 3-22】 表单分组示例。本例文件 3-22.html 在浏览器中显示的效果如图 3-25 所示。

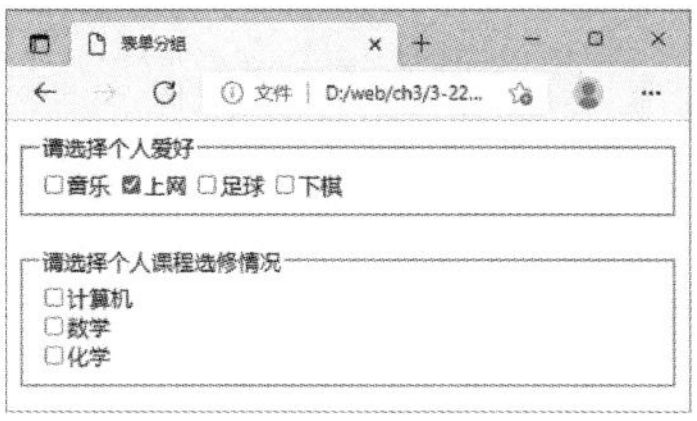

```
<!DOCTYPE html>
<html>
    <head>
        <meta charset="utf-8">
        <title>表单分组</title>
    </head>
    <body>
        <form>
            <fieldset>
                <legend>请选择个人爱好</legend>
                <input type="checkbox" name="like" value="音乐">音乐
                <input type="checkbox" name="like" value="上网" checked>上网
                <input type="checkbox" name="like" value="足球">足球
                <input type="checkbox" name="like" value="下棋">下棋
            </fieldset>
            <br />
            <fieldset>
                <legend>请选择个人课程选修情况</legend>
                <input type="checkbox" name="choice" value="computer" />计算机 <br />
                <input type="checkbox" name="choice" value="math" />数学 <br />
                <input type="checkbox" name="choice" value="chemical" />化学 <br />
            </fieldset>
        </form>
    </body>
</html>
```

图 3-25　表单分组示例

3.7.7　案例——制作"馨美装修"联系我们表单

从上面的表单案例中可以看出，由于表单没有经过布局，页面整体看起来不太美观。在实际应用中，可以采用以下两种方法布局表单：一是使用表格布局表单，二是使用 CSS 样式布局表单。本节主要讲解使用表格布局表单。

【例 3-23】 使用表格布局制作"馨美装修"联系我们表单。表格布局示意图如图 3-26 所示，最外围的虚线表示表单，表单内部包含一个 6 行 3 列的表格。其中，第一行和最后一行使用了跨两列的设置。本例文件 3-23.html 在浏览器中显示的效果如图 3-27 所示。

图 3-26　表格布局示意图

图 3-27　联系我们表单最终显示效果

```
<!DOCTYPE html>
<html>
    <head>
        <meta charset="utf-8">
        <title>馨美装修联系我们表单</title>
    </head>
    <body>
        <h2>联系我们</h2>
        <p>    馨美装修客户支持中心……（此处省略文字）</p>
        <form>
            <table>
                <tr>
                    <td><h3>发送邮件</h3></td>
                    <td colspan="2"> </td>
                </tr>
                <tr>
                    <td> </td>
                    <td>姓名:</td>
                    <td> <input type="text" name="username" size="30"></td>
                </tr>
                <tr>
                    <td> </td>
                    <td>邮箱:</td>
                    <td> <input type="text" name="email" size="30"></td>
                </tr>
                <tr>
                    <td> </td>
                    <td>网址:</td>
                    <td> <input type="text" name="url" size="30" value="http://"></td>
                </tr>
                <tr>
                    <td> </td>
                    <td>咨询内容:</td>
                    <td> <textarea name="intro" cols="40" rows="4">请输入您咨询的问
题...</textarea></td>
                </tr>
                <tr>
                    <td> </td>
                    <td colspan="2"> <input type="image" src="images/submit.gif"
/></td>
                </tr>
            </table>
        </form>
    </body>
</html>
```

习题 3

1. 使用跨行跨列的表格制作公告栏分类信息，如图 3-28 所示。
2. 使用表格技术制作图 3-29 所示的课程表。

图 3-28 题 1 图   图 3-29 题 2 图

3．使用表格技术制作馨美装修新闻列表，如图 3-30 所示。

4．使用结构元素构建网页布局，制作图 3-31 所示的页面。

图 3-30　题 3 图

图 3-31　题 4 图

5．使用表单技术制作图 3-32 所示的读者意见反馈卡。

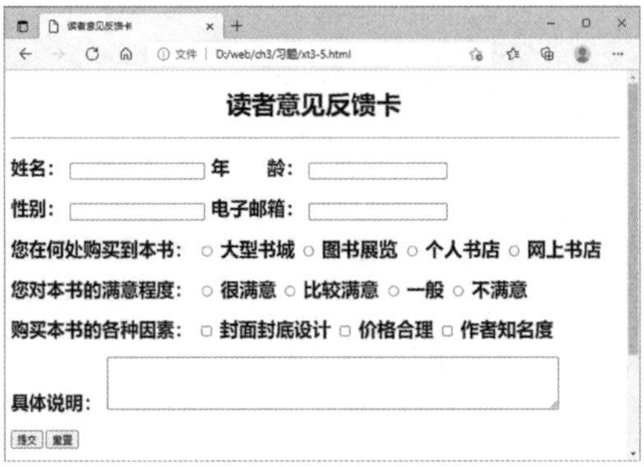

图 3-32　题 5 图

第4章　CSS3 样式基础

本章将详细讲解 CSS 的基本语法和使用方法。

4.1　CSS3 简介

CSS（Cascading Style Sheets，层叠样式表单）简称为样式表，是用于（增强）控制网页样式并允许将样式信息与网页内容分离的一种标记性语言。CSS 是一种格式化网页的标准方式，是目前最好的网页表现语言，它扩展了 HTML 的功能，使网页设计者能够以更有效的方式为网页添加样式。

4.1.1　初识 CSS3

众所周知，用 HTML 编写网页并不难，但对于一个有几百个网页组成的网站来说，统一采用相同的格式就困难了。CSS 能将样式的定义与 HTML 文件内容分离，只要建立定义样式的 CSS 文件，并且让所有的 HTML 文件都调用这个 CSS 文件所定义的样式即可。如果要改变HTML 文件中任意部分的显示风格，只要把 CSS 文件打开，更改样式就可以了。

CSS 功能强大，CSS 的样式设定功能比 HTML 多，几乎可以定义所有的网页元素。CSS通过对页面结构的风格进行控制，进而控制整个页面的风格。也就是说，页面中显示的内容放在结构里，而修饰、美化放在表现里，做到结构（内容）与表现分开，这样，当页面使用不同的表现时，呈现的样式是不一样的，就像人穿了不同的衣服，表现就是结构的外衣，W3C 推荐使用 CSS 来完成表现。

1996 年 12 月，W3C 发布了 CSS 规范的第一个版本 CSS 1.0 规范；1998 年 5 月，W3C 发布了 CSS 2.0 版本规范；2001 年 5 月，W3C 完成了 CSS 3.0 的工作草案，该草案制定了 CSS3的发展路线图，并将 CSS3 规范分为若干个相互独立的模块单独升级，统称为 CSS3，CSS3 完全向后兼容。

4.1.2　CSS3 的优点

CSS 文档是一种文本文件，通过将其与 HTML 文档的结合，真正做到将网页的表现与内容分离。即便是一个普通的 HTML 文档，通过对其添加不同的 CSS 规则，也可以得到风格迥异的页面。使用 CSS 美化页面具有如下优点。

- 表现和内容（结构）分离。
- 易于维护和改版。
- 缩减页面代码，提高页面浏览速度。
- 结构清晰，容易被搜索引擎搜索到。
- 更好地控制页面布局。
- 提高易用性，使用 CSS 可以结构化 HTML。

4.1.3 CSS3 的局限性

CSS 的功能虽然很强大，但是也有某些局限性。CSS 样式表的主要不足是，其局限于主要对标记文件中的显示内容起作用。显示顺序在某种程度上可以改变，可以插入少量文本内容，但是在源 HTML 中做较大改变时，用户需要使用另外的方法，例如，使用 XSL 转换。

同样，CSS 比 HTML 出现得要晚，这就意味着一些较老的浏览器不能识别使用 CSS 编写的样式。另外，浏览器支持的不一致性也导致不同的浏览器显示出不同的 CSS 版面编排。

4.1.4 CSS3 编写规范

CSS 的样式设计虽然很强大，但是如果设计人员管理不当将导致样式混乱、维护困难。本节学习 CSS 编写中的一些技巧和规则，使读者在今后设计页面时胸有成竹，代码可读性高，结构良好。

1．目录结构命名规范

存放 CSS 样式文件的目录一般命名为 style 或 css。

2．样式文件的命名规范

在项目初期，把不同类别的样式放于不同的 CSS 文件，是为了 CSS 编写和调试的方便；在项目后期，为了网站性能会整合不同的 CSS 文件到一个 CSS 文件，这个文件一般命名为 style.css 或 css.css。

3．选择符的命名规范

所有选择符必须由小写英文字母或 "_" 下划线组成，必须以字母开头，不能为纯数字。设计者要用有意义的单词或缩写组合来命名选择符，做到"见其名知其意"，这样就节省了查找样式的时间。样式名必须能够表示样式的大概含义（禁止出现如 Div1、Div2、Style1 等命名），读者可以参考表 4-1 中的样式命名。

表 4-1 样式命名参考

页面功能	命名参考	页面功能	命名参考	页面功能	命名参考
容器	wrap/container/box	头部	header	加入	joinus
导航	nav	底部	footer	注册	register
滚动	scroll	页面主体	main	新闻	news
主导航	mainnav	内容	content	按钮	button
顶导航	topnav	标签页	tab	服务	service
子导航	subnav	版权	copyright	注释	note
菜单	menu	登录	login	提示信息	msg
子菜单	submenu	列表	list	标题	title
子菜单内容	subMenuContent	侧边栏	sidebar	指南	guide
标志	logo	搜索	search	下载	download
广告	banner	图标	icon	状态	status
页面中部	mainbody	表格	table	投票	vote
小技巧	tips	列定义	column_1of3	友情链接	friendlink

当定义的样式名比较复杂时用下划线把层次分开，例如，定义导航标志的选择符的 CSS 代码如下。

```
#nav_logo{…}
#nav_logo_ico{…}
```

4．CSS 代码注释

为代码添加注释是一种良好的编程习惯。注释可以增强 CSS 文件的可读性，后期维护也将更加便利。

在 CSS 中添加注释非常简单，一般以"/*"开始，以"*/"结尾。注释可以是单行，也可以是多行，并且可以出现在 CSS 代码的任何地方。

（1）结构性注释

结构性注释仅仅是用风格统一的大注释块从视觉上区分被分隔的部分，如以下代码所示。

```
/* header（定义网页头部区域）------------------------------------------------------------*/
```

（2）提示性注释

在编写 CSS 文档时，可能需要某种技巧解决某个问题。在这种情况下，最好将这个解决方案简要地注释在代码后面，如以下代码所示。

```
.news_list li span {
    float:left;              /* 设置新闻发布时间向左浮动，与新闻标题并列显示 */
    width:80px;
    color:#999;             /* 定义新闻发布时间为灰色，弱化发布的时间在视觉上的感觉 */
}
```

4.1.5　CSS3 的工作环境

CSS 的开发环境需要浏览器的支持，否则即使编写再漂亮的样式代码，如果浏览器不支持 CSS，那么它也只是一段字符串而已。

1．CSS 的显示环境

浏览器是 CSS 的显示环境。目前，浏览器的种类多种多样，虽然 IE、Opera、Chrome、Firefox 等主流浏览器都支持 CSS，但它们之间仍存在着符合标准的差异。也就是说，相同的 CSS 样式代码在不同的浏览器中可能显示的效果有所不同。在这种情况下，设计人员只有不断地测试，了解各主流浏览器的特性才能让页面在各种浏览器中正确地显示。

2．CSS 的编辑环境

CSS 的编辑方法同 HTML 一样，可以用任何文本编辑器或网页编辑软件，还可用专门的 CSS 编辑软件。能够编辑 CSS 的软件很多，例如 HBuilder X、Dreamweaver、Edit Plus 和 topStyle 等，这些软件有些还具有"可视化"功能，但本书不建议读者太依赖"可视化"。本书中所有的 CSS 样式均采用在 HBuilder X 中手工输入的方法，不仅能够使设计人员对 CSS 代码有更深入的了解，还可以节省很多不必要的属性声明，效率反而比"可视化"软件还要快。

4.2　在 HTML 中引入 CSS3 样式表

要想在浏览器中显示出样式表的效果，就要让浏览器识别并调用。当浏览器读取样式表时，要依照文本格式来读。这里介绍 4 种在 HTML 中引入 CSS 样式表的方法：行内样式、内部样式表、链入外部样式表和导入外部样式表。

4.2.1　行内样式

行内样式是各种引用 CSS 方式中最直接的一种，也称内嵌样式表，是指在 HTML 标签中插入 style 属性，再定义要显示的样式表，而 style 属性的内容就是 CSS 的属性和值。这样的设置方式，使得各个元素都有自己独立的样式，但是会使整个页面变得更加臃肿。即便两个元素的样式是一模一样的，用户也需要写两遍。

元素的 style 属性值可以包含任何 CSS 样式声明。用这种方法，可以很简单地对某个标签单独定义样式表。这种样式表只对所定义的标签起作用，并不对整个页面起作用。行内样式的格式如下。

> **<标签 style="属性:属性值；属性:属性值；…">**

需要说明的是，行内样式由于将表现和内容混在一起，不符合 Web 标准，会失去一些样式表的优点，这种方法应该尽量少用。当样式仅需要在一个元素上应用一次时可以使用行内样式。

【例 4-1】 使用行内样式将样式表的功能加入到网页。本例文件 4-1.html 在浏览器中的显示效果如图 4-1 所示。

```
<!DOCTYPE html>
<html>
    <head>
        <meta charset="utf-8">
        <title>使用行内样式</title>
    </head>
    <body>
        <div style="width:500px; border:1px dashed #00f;">
            <!--行内定义的 h3 样式，不影响其他 h3 标题-->
            <h3 style="font-size:30pt;color:purple;text-align:center">馨美装修系列赏析</h3>
            <!--行内定义的 h3 样式，不影响其他 h3 标题-->
            <h3 style="font-size:13pt;color:blue;text-align:center">温馨系列</h3>
            <h3 style="text-align:right">发布：张小兵</h3>
            <p style="text-align:center"><img src="images/home.jpg" /></p>
            <!--下面的段落文字为 11 磅大小，蓝色,不影响其他段落-->
            <p style="font-size:11pt; color:blue">温馨系列装修由……（此处省略文字）</p>
            <!--下面的段落不受影响，仍然为默认显示-->
            <p>选择馨美装修，享受一流的服务和专业的指导。</p>
        </div>
    </body>
</html>
```

图 4-1 行内样式

4.2.2 内部样式表

内部样式表是指样式表的定义处于 HTML 文件一个单独的区域，与 HTML 的具体标签分离开来，从而实现对整个页面范围的内容显示进行统一的控制与管理。与行内样式只能对所在标签进行样式设置不同，内部样式表处于页面的<head>与</head>标签之间。单个页面需要应用样式时，最好使用内部样式表，内部样式表可以在整个 HTML 文档中调用。内部样式表的格式如下。

```
<style type="text/css">
<!--
    选择符 1{属性:属性值；属性:属性值 …}   /* 注释内容 */
    选择符 2{属性:属性值；属性:属性值 …}
    …
    选择符 n{属性:属性值；属性:属性值 …}
-->
</style>
```

语法说明如下。

- <style>…</style>标签对用来说明所要定义的样式。type 属性指定 style 使用 CSS 的语法来定义。当然，也可以指定使用像 JavaScript 之类的语法来定义。属性和属性值之间用冒号 ":" 隔开，定义之间用分号 ";" 隔开。
- <!-- … -->的作用是避免旧版本浏览器不支持 CSS，把<style>…</style>的内容以注释的形式表示，这样对于不支持 CSS 的浏览器，会自动略过此段内容。
- 选择符可以使用 HTML 标签的名称，所有 HTML 标签都可以作为 CSS 选择符使用。
- /* … */为 CSS 的注释符号，主要用于注释 CSS 的设置值。注释内容不会被显示或引用在网页上。

【例 4-2】　使用内部样式表将样式表的功能加入到网页。

本例文件 4-2.html 在浏览器中的显示效果如图 4-2 所示。

```html
<!DOCTYPE html>
<html>
    <head>
        <meta charset="utf-8">
        <title>内部样式表实例</title>
        <style type="text/css">
            body {font-size:11pt}
            div{width:500px; border:1px dashed #00f;}
            h1 {font-size:30pt;color:purple;text-align:center}
            h1.title {font-size:13pt;color:blue;text-align:center}
            p {font-size:11pt;color:black}
            p.author{color:blue;text-align:right}
            p.img{text-align:center}
            p.content{color:blue}
            p.note{color:green;text-align:left}
        </style>
    </head>
    <body>
        <div>
            <h1>馨美装修系列赏析</h1>
            <p>2022 年 3 月 2 日至 3 月 5 日，举办温馨系列……（此处省略文字）</p>
            <h1 class="title">温馨系列</h1>
            <p class="author">发布：张小兵</p>
            <p class="img"><img src="images/home.jpg" /></p>
            <p class="content">温馨系列装修由专业团队精心……（此处省略文字）</p>
            <p class="note">选择馨美装修，享受一流的服务和专业的指导。</p>
        </div>
    </body>
</html>
```

图 4-2　内部样式表

【说明】

① p 元素定义了 4 个类：author、img、content 和 note。当<p>标签使用定义的这些类时，会按照类所定义的属性来显示。如果不是指定的类中的标签，就不能使用该设置的属性。

② 当一个网页文档具有唯一的样式时，可以使用内部样式表。但是，如果多个网页都使用同一样式表，采用外部样式表更适合，内部样式表仅适用于对特殊的页面设置单独样式风格。

4.2.3　链入外部样式表

外部样式表通过在某个 HTML 页面中添加链接的方式生效。同一个外部样式表可以被多个网页甚至是整个网站的所有网页所采用，这就是它最大的优点。如果说内部样式表在总体上定义了一个网页的显示方式，那么外部样式表可以说在总体上定义了一个网站的显示方式。

链入外部样式表就是当浏览器读取到 HTML 文档的样式表链接标签时，将向所链接的外部样式表文件索取样式。先将样式表保存为一个样式表文件（.css），然后在网页中用<link>标签链接这个样式表文件。使用外部样式表时，改变样式表文件就能改变整个站点的外观。

1. 用<link>标签链接样式表文件

<link>标签必须放到页面的<head>…</head>标签对内，其格式如下。

```
<head>
    …
    <link rel="stylesheet" href="外部样式表文件名.css" type="text/css">
    …
</head>
```

其中，<link>标签表示浏览器从"外部样式表文件.css"文件中以文档格式读出定义的样式表。rel="stylesheet"属性定义在网页中使用外部的样式表，type="text/css"属性定义文件的类型为样式表文件，href 属性用于定义.css 文件的 URL。

2. 样式表文件的格式

样式表文件可以用任何文本编辑器（如记事本）打开并编辑，一般样式表文件的扩展名为.css。样式表文件的内容是定义的样式表，不包含 HTML 标签。样式表文件的格式如下。

```
选择符1{属性:属性值；属性:属性值 …}        /* 注释内容 */
选择符2{属性:属性值；属性:属性值 …}
    …
选择符n{属性:属性值；属性:属性值 …}
```

一个外部样式表文件可以应用于多个页面。在修改外部样式表时，引用它的所有外部页面也会自动地更新。在设计者制作大量相同样式页面的网站时，将非常有用，不仅减少了重复的工作量，而且有利于以后的修改。浏览时也减少了重复下载代码，加快了显示网页的速度。

【例 4-3】 通过链入外部样式表将样式表的功能加入到网页，链入外部样式表文件至少需要两个文件，一个是 HTML 文件，另一个是 CSS 文件。本例文件 4-3.html 在浏览器中的显示效果如图 4-3 所示。

CSS 文件名为 style.css，存放在文件夹 style 中，代码如下。

```
body {font-size:11pt}
div{width:500px; border:1px dashed #00f;}
h1 {font-size:30pt;color:purple;text-align:center}
h1.title {font-size:13pt;color:blue;text-align:center}
p {font-size:11pt;color:black}
p.author{color:blue;text-align:right}
p.img{text-align:center}
p.content{color:blue}
p.note{color:green;text-align:left}
```

网页结构文件 4-3.html 的 HTML 代码如下。

```
<!DOCTYPE html>
<html>
    <head>
        <meta charset="utf-8">
        <title>外部的样式表的应用</title>
        <link rel="stylesheet" href="style/style.css" type="text/css">
    </head>
```

图 4-3 链入外部样式表

```
<body>
    <div>
        <h1>馨美装修系列赏析</h1>
        <p>2022 年 3 月 2 日至 3 月 5 日，举办温馨系列……（此处省略文字）</p>
        <h1 class="title">温馨系列</h1>
        <p class="author">发布：张小兵</p>
        <p class="img"><img src="images/home.jpg" /></p>
        <p class="content">温馨系列装修由专业团队精心……（此处省略文字）</p>
        <p class="note">选择馨美装修，享受一流的服务和专业的指导。</p>
    </div>
</body>
</html>
```

4.2.4　导入外部样式表

导入外部样式表是指在内部样式表的<style>标签里导入一个外部样式表，当浏览器读取 HTML 文件时，复制一份样式表到这个 HTML 文件中。导入外部样式表的格式如下。

```
<style type="text/css">
<!--
    @import url("外部样式表的文件名 1.css");
    @import url("外部样式表的文件名 2.css");
    其他样式表的声明
-->
</style>
```

"外部样式表的文件名"指要导入的样式表文件，扩展名为.css。其方法与链入样式表文件的方法相似，但导入外部样式表文件的输入方式更有优势，实质上它相当于内部样式表。

需要注意的是，@import 语句后的";"号不能省略。所有的@import 声明必须放在样式表的开始部分，在其他样式表声明的前面，其他 CSS 规则放在其后的<style>标签对中。如果在内部样式表中指定了规则（如.bg{ color: black; background: orange }），其优先级将高于导入的外部样式表中相同的规则。

【例 4-4】　通过导入外部样式表将样式表的功能加入到网页，导入外部样式表文件至少需要两个文件，一个是 HTML 文件，另一个是 CSS 文件。本例文件 4-4.html 在浏览器中的显示效果如图 4-4 所示。

CSS 文件名为 extstyle.css，存放在文件夹 style 中，代码如下。

```
div{width:500px; border:1px dashed #00f;}
h3{font-size:30pt;color:purple; text-align:center}
p{font-size:11pt; color:black}
p.author{color:blue;text-align:right}
p.img{text-align:center}
p.content{color:blue}
p.note{color:green;text-align:left}
.bgcolor{background:blue}      /* 定义类，背景为蓝色*/
```

网页结构文件 4-4.html 的 HTML 代码如下。

```
<!DOCTYPE html>
<html>
    <head>
        <meta charset="utf-8">
        <title>导入外部样式表</title>
        <style type="text/css">
            @import url(style/extstyle.css);
            .bgcolor{ color: black; background:#ffc}
        </style>
    </head>
```

图 4-4　导入外部样式表

```
<body>
    <div>
        <h3 class="bgcolor">馨美装修系列赏析</h3>
        <!-- 由内部样式表.bgcolor 决定，背景为浅黄色，而不是外部样式表中的蓝色-->
        <!--下面的 h3 中使用了行内样式，其优先级别高于导入的外部样式表-->
        <h3 style="font-size:13pt;color:blue;text-align:center">温馨系列</h3>
        <p class="author">发布：张小兵</p>
        <p class="img"><img src="images/home.jpg" /></p>
        <p class="content">温馨系列装修由专业团队精心……（此处省略文字）</p>
        <!--下面的段落中使用了行内样式，其优先级别高于导入的外部样式表-->
        <p style="color:purple">选择馨美装修，享受一流的服务和专业的指导。</p>
    </div>
</body>
</html>
```

【说明】被@import 导入的样式表的顺序决定它们是怎样层叠的，在不同规则中出现的相同元素由排在后面的规则决定。例如，在本例中，<h3 class="bgcolor">馨美装修系列赏析</h3>中文字的背景色由内部样式.bgcolor 决定。

以上 4 种定义与使用 CSS 样式表的方法中，最常用的还是先将样式表保存为一个样式表文件，然后使用链入外部样式表的方法在网页中引用 CSS。

4.3 CSS3 的基本语法和属性值单位

前面介绍了 CSS 如何在网页中定义和引用，接下来要讲解 CSS 是如何定义网页外观的。其定义的网页外观由一系列规则组成，包括样式规则、选择符和继承。

4.3.1 基本语法

CSS 为样式化网页内容提供了一条捷径，即样式规则，每一条规则都是单独的语句。样式表的每个规则都有两个主要部分：选择符（selector）和声明（declaration）。选择符决定哪些因素要受到影响；声明由一个或多个属性值对组成。样式表的语法如下。

```
selector{attribute:value}        /*（选择符{属性：属性值}）*/
```

语法说明如下。

selector 表示希望进行格式化的元素；声明部分包括在选择符后的大括号中；用"属性:属性值"描述要应用的格式化操作。

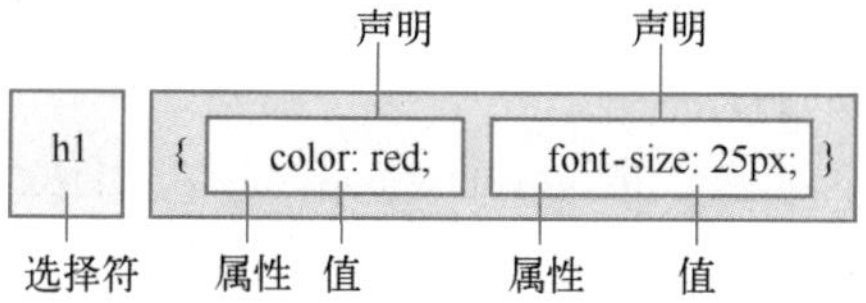

例如，分析图 4-5 所示的 CSS 规则。

声明	声明
h1 {	color: red;	font-size: 25px; }
选择符	属性 值	属性 值

图 4-5 CSS 规则

- 选择符：h1 代表 CSS 样式的名字。
- 声明：声明包含在一对大括号"{}"内，用于告诉浏览器如何渲染页面中与选择符相匹配的对象。声明内部由属性及其属性值组成，并用冒号隔开，以分号结束，声明的形式可以是一个或者多个属性的组合。
- 属性（property）：是定义的具体样式（如颜色、字体等）。
- 属性值（value）：属性值放置在属性名和冒号后面，具体内容跟随属性的类别而呈现不同形式，一般包括数值、单位以及关键字。

例如，将 HTML 中<body>和</body>标签内的所有文字设置为"华文中宋"、文字大小为12px、黑色文字、白色背景显示，则在样式中的定义如下。

```
body
```

```
    {
        font-family:"华文中宋";          /*设置字体*/
        font-size:12px;                /*设置文字大小为 12px*/
        color:#000;                    /*设置文字颜色为黑色*/
        background-color:#fff;         /*设置背景颜色为白色*/
    }
```

从上述代码片段中可以看出，这样的结构使得 CSS 代码十分清晰，为方便以后编辑，还可以在每行后面添加注释说明。

4.3.2　注意事项

在编写样式时需要注意以下几点。

1. 属性名和属性值要正确

property（属性）是由官方 CSS 规范约定的，而不是自定义的。属性是希望设置的样式属性。每个属性有一个值 value（属性值），属性和值用冒号分开。

2. 需要加引号

如果值为若干单词，单词之间有空格，则要给值加引号，例如：

```
    p {font-family: "sans serif";}
```

3. 多重声明

如果要定义不止一个声明，则需要用分号将每个声明分开。例如，下面的代码定义一个红色文字的居中段落。

```
    p {text-align:center; color:red;}
```

最后一条声明是不需要加分号的，因为分号在英语中是一个分隔符号，不是结束符号。然而，大多数有经验的设计师会在每条声明的末尾都加上分号，这么做的好处是，当从现有的规则中增减声明时，会尽可能地减少出错的可能性。

4. 代码的可读性

一般来说，为了方便阅读，应该在每行只描述一个属性，并且在属性末尾都加上分号。例如，将<body>和</body>标签内的所有文字设置为"华文中宋"、文字大小为 12px、黑色、白色背景，则在样式中定义如下。

```
    body{ font-family: "华文中宋";            /*设置字体*/
          font-size: 12px;                 /*设置文字大小为 12px*/
          color: #000;                     /*设置文字颜色为黑色*/
          background-color: #fff;          /*设置背景颜色为白色*/
    }
```

虽然上述代码十分清晰，但是，这种写法增加了很多字节，有一定基础的 Web 开发人员可以将上述代码改写为：

```
    /*定义 body 的样式为 12px 大小的黑色华文中宋字体，并且背景颜色为白色*/
    body{font-family:"华文中宋"; font-size:12px; color:#000; background-color:#fff;}
```

5. 空格

大多数样式表包含多条规则，而大多数规则包含多个声明。多重声明和空格的使用使得样式表更容易被编辑，例如：

```
    body { color: #000; background: #fff; margin: 0; padding: 0; font-family: Georgia,
Palatino, serif; }
```

空格不会影响 CSS 样式的效果。

6．大小写

CSS 对大小写不敏感，但在编写样式时，推荐属性名和属性值都用小写。但是，也有例外，如果涉及与 HTML 文件一起工作，那么 class 和 id 名称对大小写是敏感的。因此，W3C 推荐 HTML 文件中的代码用小写字母来命名。

7．选择符的分组

对于具有相同样式的选择符，可以将这些选择符分成一组，用逗号将每个选择符隔开。这样，同组的选择符就可以分享相同的声明。

例如，定义 h1~h6 标题的颜色都为蓝色，对所有的标题元素合为一组。

```
h1,h2,h3,h4,h5,h6 { color: blue; }
```

4.3.3　长度、百分比单位

样式表是由属性和属性值组成的，有些属性值会用到单位。在 CSS 中，属性值的单位与在 HTML 中的有所不同。在 CSS 文字、排版、边界等的设置上，常常会在属性值后加上长度或者百分比单位，通过本节的学习掌握这两种单位的使用。

1．长度单位

长度单位有相对长度单位和绝对长度单位两种类型。

相对长度单位是指，以该属性前一个属性的单位值为基础来完成目前的设置。

绝对长度单位将不会随着显示设备的不同而改变。换句话说，属性值使用绝对长度单位时，不论在哪种设备上，显示效果都是一样的，如屏幕上的 1cm 与打印机上的 1cm 是一样长的。

由于相对长度单位确定的是一个相对于另一个长度属性的长度，因而它能更好地适应不同的媒体，所以它是首选的。一个长度的值由可选的正号"+"或负号"–"，接着一个数字，后跟标明单位的两个字母组成。

长度单位见表 4-2。当使用 pt 作单位时，设置显示字体大小不同，显示效果也会不同。

表 4-2　长度单位

长度单位	说　　明	示　　例	长度单位类型
em	相对于当前对象内大写字母 M 的宽度	div { font-size : 1.2em }	相对长度单位
ex	相对于当前对象内小写字母 x 的高度	div { font-size : 1.2ex }	相对长度单位
px	像素（pixel），像素是相对于显示器屏幕分辨率而言的	div { font-size : 12px }	相对长度单位
pt	点（point），1pt = 1/72in	div { font-size : 12pt }	绝对长度单位
pc	派卡（pica），相当于汉字新四号铅字的尺寸，1pc = 12pt	div { font-size : 0.75pc }	绝对长度单位
in	英寸（inch），1in = 2.54cm = 25.4mm = 72pt = 6pc	div { font-size : 0.13in }	绝对长度单位
cm	厘米（centimeter）	div { font-size : 0.33cm }	绝对长度单位
mm	毫米（millimeter）	div { font-size : 3.3mm }	绝对长度单位

2．百分比单位

百分比单位也是一种常用的相对类型，通常的参考依据为元素的 font-size 属性。百分比值总是相对于另一个值来说的，该值可以是长度单位或其他单位。每一个可以使用百分比值单位指定的属性，同时也自定义了这个百分比值的参照值。在大多数情况下，这个参照值是该元素本身的字体尺寸。并非所有属性都支持百分比单位。

一个百分比值由可选的正号"+"或负号"–"，接着一个数字，后跟百分号"%"组成。如果百分比值是正的，正号可以不写。例如：

```
p{ line-height: 200% }          /*本段文字的高度为标准行高的 2 倍*/
hr{ width: 80% }                /*水平线长度是相对于浏览器窗口的 80%*/
```

注意，不论使用哪种单位，在设置时，正负号、数值与单位之间不能有空格。

4.3.4　色彩单位

在 HTML 网页或者 CSS 样式的色彩定义里，设置色彩的方式是 RGB 方式。在 RGB 方式中，所有色彩均由红色（Red）、绿色（Green）、蓝色（Blue）3 种色彩混合而成。

在 HTML 标记中只提供了两种设置色彩的方法：十六进制数和色彩英文名称。CSS 则提供了 4 种定义色彩的方法：十六进制数、色彩英文名称、rgb 函数和 rgba 函数。

1．用十六进制数表示色彩值

在计算机中，定义每种色彩的强度范围为 0～255。当所有色彩的强度都为 0 时，将产生黑色；当所有色彩的强度都为 255 时，将产生白色。

在 HTML 中，使用 RGB 概念指定色彩时，前面是一个 "#" 号，再加上 6 个十六进制数字表示，表示方法为#RRGGBB。其中，前两个数字代表红光强度（Red），中间两个数字代表绿光强度（Green），后两个数字代表蓝光强度（Blue）。以上 3 个参数的取值范围为：00～ff。参数必须是两位数。对于只有 1 位的参数，应在前面补 0。这种方法可表示 256×256×256 种色彩，即 16M 种色彩。而红色、绿色、黑色、白色的十六进制设置值分别为：#ff0000、#00ff00、#0000ff、#000000、#ffffff。代码示例如下。

```
div { color: #ff0000 }
```

如果每个参数各自在两位上的数字都相同，也可缩写为#RGB 的方式。例如，#cc9900 可以缩写为#c90。

2．用颜色英文名称表示色彩值

在 CSS 中也提供了与 HTML 一样的用颜色英文名称表示色彩的方式。CSS 颜色规范中定义了 147 种颜色名，其中有 17 种标准颜色和 130 种其他颜色，常用的 17 种标准颜色名称包括 aqua（水绿色）、black（黑色）、blue（蓝色）、fuchsia（紫红）、gray（灰色）、green（绿色）、lime（石灰色）、maroon（褐红色）、navy（海军蓝）、olive（橄榄色）、orange（橙色）、purple（紫色）、red（红色）、silver（银色）、teal（青色）、white（白色）、yellow（黄色）。代码示例如下。

```
div {color: red }
```

3．用 rgb 函数表示色彩值

在 CSS 中，可以用 rgb 函数设置所要的色彩。语法格式为：rgb(R,G,B)。其中，R 为红色值，G 为绿色值，B 为蓝色值。这 3 个参数可取正整数值或百分比值，正整数值的取值范围为 0～255，百分比值的取值范围为色彩强度的百分比 0.0%～100.0%。代码示例如下。

```
div { color: rgb(128,50,220) }
div { color: rgb(15%,100,60%) }
```

注意，当使用 RGB 百分比时，即使当值为 0 时也要写百分比符号。但是在其他情况下就不用这么做了。例如，当尺寸为 0px 时，0 之后不需要使用 px 单位。

4．用 rgba 函数表示色彩值

rgba 函数在 rgb 函数的基础上增加了控制 alpha 透明度的参数。语法格式为：rgba(R,G,B,A)。其中，R、G、B 参数等同于 rgb 函数中的 R、G、B 参数，A 参数表示 alpha 透明度，取值为 0～1，不可为负值。代码示例如下。

```
<div style="background-color: rgba(0,0,0,0.5);">alpha 值为 0.5 的黑色背景</div>
```

4.4 CSS3 的选择符

　　CSS 的选择符用于指明样式对哪些元素生效，HTML 中的所有元素都通过不同的 CSS 的选择符进行控制。CSS 选择符包括基本选择符、通配符选择符、复合选择符和特殊选择符。最简单的选择符可以对给定类型的所有元素进行格式化，复杂的选择符可以根据元素的 class 或 id、上下文、状态等来应用格式化规则。

4.4.1 基本选择符

　　基本选择符包括元素选择符、class 类选择符和 id 选择符。

1. 元素选择符

　　元素选择符是指以文档对象模型（DOM）作为选择符，即选择某个 HTML 元素为对象，设置其样式规则。一个 HTML 页面由许多不同的元素组成，而元素选择符就是声明哪些元素采用哪种 CSS 样式，因此，每一种 HTML 元素的名称都可以作为相应的元素选择符的名称。元素选择符就是网页元素本身，定义时直接使用元素名称。元素选择符的格式如下。

```
E {property1: value1; property2: value2; … }
```

　　其中，E 是 Element（元素）的缩写，表示标签元素的名称，如 p、div、td 等 HTML 元素。property 是 CSS 的属性名，value 是对应的属性值。例如，以下代码为使用元素选择符设置的样式。

```
body{                          /*body 元素选择符*/
    font-size:13pt;            /*定义 body 文字大小*/
}
div{                           /*div 元素选择符*/
    border:3px double #f00;    /*边框为 3px 红色双线*/
    width: 300px ;             /*把所有的 div 元素定义为宽度为 300 像素*/
}
```

应用上述样式的代码如下。

```
<body>
    <div>第一个 div 元素显示宽度为 300 像素</div><br/>
    <div>第二个 div 元素显示宽度也为 300 像素</div>
</body>
```

　　浏览器中的显示效果如图 4-6 所示。

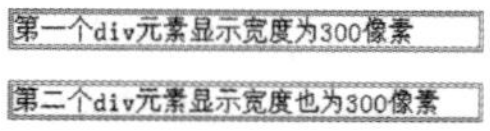

第一个**div**元素显示宽度为300像素

第二个**div**元素显示宽度也为300像素

图 4-6　标签选择符

2. class 类选择符

　　class 类选择符用来定义 HTML 页面中需要特殊表现的样式，使用元素的 class 属性值为一组元素指定样式，类选择符必须在元素的 class 属性值前加 "."。class 类选择符的名称可以由用户自定义，属性和值跟 HTML 标签选择符一样，必须符合 CSS 规范。class 类选择符的格式如下。

```
<style type="text/css">
<!--
    .类名称 1{属性:属性值; 属性:属性值 …}
    .类名称 2{属性:属性值; 属性:属性值 …}
    …
    .类名称 n{属性:属性值; 属性:属性值 …}
-->
</style>
```

使用 class 类选择符时，需要使用英文 .（点）进行标识。例如：

```
.blue{
    color:#00f;                    /*class 类 blue 定义为蓝色文字*/
}
p{                                 /*p 标签选择符*/
    border:2px dashed #f00; /*边框为 2px 红色虚线*/
    width:280px ;                  /*所有 p 元素定义为宽度为 280 像素*/
}
```

应用 class 类选择符的代码如下。

```
<h3 class="blue">标题可以应用该样式，文字为蓝色</h3>
<p class="blue">段落也可以应用该样式，文字为蓝色</p>
```

浏览器中的显示效果，如图 4-7 所示。

标题可以应用该样式，文字为蓝色

段落也可以应用该样式，文字为蓝色

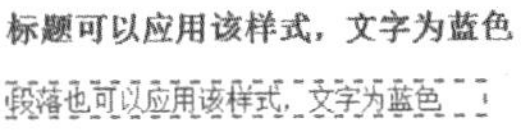

图 4-7　class 类选择符

3．id 选择符

id 选择符用来对某个单一元素定义单独的样式。id 选择符只能在 HTML 页面中使用一次，针对性更强。定义 id 选择符时要在 id 名称前加上一个 "#" 号。id 选择符的格式如下。

```
<style type="text/css">
<!--
    #id 名 1{属性:属性值; 属性:属性值 …}
    #id 名 2{属性:属性值; 属性:属性值 …}
    …
    #id 名 n{属性:属性值; 属性:属性值 …}
-->
</style>
```

其中，"#id 名" 是定义的 id 选择符名称。该选择符名称在一个文档中是唯一的，只对页面中的唯一元素进行样式定义。这个样式定义在页面中只能出现一次，其适用范围为整个 HTML 文档中所有由 id 选择符所引用的设置。例如：

```
#top {
    line-height:20px;              /*定义行高*/
    margin:15px 0px 0px 0px;       /*定义外边距*/
    font-size:24px;                /*定义字号大小*/
    color:#f00;                    /*定义字体颜色*/
}
```

应用 id 选择符的代码如下。

```
<div>id 选择符以&ldquo;#&rdquo;开头（此 div 不带 id）</div>
<div id="top">id 选择符以&ldquo;#&rdquo;开头(此 div 带 id)</div>
```

浏览器中的显示效果如图 4-8 所示。

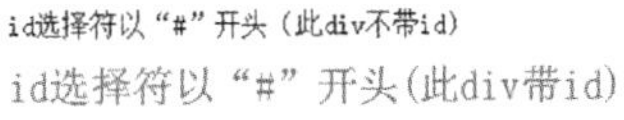

id选择符以 "#" 开头（此div不带id）

id选择符以 "#" 开头(此div带id)

图 4-8　id 选择符

4.4.2　复合选择符

复合选择符包括 "交集" 选择符、"并集" 选择符、"后代" 选择符、子元素选择符、相邻兄弟选择符和兄弟选择符。

1．"交集" 选择符

"交集" 选择符由两个选择符直接连接构成，其结果是选中两者各自元素范围的交集。其中，第一个选择符必须是标签选择符，第二个选择符必须是 class 类选择符或 id 选择符。这两个选择符之间不能有空格，必须连续书写。

图 4-9 所示为 "交集" 选择符，其中，第一个选择符是段落标签选择符，第二个选择符是 class 类选择符。

p.class { Color:red; font-size:16px;}

标签 类选择符 属性 值

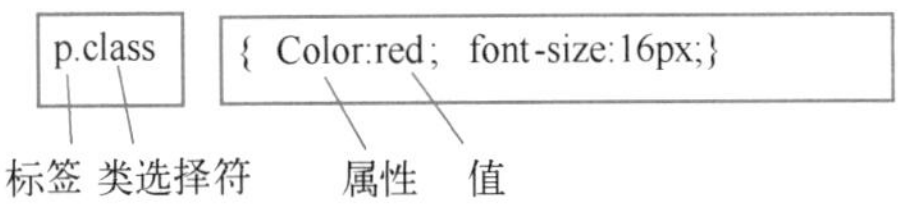

图 4-9　"交集" 选择符

【例 4-5】 "交集"选择符示例，本例文件 4-5.html 在浏览器中的显示效果如图 4-10 所示。

```html
<!DOCTYPE html>
<html>
    <head>
        <meta charset="utf-8">
        <title>"交集"选择符示例</title>
        <style type="text/css">
            p {
                font-size: 14px;                    /*定义文字大小*/
                color: #00F;                        /*定义文字颜色为蓝色*/
                text-decoration: underline;         /*让文字带有下划线*/
            }
            .myContent {
                font-size: 20px;                    /*定义文字大小为20px*/
                text-decoration: none;              /*让文字不再带有下划线*/
                border: 1px solid #C00;             /*设置文字带边框效果*/
            }
        </style>
    </head>
    <body>
        <p>1."交集"选择符示例</p>
        <p class="myContent">2."交集"选择符示例</p>
        <p>3."交集"选择符示例</p>
    </body>
</html>
```

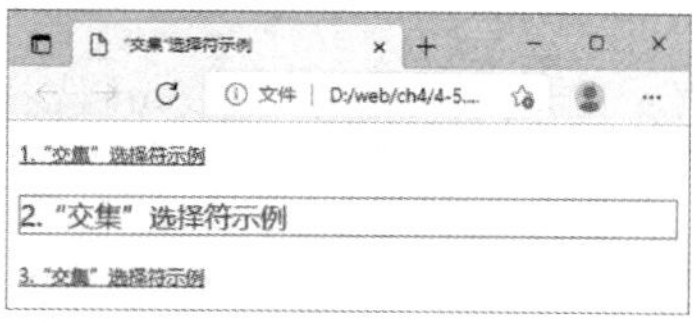

图 4-10 "交集"选择符示例

【说明】页面中只有第 2 个段落使用了"交集"选择符，可以看到两个选择符样式交集的结果为字体大小为 20px、红色边框且无下划线。

2. "并集"选择符

与"交集"选择符相对应的还有一种"并集"选择符，或者称为"集体声明"。它的结果是同时选中各个基本选择符所选择的范围。任何形式的基本选择符都可以作为"并集"选择符的一部分。

图 4-11 所示为"并集"选择符。集合中分别是<h1>、<h2>和<h3>标签选择符，"集体声明"将为多个标签设置同一样式。

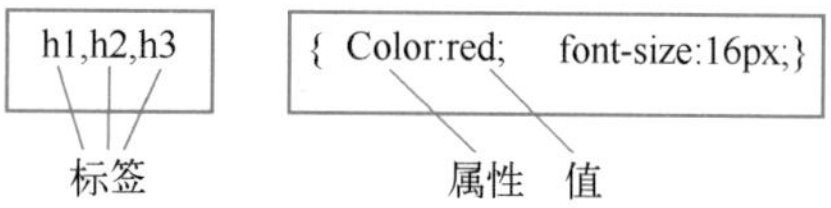

h1,h2,h3 { Color:red; font-size:16px;}
标签   属性 值

图 4-11 "并集"选择符

【例 4-6】 "并集"选择符示例。本例文件 4-6.html 在浏览器中的显示效果如图 4-12 所示。

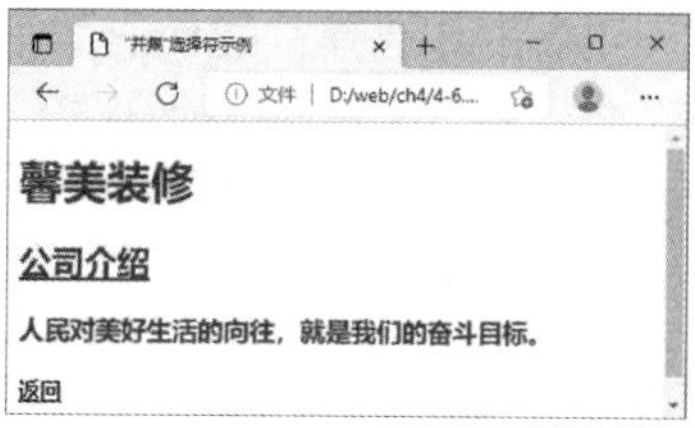

图 4-12 "并集"选择符示例

```html
<!DOCTYPE html>
<html>
    <head>
        <meta charset="utf-8">
        <title>"并集"选择符示例</title>
        <style type="text/css">
            h1,h2,h3 {color: purple;}
            h2.special,#one {text-decoration: underline;}
        </style>
    </head>
    <body>
        <h1>馨美装修</h1>
        <h2 class="special">公司介绍</h2>
        <h3>人民对美好生活的向往，就是我们的奋斗目标。</h3>
        <h4 id="one">返回</h4>
    </body>
</html>
```

【说明】页面中<h1>、<h2>和<h3>标签使用了"并集"选择符，可以看到这 3 个标签设置同一样式——文字颜色均为紫色。

3．"后代"选择符

在 CSS 选择符中，还可以通过嵌套的方式，对选择符或者 HTML 标签进行声明。当标签发生嵌套时，内层的标签就成为外层标签的后代。后代选择符又称包含选择符，在样式中会常常用到，因布局中常常用到容器的外层和内层，如果用到后代选择符就可以对某个容器层的子层控制，使其他同名的对象不受该规则影响。

后代选择符能够简化代码，实现大范围的样式控制。例如，当用户对<h1>标签下面的<span>标签进行样式设置时，就可以使用后代选择符进行相应的控制。后代选择符的写法就是把外层的标签写在前面，内层的标签写在后面，之间用空格隔开。

图 4-13 所示为"后代"选择符，其中，外层的标签是<h1>，内层的标签是<span>，标签<span>就成为标签<h1>的后代。

图 4-13　"后代"选择符

【例 4-7】　"后代"选择符示例。本例文件 4-7.html 在浏览器中的显示效果如图 4-14 所示。

```
<!DOCTYPE html>
<html>
    <head>
        <meta charset="utf-8">
        <title>"后代"选择符示例</title>
        <style type="text/css">
            h3 em {color:red;}
        </style>
    </head>
    <body>
        <h3>CSS<em>基础</em>知识</h3>
        <h3>CSS 基础知识</h3>
        <p>CSS<em>选择符</em>包括基本选择符、通配符选择符和复合选择符。</p>
    </body>
</html>
```

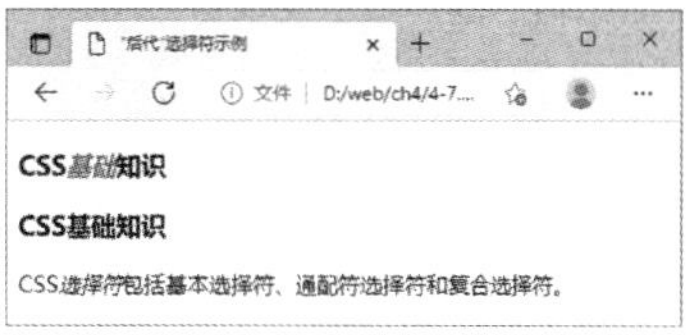

图 4-14　"后代"选择符示例

4．子元素选择符

子元素选择符只能选择作为某元素子元素的元素。它与后代选择符最大的不同就是元素间隔不同，后代选择符将该元素作为父元素，它所有的后代元素都是符合条件的，而子元素选择符只有相对于父元素来说的第一级子元素符合条件。子元素选择符的格式如下。

父元素 > 子元素{property1: value1; property2: value2; … }

子元素选择符使用了大于号（子结合符）。子结合符两边可以有空白符，这是可选的。

例如，如果希望选择只作为 h3 元素子元素的 strong 元素，可以这样写：

```
h3 > strong {color:red;}
```

选择符 h3 > strong 可以解释为"选择作为 h3 元素子元素的所有 strong 元素"。这个规则会把第一个 h3 下面的两个 strong 元素变为红色，但是第二个 h3 中的 strong 不受影响。

```
<h3>我是张<strong>小</strong> <strong>小</strong>! </h3>
<h3>我是张<em><strong>小 小</strong></em>! </h3>
```

浏览器中的显示效果如图 4-15 所示。

图 4-15　子元素选择符示例

5．相邻兄弟选择符

相邻兄弟选择符（Adjacent Sibling Selector）可选择紧接在另一个元素后的元素，并且两者有相同的父元素。与后代选择符和子元素选择符不同的是，相邻兄弟选择符针对的元素是同级元素，且两个元素是相邻的，拥有相同的父元素。相邻兄弟选择符的格式如下。

> 兄弟 1 + 兄弟 2 {property1: value1; property2: value2; …}

相邻兄弟选择符使用加号（+）作为相邻兄弟结合符（Adjacent Sibling Combinator）。与子结合符一样，相邻兄弟结合符旁边可以有空白符。请记住，使用一个结合符只能选择两个相邻兄弟中的第二个元素。两个标签相邻时，使用相邻兄弟选择符，可以对后一个标签进行样式修改。例如，如果要把紧接在 h3 元素后出现的元素段落 p 改成红色，可以这样写：

> h3 + p {color: red;}

这个选择符读作：选择紧接在 h3 元素后出现的段落，h3 和 p 元素拥有共同的父元素。

【例 4-8】 相邻兄弟选择符示例。本例文件 4-8.html 在浏览器中的显示效果如图 4-16 所示。

```html
<!DOCTYPE html>
<html>
    <head>
        <meta charset="utf-8">
        <title>相邻兄弟选择符示例</title>
        <style type="text/css">
            h3+p {color: red;}
            p+p+p {color: blue;}
            li+li {  background-color: aqua;}
        </style>
    </head>
    <body>
        <p>第零个段落</p>
        <p>第一个段落</p>
        <h3>标题 3</h3>
        <p>第二个段落</p><!--p 相邻 h3, p 为红色-->
        <p>第三个段落</p>
        <p>第四个段落</p><!--连续第 3 个 p 为相邻-->
        <p>第五个段落</p><!--也是连续的第 3 个 p 相邻-->
        <div>
            <ul>
                <li>客厅</li>
                <li>餐厅</li><!--第二个<li>会选中，因为它是第一个<li>紧邻的<li>标签-->
                <li>厨房</li><!--第三个<li>也会选中：因为第三个<li>的上一个标签也是<li> 标
签，也满足 css 选择器 li+li{}的条件-->
            </ul>
            <ol>
                <li>卧室</li>
                <li>书房</li>
                <li>阳台</li>
            </ol>
        </div>
    </body>
</html>
```

图 4-16 相邻兄弟选择符示例

【说明】

① 本例中的相邻兄弟选择符只会影响下面的<p>标签的样式，不影响上面兄弟的样式。

② div 元素中包含两个列表：一个无序列表、一个有序列表，每个列表都包含 3 个列表项。这两个列表是相邻兄弟，列表项本身也是相邻兄弟。不过，第一个列表中的列表项与第二个列表中的列表项不是相邻兄弟，因为这两组列表项不属于同一个父元素。这个选择器只会把列表中的第二个和第三个列表项变为粗体。第一个列表项不受影响。

6．兄弟选择符

兄弟选择符使用了波浪号（~）作为兄弟结合符（Sibling Combinator）。兄弟选择符用来指定位于同一个父元素中的某个元素之后的其他所有某个种类的兄弟元素所使用的样式。当两个标签不相邻时，要想修改后一个标签的样式，需要使用兄弟选择符。兄弟选择符的格式如下。

```
E~F: {att}
```

其中，E、F 均表示元素，att 表示元素的属性。兄弟选择符 E~F 表示匹配 E 元素之后的 F 元素。兄弟选择符与相邻兄弟选择符是不一样的。相邻兄弟选择符是指两个元素相邻，拥有同一个父元素；兄弟选择符选择元素 1 之后的所有元素 2，元素 1 和元素 2 拥有同一个父元素，且它们之间不一定相邻。

【例 4-9】　兄弟选择器示例。本例文件 4-9.html 在浏览器中的显示效果如图 4-17 所示。

```
<!DOCTYPE html>
<html>
    <head>
        <meta charset="utf-8">
        <title>兄弟选择符示例</title>
        <style type="text/css">
            /*E 元素为 div，F 元素为 p*/
            div ~ p {background-color:#c9a;}
        </style>
    </head>
    <body>
        <div style="width:233px">
            <div>
                <p>匹配 E 元素后的 F 元素</p><!-- E 元素中的 F 元素，不匹配-->
                <p>匹配 E 元素后的 F 元素</p><!-- E 元素中的 F 元素，不匹配-->
            </div>
            <hr />
            <p>匹配 E 元素后的 F 元素</p>        <!-- E 元素后的 F 元素，匹配-->
            <p>匹配 E 元素后的 F 元素</p>        <!-- E 元素后的 F 元素，匹配-->
            <hr />
            <p>匹配 E 元素后的 F 元素</p>        <!-- E 元素后的 F 元素，匹配-->
            <hr />
            <div>匹配 E 元素后的 F 元素</div> <!-- E 元素本身，不匹配-->
            <hr />
            <p>匹配 E 元素后的 F 元素</p>        <!-- E 元素后的 F 元素，匹配-->
        </div>
    </body>
</html>
```

图 4-17　兄弟选择符示例

4.4.3　通配符选择符

通配符选择符是一种特殊的选择符，用"*"表示。通配符选择符也称全局选择符，其作用是定义网页中所有标记元素都使用同一种样式。通配符选择符的格式如下。

```
* {property1: value1; property2: value2; … }
```

例如，在制作网页时首先将页面中所有元素的外边距和内边距设置为 0，代码如下。

```
*{
    margin:0px;          /*外边距设置为 0*/
    padding:0px;         /*内边距设置为 0*/
}
```

此外，还可以对特定元素的子元素应用样式，例如：

```
* {color:#000;}          /*定义所有文字的颜色为黑色*/
p {color:#00f;}          /*定义段落文字的颜色为蓝色*/
p * {color:#f00;}        /*定义段落子元素文字的颜色为红色*/
```

应用上述样式的代码如下。

```
<h2>通配符选择符</h2>
<div>默认的文字颜色为黑色</div>
<p>段落文字颜色为蓝色</p>
```

```
<p><span>段落子元素的文字颜色为红色</span></p>
```

以上代码在浏览器中的显示效果如图 4-18 所示。

从代码的执行结果可以看出，由于通配符选择符定义了所有文字的颜色为黑色，所以<h2>和<div>标签中文字的颜色为黑色。接着又定义了 p 元素的文字颜色为蓝色，所以<p>标签中文字的颜色呈现为蓝色。最后定义了 p 元素内所有子元素的文字颜色为红色，所以<p>和</p>之间的文字颜色呈现为红色。

通配符选择符

默认的文字颜色为黑色

段落文字颜色为蓝色

段落子元素的文字颜色为红色

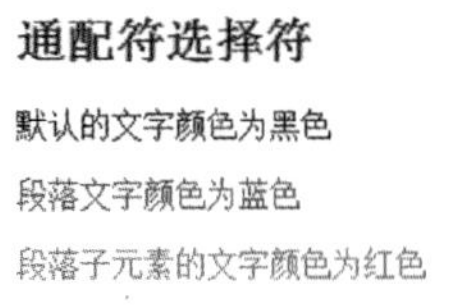

图 4-18　通配符选择符

前面已经讲解了多个常用的选择符，除此之外还有两个比较特殊的、针对属性操作的选择符——伪类选择符和伪元素选择符。首先讲解一下伪类选择符。

4.4.4　伪类选择符

伪类选择符可看作是一种特殊的类选择符，是能被支持 CSS 的浏览器自动识别的特殊选择符。伪类之所以名字中有"伪"字，是因为它所指定的对象在文件中并不存在，它指定的是一个与其相关的选择器的状态。伪类选择器和类选择器不同，不能像类选择器一样随意用别的名字。例如，div 属于块级元素，这一点很明确。但是 a 属于什么类别？不明确。因为需要看用户单击前是什么状态，单击后是什么状态，所以把它叫作"伪类"。

伪类是指那些处在特殊状态的元素。伪类名可以单独使用，泛指所有元素，也可以和元素名称连起来使用，特指某类元素。伪类以冒号（:）开头，元素选择符和冒号之间不能有空格，伪类名中间也不能有空格。伪类选择符的语法格式如下。

```
selector:pseudo-class {property1: value1; property2: value2; …}
```

其中，selector 表示一个选择符；pseudo-class 表示伪类名。

CSS 类也可与伪类搭配使用，这时，伪类选择符的语法格式如下。

```
selector.class : pseudo-class {property: value}
```

伪类可以让用户在使用页面的过程中增加更多的互交效果，例如应用最为广泛锚点标签<a>的几种状态（未访问链接状态、已访问链接状态、鼠标指针悬停在链接上的状态以及被激活的链接状态），具体代码如下所示。

```
a:link {color:#FF0000;}        /*未访问的链接状态*/
a:visited {color:#00FF00;}      /*已访问的链接状态*/
a:hover {color:#FF00FF;}        /*鼠标指针悬停到链接上的状态*/
a:active {color:#0000FF;}       /*被激活的链接状态*/
```

需要注意的是，这 4 种状态必须按照固定的顺序写：a:link、a:visited、a:hover、a:active。如果不按照顺序，则 CSS 的就近原则（后面的样式覆盖前面的样式）会导致显示与预期不符。伪类见表 4-3。

表 4-3　伪类

伪 类 名	描　　　述
:link	向未被访问的超链接添加样式，即超链接单击之前的样式
:visited	向已被访问的超链接添加样式，即超链接单击之后的样式
:active	向被激活的元素添加样式，即单击该元素，且不松手时的样式
:hover	向鼠标指针悬停在上方的元素添加样式
:focus	向拥有输入焦点的元素添加样式

（续）

伪 类 名	描 述
:first-child	向元素添加样式，且该元素是它的父元素的第一个元素
:lang	向带有指定 lang 属性的元素添加样式

【例 4-10】　伪类的应用。当鼠标指针悬停在超链接时背景色变为其他颜色，并且文字变大，待鼠标指针离开超链接时又恢复到默认状态，这种效果就可以通过伪类实现。本例文件 4-10.html 在浏览器中的显示效果如图 4-19 所示。

a)　　　　　　　　　　　　　　b)　　　　　　　　　　　　　　c)

图 4-19　伪类应用的显示效果

a) 未访问超链接　b) 鼠标指针在超链接上悬停　c) 在超链接上单击且不松手

```html
<!DOCTYPE html>
<html>
    <head>
        <meta charset="utf-8">
        <title>伪类示例</title>
        <style type="text/css">
            a:link {color: blue;}          /*超链接单击之前是蓝色*/
            a:visited {color: red;}        /*超链接单击之后是红色*/
            /*鼠标指针悬停是绿色，较大的字体，背景是黄色*/
            a:hover {color: green;font-size: large;background-color: yellow;}
            /*单击链接，但是不松手的时候，字体是白色，背景是蓝紫色*/
            a:active {color: black;background-color: blueviolet;}
        </style>
    </head>
    <body>
        <p>人民对美好生活的向往，就是我们的奋斗目标。……（此处省略文字）<br />
            <hr />
            <a href="#">馨美装修宣传部</a>
        </p>
    </body>
</html>
```

【例 4-11】　:first-child 伪类示例。使用:first-child 伪类选择元素的第一个子元素。本例文件 4-11.html 在浏览器中的显示效果如图 4-20 所示。

```html
<!DOCTYPE html>
<html>
    <head>
        <meta charset="utf-8">
        <title>:first-child 伪类示例</title>
        <style type="text/css">
            /*把作为某元素的第一个子元素的所有 p 元素设置为粗
```

图 4-20　:first-child 伪类示例

体、紫色*/

```html
            p:first-child {font-weight: bold;color: purple;}
            /*把作为某个元素第一个子元素的所有 li 元素变成大字体、黄色背景*/
            li:first-child { font-size: large; background-color: yellow; }
            /*把作为某个元素第一个元素的所有 b、strong 元素变成蓝色*/
            b:first-child,strong:first-child {color: blue;}
        </style>
    </head>
    <body>
        <div>
            <p>馨美装修产品系列</p>
```

77

```
        <ul>
            <li>温馨系列</li>
            <li>田园<strong>系</strong><strong>列</strong> </li>
            <li>城市<strong>系</strong>列</li>
        </ul>
        <p><b>温馨系列、田园系列、城市系列</b>是馨美装修的<b>三大</b>系列产品，不同文化背景
的国家在<b>装修</b>选择方面有着各具特色的偏好。</p>
        </div>
        </body>
    </html>
```

4.4.5 伪元素选择符

伪元素不是真正的页面元素，在 HTML 中没有对应的元素。伪元素代表了某个元素的子元素，这个子元素虽然在逻辑上存在，但并不实际存在于 HTML 文件树中。伪元素在 HTML 中无法审查，但伪元素的用法和真正的页面元素一样，可以用来对 CSS 设置样式，用于将特殊的效果添加到某些选择符。

与伪类的方式类似，伪元素通过对插入到文档中的虚构元素进行触发，从而达到某种效果。CSS 的主要目的是给 HTML 元素添加样式，然而，在一些案例中给文档添加额外的元素是多余的或是不可能的。CSS 有一个特性就是允许用户添加额外元素而不扰乱文档本身，这就是"伪元素"。

CSS3 为了区分伪类和伪元素，规定伪类用一个冒号（:）来表示，伪元素用两个冒号（::）来表示。伪元素由双冒号和伪元素名称组成。伪元素的语法格式如下。

```
selector::pseudo-element {property1: value1; property2: value2; … }
```

CSS 类也可以与伪元素配合使用，此时伪元素的语法格式如下。

```
selector.class::pseudo-element {property1: value1; property2: value2; …}
```

其中，selector 表示一个选择器；pseudo-element 表示伪元素名称。伪元素见表 4-4。

表 4-4　伪元素

伪 元 素 名	描　　　　　述
::first-letter	将样式添加到文本的首字母
::first-line	将样式添加到文本的首行
::before	在某元素之前插入某些内容。::before、::after 使用时必须有一个 content 属性才能起效
::after	在某元素之后插入某些内容
::enabled	向当前处于可用状态的元素添加样式，通常用于定义表单的样式或超链接的样式
::disabled	向当前处于不可用状态的元素添加样式，通常用于定义表单的样式或超链接的样式
::checked	向当前处于选中状态的元素添加样式
::not(selector)	向不是 selector 元素的元素添加样式
::target	向正在访问的锚点目标元素添加样式
::selection	向用户当前选取内容所在的元素添加样式

【例 4-12】 伪元素的应用。本例文件 4-12.html 在浏览器中的显示效果如图 4-21 所示。

```
<!DOCTYPE html>
<html>
    <head>
        <meta charset="utf-8">
        <title>伪元素示例</title>
        <style type="text/css">
```

```
            h4:first-letter {color: #ff0000;font-size: 36px;}
            p:first-line {color: #ff0000;}
            /* 被选中的字行（鼠标选中的字段）*/
            p::selection {background: yellow;}
        </style>
    </head>
    <body>
        <h4>馨美装修公司介绍</h4>
        <p>人民对美好生活的向往，就是我们的奋斗目标。……
(此处省略文字)</p>
    </body>
</html>
```

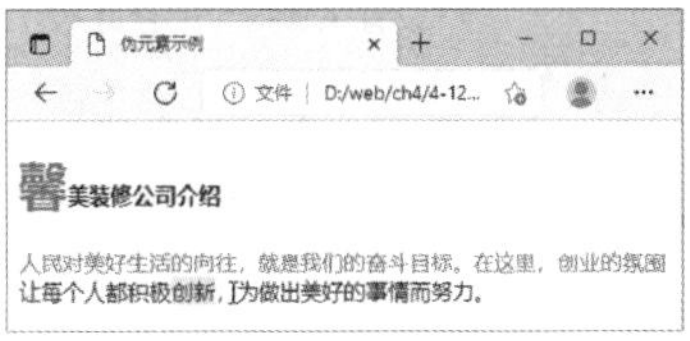

图 4-21　伪元素的显示效果

【说明】在以上示例代码中，分别对"h4:first-letter""p:first-line"进行了样式指派。从图 4-21 中可以看出，凡是<h4>与</h4>之间的内容，都应用了首字字号增大且变为红色的样式；凡是<p>与</p>之间的内容，都应用了首行文字变为红色的样式；凡是被选中的内容，都应用了黄色背景的样式。

4.4.6　案例——制作"馨美装修"网站使用条款页面

本节讲解一个综合案例巩固上面介绍的基本知识。

【例 4-13】　制作"馨美装修"网站使用条款页面。本例文件 4-13.html 在浏览器中的显示效果如图 4-22 所示。

图 4-22　网站使用条款页面

制作过程如下。

1）建立目录结构。在案例文件夹下创建两个文件夹 images 和 css，分别用来存放图像素材和外部样式表文件。

2）准备素材。将本页面需要使用的图像素材存放在文件夹 images 下。

3）外部样式表。在文件夹 css 下新建一个名为 style.css 的样式表文件，代码如下。

```
/*设置页面整体样式*/
body{
    font-size:12px;              /*文字大小为 12px*/
    color:#333;                  /*深灰色文字*/
}
img,a{                           /*设置图像、超链接样式*/
    border:0;                    /*图像无边框*/
    text-decoration:none;        /*链接无修饰*/
}
a{                               /*设置超链接样式*/
    color:#333;                  /*深灰色文字*/
}
a:hover{                         /*设置悬停链接样式*/
```

```
        color:#f00;                        /*红色文字*/
    }
    /*设置主体内容的样式*/
    .main{
        width:980px;                       /*主体宽度 980px*/
        margin:0 auto;                     /*水平居中对齐*/
    }
    /*设置页面位置的样式*/
    .positions{                            /*设置页面位置容器的样式*/
        height:55px;
        line-height:55px;                  /*行高等于高度，内容垂直方向居中对齐*/
        padding-left:25px;                 /*左内边距 25px*/
        background:url(../images/home2.png) 5px center no-repeat; /*背景图像不重复*/
    }
    .positions a{                          /*设置页面位置超链接的样式*/
        color:#333;                        /*深灰色文字*/
    }
    .positions a:hover,.positions .posCur{ /*设置页面位置悬停链接和当前位置的样式*/
        color:#f00;                        /*红色文字*/
    }
    /*设置内容区域的样式*/
    .cont{
        padding:0 10px;                    /*上、下内边距 0px，左、右内边距 10px*/
        position:relative;                 /*相对定位*/
        padding-top:10px;                  /*上内边距 10px*/
    }
    .contRight{                            /*主体内容右侧区域的样式*/
        width:760px;
        float:right;                       /*向右浮动*/
        border:#efefef 1px solid;          /*1px 浅灰色实线边框*/
    }
    .oredrName{                            /*主体内容右侧标题的样式*/
        font-family:"微软雅黑";             /*字体为微软雅黑*/
    }
    .helpPar{                              /*主体内容文字的样式*/
        color:#666;                        /*灰色文字*/
        line-height:22px;                  /*行高 22px*/
    }
```

4）网页结构文件。在当前文件夹中，新建一个名为 4-13.html 的网页文件，代码如下。

```
<!DOCTYPE html>
<html>
    <head>
        <meta charset="utf-8">
        <title>使用条款</title>
        <link type="text/css" href="css/style.css" rel="stylesheet" />
    </head>
    <body>
        <div class="main">
            <div class="positions">
                当前位置：<a href="index.html">首页</a> &gt; <a href="vip.html">会员中
心</a>&gt; <a href="#" class="posCur">网站使用条款</a>
            </div>
            <div class="cont">
                <div class="contRight">
                    <h2 class="oredrName">网站使用条款</h2>
                    <div class="helpPar">
                            首先……（此处省略文字）<br /><br />
```

```
                然后……（此处省略文字）<br /><br />
                第三……（此处省略文字）
          </div>
        </div>
      </div>
    </div>
  </body>
</html>
```

【说明】在本页面中，主体内容文字的行间距是通过设置行高样式（line-height:22px;）实现的，请读者参考第 5 章讲解的使用 CSS 修饰页面中设置行高的相关知识。

4.5　文档结构与元素类型

CSS 通过与 HTML 文档结构相对应的选择符来达到控制页面表现的目的，CSS 之所以强大，是因为它采用 HTML 文档结构来决定其样式的应用。

4.5.1　文档结构的基本概念

为了更好地理解 "CSS 采用 HTML 文档结构来决定其样式的应用" 这句话，首先需要理解文档是怎样结构化的，也为以后学习继承、层叠等知识打下基础。

【例 4-14】　文档结构示例。本例文件 4-14.html 在浏览器中的显示效果如图 4-23 所示。

```
<!DOCTYPE html>
<html>
  <head>
    <meta charset="utf-8">
    <title>文档结构示例</title>
  </head>
  <body>
    <h1>CSS 基础</h1>
    <p>CSS 是一组格式设置规则，用于控制<em>Web</em>页面的外观。</p>
    <ul>
      <li>CSS 的优点
        <ul>
          <li>表现和内容（结构）分离</li>
          <li>易于维护和<em>改版</em></li>
          <li>更好地控制页面布局</li>
        </ul>
      </li>
      <li>CSS 设计与编写原则</li>
    </ul>
  </body>
</html>
```

在 HTML 文档中，文档结构都是基于元素层次关系的，正如上面给出的示例代码，这种元素间的层次关系可以用图 4-24 所示的树形结构来描述。

在这样的层次图中，每个元素都处于文档结构中的某个位置，而且每个元素或是父元素，或是子元素，或既是父元素又是子元素。例如，文档中的 body 元素即是 html 元素的子元素，又是 h1、p 和 ul 的父元素。整个代码中，html 元素是所有元素的祖先，也称为根元素。前面讲解的后代选择符就是建立在文档结构基础上的。

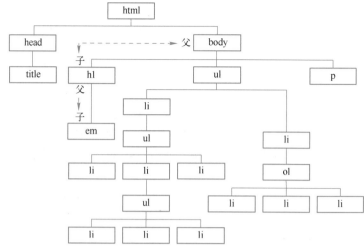

图 4-23　文档结构的示例效果　　　　　　　　图 4-24　HTML 文档树形结构

4.5.2　元素类型

在前面已经以文件树形结构讲解了文件中元素的层次关系，这种层次关系同时也依赖于这些元素类型间的关系。CSS 使用 display 属性规定元素应该生成的框的类型，任何元素都可以通过 display 属性改变默认的显示类型。

1．块级元素（display：block）

display 属性设置为 block 将显示块级元素，块级元素的宽度为 100%，而且后面隐藏附带有换行符，使块级元素始终占据一行。例如，div 元素常常被称为块级元素，这意味着这些元素显示为一块内容。标题、段落、列表、表格、分区 div 和 body 等元素都是块级元素。

2．行内元素（display：inline）

行内元素也称内联元素，display 属性设置为 inline 将显示行内元素，元素前后没有换行符，行内元素没有高度和宽度，因此也就没有固定的形状，显示时只占据其内容的大小。超链接、图像、范围 span、表单元素等都是行内元素。

3．列表项元素（display：list-item）

list-item 属性值表示列表项目，其实质也是块状显示，不过它是一种特殊的块状类型，增加了缩进和项目符号。

4．隐藏元素（display：none）

none 属性值表示隐藏并取消盒模型，所包含的内容不会被浏览器解析和显示。通过把 display 设置为 none，该元素及其所有内容就不再显示了，也不占用文件中的空间。

5．其他分类

除了上述常用的分类，还包括以下分类。

```
      display : inline-table | run-in | table | table-caption | table-cell | table-column |
table-column-group | table-row | table-row-group | inherit
```

如果从布局角度来分析，上述显示类型都可以划归为 block 和 inline 两种，其他类型都是这两种类型的特殊显示，真正能够应用并获得所有浏览器支持的只有 4 个：none、block、inline 和 list-item。

4.6　继承性、层叠性和优先级

CSS 有三大特性，分别是继承性、层叠性和优先级，其中，继承性是 CSS 的主要特性。

4.6.1　继承性

继承是指包含在内部的标签能够拥有外部标签的样式性，即子元素可以继承父元素的属性。CSS 的主要特征就是继承（Inheritance），它依赖于祖先——子孙关系，这种特性允许样式不仅应用于某个特定的元素，同时也应用于其后代，而后代所定义的新样式，却不会影响父代样式。

根据 CSS 规则，子元素继承父元素属性。如：

```
body{font-family:"微软雅黑";}
```

通过继承，所有 body 的子元素都应该显示"微软雅黑"字体，子元素的子元素也一样。

【例 4-15】　CSS 继承示例，本例文件 4-15.html 在浏览器中的显示效果如图 4-25 所示。

```
<!DOCTYPE html>
<html>
    <head>
        <meta charset="utf-8">
        <title>继承示例</title>
        <style type="text/css">
            p {
                color: #00f;
                /*定义文字颜色为蓝色*/
                text-decoration: underline;
                /*增加下划线*/
            }
            p em {
                /*为 p 元素中的 em 子元素定义样式*/
                font-size: 24px;
                /*定义文字大小为 24px*/
                color: #f00;
                /*定义文字颜色为红色*/
            }
        </style>
    </head>
    <body>
        <h1>CSS 基础</h1>
        <p>CSS 是一组格式设置规则，用于控制<em>Web</em>页面的外观。</p>
        <ul>
            <li>CSS 的优点
                <ul>
                    <li>表现和内容（结构）分离</li>
                    <li>易于维护和<em>改版</em></li>
                    <li>更好地控制页面布局</li>
                </ul>
            </li>
            <li>CSS 设计与编写原则</li>
        </ul>
    </body>
</html>
```

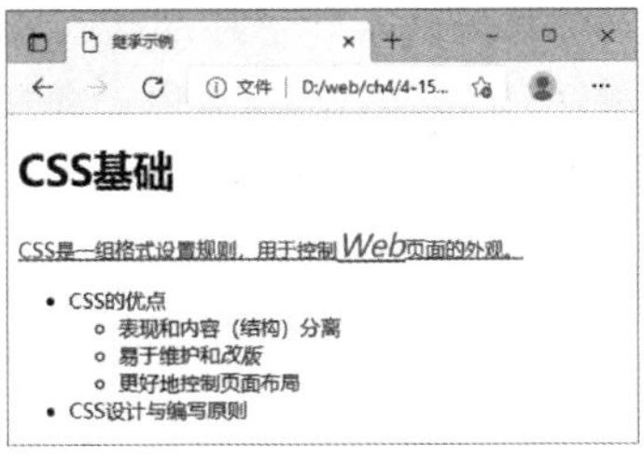

图 4-25　继承示例

【说明】从图 4-25 的显示效果可以看出，虽然 em 子元素重新定义了新样式，但其父元素 p 并未受到影响，而且 em 子元素中的内容还继承了 p 元素中设置的下划线样式，只是颜色和字体大小采用了自己的样式风格。

需要注意的是，不是所有属性都具有继承性，CSS 强制规定部分属性不具有继承性。所有关于盒子的、定位的、布局的属性都不能继承，如边框、外边距、内边距、背景、定位、布局、元素高度和宽度。

4.6.2　层叠性

层叠（cascade）是指 CSS 能够对同一个元素应用多个样式表的能力。前面介绍了在网页中引用样式表的 4 种方法，如果这 4 种方法同时出现，浏览器会以哪种方法定义的规则为准？一般原则是，最接近目标的样式定义优先级最高。高优先级样式将继承低优先级样式的未层叠定义，但覆盖层叠的定义。样式生效的优先级从高到低的顺序为：内联样式→内部样式→外部样式→浏览器默认设置。

因此，行内样式（在 HTML 元素内部）拥有最高的优先权，这意味着它优先于以下的样式声明：<head>标签中的样式声明、外部样式表中的样式声明，以及浏览器中的样式声明（默认值）。

【例 4-16】样式表的层叠示例。本例文件 4-16.html 在浏览器中的显示效果如图 4-26 所示。

首先链入一个外部样式表，其中定义了 h2 选择符的 color、text-align 和 font-size 属性（标题 2 的文字颜色为蓝色，向左对齐，大小为 8pt）。链入样式表的文件名为 4-16.css，存放在文件夹 style 中，代码如下。

```
h2{color: blue; text-align: left; font-size: 8pt;}
```

图 4-26　层叠示例

网页结构文件 4-16.html 的 HTML 代码如下。

```
<!DOCTYPE html>
<html>
    <head>
        <meta charset="utf-8">
        <title>多重样式表的层叠</title>
        <link rel="stylesheet" href="style/4-16.css" type="text/css">
        <style type="text/css">
            h2{color: blue; text-align: right; font-size: 14pt; border:2px dashed #00f;}
        </style>
    </head>
    <body>
        <h2>蓝色文字，右对齐，大小为14pt，蓝色虚线边框</h2>
    </body>
</html>
```

那么这个页面叠加后的样式等价于以下代码。

```
h2{color: blue; text-align: right; font-size: 14pt; border:2px dashed #00f;}
```

【说明】字体色彩从外部样式表保留下来，而当对齐方式和字体尺寸各自都有定义时，按照后定义的优先的规则使用内部样式表的定义。

4.6.3　优先级

定义 CSS 样式时，经常出现两个或更多规则应用在同一个元素上，这时就会出现优先级的问题。

1．特殊性

在编写 CSS 代码的时候，会出现多个样式规则作用于同一个元素的情况，特殊性描述了不同规则的相对权重，当多个规则应用到同一个元素时权重越大的样式会被优先采用。

例如，以下 CSS 代码片段：

```
.color_red{
    color:red;
}
p{
    color:blue;
}
```

应用此样式的结构代码为：

```
<div>
    <p class="color_red">红色大气装修</p>
</div>
```

图 4-27　样式的特殊性

上述代码在浏览器中的显示效果如图 4-27 所示。

正如上述代码所示，预定义的<p>标签样式和.color_red 类样式都能匹配上面的 p 元素，那么<p>标签中的文字该使用哪一种样式？

根据规范，通配符选择符具有特殊性值 0；基本选择符（例如 p）具有特殊性值 1；类选择符具有特殊性值 10；id 选择符具有特殊性值 100；行内样式（style=""）具有特殊性值 1000。选择符的特殊性值越大，规则的相对权重就越大，样式会被优先采用。

对于上面的示例，显然类选择符.color_red 要比基本选择符 p 的特殊性值大，因此<p>标签中文字的颜色是红色的。

2. 重要性

不同的选择符定义相同的元素时，要考虑不同选择符之间的优先级（id 选择符、类选择符和 HTML 标签选择符），id 选择符的优先级最高，其次是类选择符，HTML 标签选择符最低。如果想超越这三者之间的关系，可以用!important 来提升样式表的优先权，例如：

```
p { color: #f00!important }
.blue { color: #00f}
#id1 { color: #ff0}
```

同时对页面中的一个段落加上这 3 种样式，它会依照被!important 申明的 HTML 标签选择符的样式，显示红色文字。如果去掉!important，则依照优先权最高的 id 选择符，显示黄色文字。

4.7　综合案例——制作"馨美装修"帮助中心局部页面

本节将结合本章所讲的基础知识制作一个较为综合的案例。

【例 4-17】　制作"馨美装修"帮助中心局部页面。本例文件 4-17.html 在浏览器中的显示效果如图 4-28 所示。

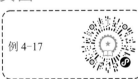

例 4-17

图 4-28　"馨美装修"帮助中心局部页面

1. 前期准备

（1）栏目目录结构

在栏目文件夹下创建文件夹 images 和 css，分别用来存放图像素材和外部样式表文件。

（2）页面素材

将本页面需要使用的图像素材存放在文件夹 images 下。

（3）外部样式表

在文件夹 css 下新建一个名为 style.css 的样式表文件。

2. 制作页面

CSS 文件 style.css 的代码如下。

```
/*页面全局样式——父元素*/
*{
    margin: 0;                           /*所有元素外边距为0*/
    padding: 0;                          /*所有元素内边距为0*/
}
/*设置页面整体样式*/
body{
    font-size:12px;                      /*文字大小为12px*/
    color:#333;                          /*深灰色文字*/
}
ol, ul {
    list-style: none;                    /*列表无修饰*/
}
img,a{                                   /*设置图像、超链接样式*/
    border:0;                            /*图像无边框*/
    text-decoration:none;                /*链接无修饰*/
}
a{                                       /*设置超链接样式*/
    color:#333;                          /*深灰色文字*/
}
a:hover{                                 /*设置悬停链接样式*/
    color:#f00;                          /*红色文字*/
}
.clears{
    clear:both;                          /*清除所有浮动*/
}
/*设置主体内容的样式*/
.main{
    width:980px;                         /*主体宽度980px*/
    margin:0 auto;                       /*水平居中对齐*/
}
/*帮助中心样式*/
.inHelp{
    border:#efefef 1px solid;            /*1px 浅灰色实线边框*/
    border-top:2px solid #00913c;        /*顶部边框为2px 深绿色实线边框*/
    margin-top:20px;                     /*上外边距20px*/
    font-family:"微软雅黑";
}
.inHLeft{                                /*帮助中心左侧栏目样式*/
    width:325px;
    float:left;                          /*向左浮动*/
    border-right:#efefef 1px solid;      /*右边框为1px 浅灰色实线边框，实现栏目的分隔*/
}
.inHelp h4{                              /*帮助中心左侧栏目标题样式*/
    height:45px;
    line-height:45px;                    /*行高等于高度，内容垂直方向居中对齐*/
    padding-left:18px;                   /*左内边距18px*/
    font-size:16px;
    color:#7bc144;                       /*深绿色文字*/
}
.inHeList li{                            /*帮助中心左侧栏目列表项样式*/
    width:140px;
    height:36px;
    text-align:center;                   /*文本水平居中对齐*/
    line-height:36px;
```

```
        float:left;                        /*向左浮动*/
        margin:0px 0 14px 14px;            /*上、右、下、左外边距分别为 0px、0px、14px、14px*/
    }
    .inHeList li a{                        /*帮助中心左侧栏目超链接样式*/
        display:block;                     /*块级元素*/
        width:138px;
        height:34px;
        border:#b1b1b1 1px dashed;         /*1px 浅灰色虚线边框*/
    }
    .inHeList li a:hover{                   /*帮助中心左侧栏目悬停链接样式*/
        border:#7bc144 1px solid;          /*1px 绿色实线边框*/
        color:#7bc144;                     /*绿色文字*/
    }
    .inHRight{                             /*帮助中心右侧栏目样式*/
        width:326px;
        float:right;                       /*向右浮动*/
    }
    .telBox{                               /*帮助中心服务热线电话样式*/
        width:180px;
        height:44px;
        background:url(../images/telBack.jpg) left center no-repeat;  /*背景图像无重复*/
        line-height:44px;                  /*行高等于高度，内容垂直方向居中对齐*/
        padding-left:54px;                 /*左内边距 54px*/
        font-size:21px;
        color:#6e6e6e;                     /*灰色文字*/
        font-weight:bold;                  /*字体加粗*/
        margin-left:17px;                  /*左外边距 17px*/
    }
```

网页结构文件 4-17.html 的代码如下。

```html
<!DOCTYPE html>
<html>
    <head>
        <meta charset="utf-8">
        <title>馨美装修帮助中心局部页面</title>
        <link type="text/css" href="css/style.css" rel="stylesheet" />
    </head>
    <body>
        <div class="main">
            <div class="inHelp">
                <div class="inHLeft">
                    <h4>帮助中心</h4>
                    <ul class="inHeList">
                        <li><a href="help.html">购物指南</a></li>
                        <li><a href="help.html">支付方式</a></li>
                        <li><a href="help.html">售后服务</a></li>
                        <li><a href="about.html">企业简介</a></li>
                        <div class="clears"></div>
                    </ul>
                </div>
                <div class="inHLeft">
                    <h4>会员服务</h4>
                    <ul class="inHeList">
                        <li><a href="reg.html">会员注册</a></li>
                        <li><a href="login.html">会员登录</a></li>
                        <li><a href="order.html">购物车</a></li>
                        <li><a href="order.html">我的订单</a></li>
                        <div class="clears"></div>
                    </ul>
                </div>
                <div class="inHRight">
                    <h4>全国统一免费服务热线</h4>
                    <div class="telBox">400-83886688</div>
                </div>
                <div class="clears"></div>
```

```
            </div>
        </div>
    </body>
</html>
```

【说明】本例中使用元素的内边距和外边距实现了元素的精确定位。读者可参考后续章节讲解的 CSS 盒模型的相关知识。

习题 4

1. 使用文档结构的基本知识制作图 4-29 所示的页面。
2. 使用伪类相关的知识制作鼠标指针悬停效果。当鼠标指针未悬停在链接上时，如图 4-30a 所示；当鼠标指针悬停在链接上时，如图 4-30b 所示。

图 4-29 题 1 图

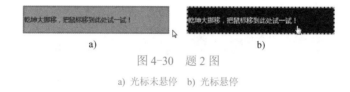

a)   b)

图 4-30 题 2 图

a) 光标未悬停 b) 光标悬停

3. 使用 CSS 制作"馨美装修"博客文章页面，如图 4-31 所示。
4. 使用 CSS 制作"馨美装修"摄影社区页面，如图 4-32 所示。

图 4-31 题 3 图

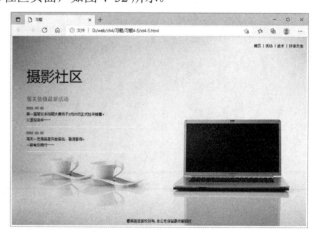

图 4-32 题 4 图

第 5 章　使用 CSS3 修饰网页元素

CSS 为了能对网页的布局、字体、颜色、背景和其他图文效果实现更加精确的控制，定义了相当数量的属性。从本章开始逐一介绍网页设计的各种元素的 CSS 属性，进一步修饰页面外观。

5.1　CSS3 字体属性

网页主要是通过文字传递信息的，字体具有两方面的作用：一方面是传递语义功能；另一方面是美学效应。由于不同的字体给人带来不同风格的感受，所以对于网页设计人员来说，首先需要考虑的问题就是准确地选择字体属性。CSS 的文字设置属性不仅可以控制文本的大小、颜色、对齐方式、字体，还可以控制行高、首行缩进、字母间距和字符间距等。字体属性主要涉及文字本身的效果，在命名字体属性时使用 font- 前缀。

5.1.1　字体类型属性 font-family

font-family 属性设置文本元素的字体类型。

语法：font-family : name1, name2,…

参数：name 是字体名称。字体名称按优先顺序排列，以逗号隔开。如果字体名称包含空格，则要用引号括起。

说明：用 font-family 属性可控制显示字体。不同的操作系统，其字体名是不同的。对于 Windows 系统，其字体名与 Word 的"字体"列表中所列出的字体名称一样。

示例：

```
div { font-family: Courier, "Courier New", monospace; }
```

5.1.2　字体尺寸属性 font-size

font-size 属性设置字体的大小，实际上它设置的是字体中字符框的高度，实际的字符字体可能比这些框高或低。

语法：font-size : absolute-size | relative-size | length | percentage

参数：其值可以是绝对值也可以是相对值，取值有以下几种。

- absolute-size（绝对尺寸）：将字体设置为不同的尺寸，取值有 xx-small | x-small | small | medium | large | x-large | xx-large，其中 medium 为默认值。这些尺寸都没有精确定义，是相对而言的。在不同的设备下，这些关键字可能会显示不同的字号。
- relative-size（相对尺寸）：设置的尺寸相对于父元素中字体尺寸进行调节，使用成比例的 em 单位计算，取值有 larger | smaller。
- length（长度）：由浮点数字和单位标识符组成的长度值，不可为负值。常见的有 px（绝对单位）、pt（绝对单位）。

- percentage（百分数）：设置的尺寸是基于父元素中字体尺寸的一个百分比数。

说明：语法格式中各参数之间的竖线"|"表示分开的多个参数选项只能选取一项。

示例：

```
p { font-style: normal; }
p { font-size: 12px; }
p { font-size: 20%; }
```

5.1.3 字体倾斜属性 font-style

font-style 属性设置字体的倾斜。

语法：**font-style : normal | italic | oblique**

参数：normal 为正常字体（默认值）；italic 为斜体。对于没有斜体变量的特殊字体，将应用 oblique（oblique 为倾斜的字体）。

说明：设置文本字体的倾斜。

示例：

```
p { font-style: normal; }
p { font-style: italic; }
p { font-style: oblique; }
```

5.1.4 小写字体属性 font-variant

font-variant 设置元素中的文本是否为小型的大写字母。

语法：**font-variant : normal | small-caps**

参数：normal 默认为正常的字体。small-caps 使所有的小写字母转换为大写字母字体，但是所有使用小型大写字体的字母与其余文本相比，其字体尺寸更小。

示例：

```
span { font-variant: small-caps; }
```

5.1.5 字体粗细 font-weight

font-weight 属性设置元素中文本字体的粗细。

语法：**font-weight : normal | bold | bolder | lighter | number**

参数：normal 是正常的字体，相当于 number 为 400，声明此值将取消之前的任何设置。bold 表示粗体，相当于 number 为 700，也相当于 html b 加粗元素的作用。bolder 表示粗体再加粗，即特粗体。lighter 表示比默认字体还细。number 数字越大字体越粗，可取 100、200、300、400、500、600、700、800 和 900。

示例：

```
span { font-weight:800; }
```

【例 5-1】 设置字体样式示例。本例文件 5-1.html 在浏览器中的显示效果如图 5-1 所示。

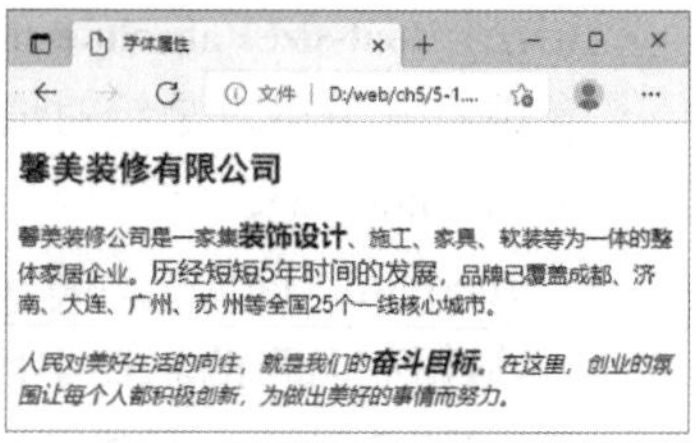

```
<!DOCTYPE html>
<html>
    <head>
        <meta charset="utf-8">
        <title>字体属性</title>
        <style type="text/css">
```

图 5-1 字体样式的显示效果

```
       h2 { font-family: 黑体;  /*设置字体类型*/ }
       p { font-family: Arial, "Times New Roman"; font-size: 12pt;  /*设置字体大小*/ }
       .one { font-weight: bold;        /*设置字体为粗体*/ font-size: 20px; }
       .two { font-weight: 400;         /*设置字体为 400 粗细*/ font-size: 20px; }
       .three { font-weight: 900;       /*设置字体为 900 粗细*/ font-size: 20px; }
       p.italic { font-style: italic;    /*设置斜体*/ }
    </style>
  </head>
  <body>
       <h2>馨美装修有限公司</h2>
       <p>馨美装修公司是一家集<span class="one">装饰设计</span>、施工、家具、软装等为一体的整
体家居企业。<span class="two">历经短短 5 年时间的发展</span>，品牌已覆盖成都、济南、大连、广 州、苏 州等全国 25
个一线核心城市。</p>
       <p class="italic">人民对美好生活的向往，就是我们的<span class="three">奋斗目标
</span>。在这里，创业的氛围让每个人都积极创新，为做出美好的事情而努力。</p>
  </body>
</html>
```

【说明】大多数操作系统和浏览器还不能很好地实现非常精细的文本加粗设置，通常只能
设置"正常"（normal）和"加粗"（bold）两种粗细。

5.2 CSS3 文本属性

文本属性包括文本对齐方式、行高、文本修饰、段落首行缩进、首字下沉、文本截断、文
本换行、文本颜色及背景色等。字体属性主要涉及文字本身的效果，而文本属性主要涉及多个
文字的排版效果。

5.2.1 文本颜色属性 color

color 属性设置文本的颜色。

语法：**color: color**

参数：color 指定颜色，颜色取值前面已经介绍过，颜色值可以使用多种书写方式，可以
用颜色英文名称，也可以用十六进制数，还可以是 rgb 函数。

说明：有些颜色英文名称不被一些浏览器接受。

示例：

```
div {color: red; }            /*颜色值为颜色英文名称*/
div {color: #000000; }        /*颜色值为十六进制数*/
div { color: rgb(0,0,255); }   /*颜色值为 rgb 函数*/
div{ color: rgb(0%,0%,80%);}   /*颜色值为 rgb 百分数*/
```

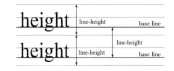

5.2.2 行高属性 line-height

line-height 属性设置元素的行高，即字体底端与字体内部顶
端之间的距离，如图 5-2 所示。

图 5-2　行高示意图

语法：**line-height : length | normal | inherit**

参数：length 为由百分比数字或由数值、单位标识符组成的长度值，允许为负值；其百分
比取值基于字体的高度尺寸。normal 为默认行高。inherit 为从父元素继承 line-height 设置。

说明：如果行内包含多个对象，则应用最大行高。此时行高不可为负值。

示例：

```
div {line-height:6px; }
div {line-height:10.5; }
```

```
p { line-height:100px; }
```

5.2.3 文本水平对齐方式属性 text-align

使用 text-align 属性可以设置元素中文本的水平对齐方式。

语法：text-align : left | right | center | justify

参数：left 为左对齐，right 为右对齐，center 为居中，justify 为两端对齐。

示例：

```
div { text-align : center; }
```

5.2.4 为文本添加修饰属性 text-decoration

使用 CSS 样式可以对文本进行简单的修饰，text 属性所提供的 text-decoration 属性可实现文本加下划线、顶线、删除线及文本闪烁等效果。

语法：text-decoration : none | underline | blink | overline | line-through

参数：none 为无装饰。underline 为下划线，blink 为闪烁，overline 为上划线，line-through 为删除线。

说明：text-decoration 属性定义添加到文本的修饰，包括下划线、上划线、删除线等。有些元素默认具有某种修饰，如 a 元素中的文本默认值为 underline，可以使用本属性改变修饰。如果应用的对象不是文本，则此属性不起作用。

示例：

```
div { text-decoration : underline; }
a { text-decoration : underline overline; }
```

5.2.5 段落首行缩进属性 text-indent

段落首行缩进指的是段落的第一行从左向右缩进一定的距离，而首行以外的其他行保持不变，其目的是便于阅读和区分文章整体结构。text-indent 属性用于设置文本块首行文本的缩进。可以为所有块级元素应用 text-indent，但不能应用于行级元素。如果想把一个行级元素的第一行缩进，可以用左内边距或外边距创造这种效果。

语法：text-indent : length

参数：length 为百分比数字或由浮点数字、单位标识符组成的长度值，允许为负值。它的属性可以是固定的长度值，也可以是相对于父元素宽度的百分比，默认值为 0。

示例：

```
div { text-indent : -5px; }
div { text-indent : underline 10%; }
```

5.2.6 文本的阴影属性 text-shadow

text-shadow 设置对象中文本的文字是否有阴影及模糊效果。普通文本默认是没有阴影的。

语法：text-shadow : x_position_length || y_position_length || blur || color

参数：text-shadow 有以下 4 个属性。

- x_position_length：表示阴影在 x 轴方向向右偏移的距离，可为负值，负值表示向左偏移。

- y_position_length：表示阴影在 y 轴方向向下偏移的距离，可为负值，负值表示向上偏移。
- blur：指定模糊效果的作用距离，不可为负值。如果仅仅需要模糊效果，则将前两个 length 全部设定为 0。模糊的距离越大，模糊的程度也越大。
- color：表示阴影的颜色。

4 个参数中，x_position_length 和 y_position_length 是必需的。

说明：每个阴影有两个或三个长度值和一个可选的颜色值来规定。省略的长度是 0。可以设定多组阴影效果，这时属性值用逗号分隔每组的阴影列表。其中，语法格式中各参数之间的双竖线"||"表示分开的多个参数选项可以选取多项。

示例：

```
p { text-shadow: 0px 0px 20px yellow, 0px 0px 10px orange, red 5px -5px; }
p:first-letter { font-size: 36px; color: red; text-shadow: red 0px 0px 5px;}
```

5.2.7　元素内部的空白属性 white-space

white-space 属性设置元素内空白的处理方式。

语法：**white-space : normal | pre | nowrap**

参数：normal 是默认处理方式。pre 用等宽字体显示预先格式化样式的文本，不合并字间的空白距离和进行两端对齐，空白被浏览器保留，等同 pre 元素。nowrap 强制在同一行内显示所有文本，直到文本结束或遭遇 br 对象为止，参阅 td、div 等对象的 nowrap 属性。

示例：

```
p { white-space: nowrap; }
```

5.2.8　文本的截断效果属性 text-overflow

text-overflow 属性可以实现文本的截断效果。本属性需要配合 overflow:hidden 和 white-space:nowrap 才能生效。

语法：**text-overflow : clip | ellipsis**

参数：clip 定义简单的裁切，不显示省略标记（…）。ellipsis 定义当文本溢出时显示省略标记。

示例：

```
div { text-overflow : clip; white-space:nowrap; overflow:
hidden; }
```

例 5-2

【例 5-2】 设置文本样式示例。本例文件 5-2.html 在浏览器中的显示效果如图 5-3 所示。

```
<!DOCTYPE html>
<html>
    <head>
        <meta charset="utf-8">
        <title>设置文本样式综合案例</title>
        <style type="text/css">
            h1 {
                font-family: 黑体; /*设置字体类型*/
                text-align: center;/*文本居中对齐*/
            }
            p {
                font-family: Arial, "Times New Roman";
```

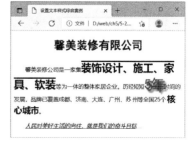

图 5-3　文本样式示例

```
                    font-size: 12pt;                    /*设置字体大小*/
                    text-indent: 2em;                   /*段落首行缩进 2 个父元素的宽度*/
                }
                .one {
                    font-weight: bold;                  /*设置字体为粗体*/
                    font-size: 30px;
                    text-decoration: overline;          /*设置上划线*/
                }
                .two {
                    font-weight: 400;                   /*设置字体为 400 粗细*/
                    font-size: 36px;
                    color: green;                       /*绿色文字*/
                    text-shadow: 5px 5px 3px, 10px 10px 5px gray;    /*文字阴影*/
                }
                .three {
                    font-weight: 900;                   /*设置字体为 900 粗细*/
                    font-size: 24px;
                }
                p.bottom {
                    font-style: italic;                 /*设置斜体*/
                    text-decoration: underline;         /*设置下划线*/
                    width: 380px;                       /*设置裁切的宽度*/
                    height: 30px;                       /*设置裁切的高度*/
                    overflow: hidden;                   /*溢出隐藏*/
                    white-space: nowrap;                /*强制文本在一行内显示*/
                    text-overflow: ellipsis;            /*当文本溢出时显示省略标记*/
                }
            </style>
        </head>
        <body>
            <h1>馨美装修有限公司</h1>
            <p>馨美装修公司是一家集<span class="one">装饰设计、施工、家具、软装</span>等为一体的整
体家居企业。历经短短<span class="two">5 年</span>时间的发展，品牌已覆盖成都、济南、大连、广州、苏 州等全国 25
个<span class="three">核心城市</span>。</p>
            <p class="bottom">人民对美好生活的向往，就是我们的奋斗目标。在这里，创业的氛围让每个人都
积极创新，为做出美好的事情而努力。</p>
        </body>
    </html>
```

【说明】text-indent 属性的值是长度，为了缩进两个汉字的距离，常用的距离是"2em"。1em 等于一个中文字符，两个英文字符相当于一个中文字符。因此，如果需要英文段落的首行缩进两个英文字符，需设置"text-indent:1em;"。

5.3 CSS3 背景属性

网页背景是网页设计的重要因素之一，不同类型的网站有不同的背景和基调。CSS 有非常丰富的背景属性。CSS 允许为任何元素添加纯色背景，也允许使用图像作为背景。背景属性在命名时，使用"background-"前缀。

5.3.1 背景颜色属性 background-color

background-color 属性用于设置背景颜色，可以设置任何有效的颜色值。

语法： background-color : color | transparent

参数：color 指定颜色，颜色取值前面已经介绍过，颜色值可以使用多种书写方式，例如，用颜色英文名，用十六进制数，或者用 rgb 函数。transparent 表示透明色，也是浏览器的默认值。

说明：background-color 不能继承，默认值是 transparent，如果一个元素没有指定背景色，那么默认背景色为 transparent（透明色），这样才能看见其父元素的背景。

示例：设置元素的背景颜色属性。

```
p { background-color: silver; }
div { background-color: rgb(223,71,177);}
body { background-color: #98AB6F; }
pre { background-color: transparent; }
```

【例 5-3】 设置元素的背景颜色示例。本例文件 5-3.html 在浏览器中的显示效果如图 5-4 所示。

```
<!DOCTYPE html>
<html>
    <head>
        <meta charset="utf-8">
        <title>设置背景色</title>
        <style type="text/css">
            h1 { /*标题 1 的背景色*/ background-color:#eee;}
            p { /*段落的背景色*/ background-color: cyan;}
        </style>
    </head>
    <body style="background: ivory;">  <!--设置整个网页的背景色-->
        <h1>馨美装修有限公司</h1>
        <p>馨美装修公司是一家集装饰设计、施工、家具、软装……（此处省略文字）</p>
        <p style="background-color: pink;">人民对美好生活的向往……（此处省略文字）</p>
    </body>
</html>
```

图 5-4　背景颜色示例

5.3.2　背景图像属性 background-image

background-image 可以设置背景图像，还可以设置线性渐变等效果。

语法：**background-image : none | url(url), url(url),… | linear-gradient | radial-gradient | repeating-linear-gradient | repeating-radial-gradient**

参数：默认值为 none，表示不加载图像，无背景图。其他参数说明如下。

- url：设置要插入背景图像的路径，使用绝对地址或相对地址指定背景图像。CSS3 之前每个元素只能设置一个背景，如果同时指定背景颜色和背景图像，背景图像会覆盖背景颜色。CSS3 允许为元素使用多个背景图像，多个 url 属性值之间用逗号分隔。
- linear-gradient：使用线性渐变创建背景图像。
- radial-gradient：使用径向（放射性）渐变创建背景图像。
- repeating-linear-gradient：使用重复的线性渐变创建背景图像。
- repeating-radial-gradient：使用重复的径向（放射性）渐变创建背景图像。

说明：如果设置了 background-image，那么同时也建议设置 background-color 用于当背景图像不可见时保持与文本有一定的对比效果。

若把图像添加到整个浏览器窗口，可以将其添加到<body>标签中。对于块级元素，则从元素的左上角开始放置背景图像，并沿着 x 轴和 y 轴平铺，占满元素的全部尺寸。通常要配合 background-repeat 控制图像的平铺。

如果网页中某元素同时具有 background-image 属性和 background-color 属性，那么 background-image 属性优先于 background-color 属性，即背景图像覆盖于背景颜色之上。

【例 5-4】 设置背景图像示例。本例文件 5-4.html 在浏览器中的显示效果如图 5-5 所示。

```html
<!DOCTYPE html>
<html>
    <head>
        <meta charset="utf-8">
        <title>设置背景图像</title>
        <style type="text/css">
            body { /*整个网页的背景图像*/
                background-image: url(images/flower.png);
            }
            div { /*分区的背景图像*/
                background-image: url(images/home.jpg);
                width: 400px;
                height: 250px;
                border: 2px dashed cyan;
            }
        </style>
    </head>
    <body>
        <div>馨美装修精品赏析</div>
    </body>
</html>
```

图 5-5　背景图像示例

5.3.3　重复背景图像属性 background-repeat

background-repeat 属性的主要作用是设置背景图像以何种方式在网页中显示。通过背景重复，使用很小的图像就可以填充整个页面，有效地减少图像字节的大小。

在默认情况下，图像会自动向水平和竖直两个方向平铺。如果不希望平铺，或者只希望沿着一个方向平铺，则可以使用 background-repeat 属性来控制。

语法： **background-repeat : repeat | no-repeat | repeat-x | repeat-y**

参数： repeat 表示背景图像在水平和垂直方向平铺，是默认值；no-repeat 表示背景图像不平铺；repeat-x 表示背景图像在水平方向平铺；repeat-y 表示背景图像在垂直方向平铺。

说明： 设置对象的背景图像是否平铺及如何平铺，必须先指定对象的背景图像。

示例： 设置表格或段落的背景图片重复属性。

```css
table { background: url("images/buttondark.gif"); background-repeat: repeat-y; }
p { background: url("images/rose.gif"); background-repeat: no-repeat; }
```

【例 5-5】 设置重复背景图像示例。本例文件 5-5a.html、5-5b.html、5-5c.html、5-5d.html 在浏览器中的显示效果如图 5-6 所示。

　　　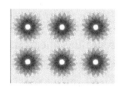

背景图像不重复　　　　背景图像水平重复　　　　背景图像垂直重复　　　　背景图像重复

图 5-6　背景图像的显示效果

背景图像不重复的 CSS 定义代码如下。

```css
body{background-color:beige;background-image:url(images/flower.png);background-repeat:no-repeat;}
```

背景图像水平重复的 CSS 定义代码如下。

```css
body {background-color: beige;background-image:url(images/flower.png);background-repeat:repeat-x;}
```

背景图像垂直重复的 CSS 定义代码如下。

```
body {background-color: beige;background-image:url(images/flower.png);background-repeat:
repeat-y;}
```

背景图像重复的 CSS 定义代码如下。

```
body {background-color: beige;background-image:url(images/flower.png);background-repeat:
repeat;}
```

5.3.4　固定背景图像属性 background-attachment

如果希望背景图像固定在屏幕的某一位置，不随着滚动条移动，则可以使用 background-attachment 属性来设置。

语法：**background-attachment : scroll | fixed**

参数：background-attachment 属性有两个属性值，其中，scroll 设置图像随页面元素一起滚动（默认值），fixed 设置图像固定在屏幕上，不随页面元素滚动。

说明：background-attachment 除了可以设置为 fixed 和 scroll 外，还可以设置为 inherit，表示继承父元素的 background-attachment 设置。

示例：设置检索背景图像是固定的。

```
html { background-image: url("rose.jpg"); background-attachment: fixed; }
```

5.3.5　背景图像位置属性 background-position

当在网页中插入背景图像时，插入图像的位置默认都是位于网页的左上角，可以通过 background-position 属性来改变图像的插入位置。

语法：**background-position : position position | length length**

参数：position 可取 top（将背景图像同元素的顶部对齐）、center（将背景图像相对于元素水平居中或垂直居中）、bottom（将背景图像同元素的底部对齐）、left（将背景图像同元素的左边对齐）、right（将背景图像同元素的右边对齐）之一。length 为百分比或由数字和单位标识符组成的长度值。

说明：background-position 设置背景图像原点的位置，如果图像需要平铺，则从这一点开始，默认值为左上角零点位置，这两个值用空格隔开，写作 0 0。它的值有以下 3 种写法。

- 位置参数：x 轴有 3 个参数，分别是 left、center、right；y 轴同样有 3 个参数，分别是 top、center、bottom。通常，x 轴和 y 轴参数各取一个组成属性值，如 left bottom 表示左下角，right top 表示右上角。如果只给定一个值，则另一个值默认为 center。
- 百分比：写为 x% y%，第一个表示 x 轴的位置，第二个表示 y 轴的位置，左上角为 0 0，右下角为 100% 100%。如果只指定了一个值，则该值用于横坐标 x，纵坐标 y 将默认为 50%。
- 长度：写为 xpos ypos，第一个表示 x 轴离原点的长度，第二个表示 y 轴离原点的长度。其单位可以是 px 等长度单位，也可以与百分比混合使用。

设置对象的背景图像位置时，必须先指定 background-image 属性，默认值为：(0% 0%)。

该属性定位不受对象的补丁（padding）属性设置的影响。

示例：

```
body { background: url("images/backpic.jpg"); background-position: top right; }
div { background: url("images/back.gif"); background-position: 30% 75%; }
```

```
table { background: url("images/back.gif"); background-position: 35% 2.5cm; }
a { background: url("images/backpic.jpg"); background-position: 5.25in; }
```

5.3.6 背景图像大小属性 background-size

在 CSS3 之前，背景图像的尺寸是由图像的实际尺寸决定的。在 CSS3 中，可以使用 background-size 属性设置背景图像的大小从而规定背景图像的尺寸。

语法：**background-size : [length | percentage | auto]{1,2} | cover | contain**

参数：auto 为默认值，保持背景图像的原始高度和宽度。length 设置具体的值，可以改变背景图像的大小。percentage 是百分值，可以是 0%～100%的任何值，但此值只能应用在块元素上，所设置百分值将使用背景图像大小根据所在元素的宽度的百分比来计算。

cover 将图像拉伸放大以适合铺满整个容器，但这种方法会使背景图像失真。contain 刚好与 cover 相反，用于将背景图像缩小以适合铺满整个容器，这种方法同样会使图像失真。

当 background-size 取值为 length 和 percentage 时可以设置两个值，也可以设置一个值，当只取一个值时，第二个值相当于 auto，但这里的 auto 并不会使背景图像的高度保持自己原始高度，而是会与第一个值相同。

说明：设置背景图像的大小时，若指定为百分比，则大小由所在父元素区域的宽度、高度决定，还可以通过 cover 和 contain 来对图像进行伸缩。

示例：

```
div{background:url(bg_flower.gif);background-size:  100px  80px;background-repeat:no-repeat;}
```

5.3.7 背景属性 background

background 是简写属性，可以在一个样式中将 background-color、background-image、background-repeat、background-attachment、background-position 全部设置，也可以省略其中的某几项。将这几项的属性值直接用空格拼接，作为 background 的属性值即可。还可以直接设置 inherit，从父元素继承。

语法：**background : background-color | background-image | background-repeat | background-attachment | background-position**

参数：该属性是复合属性。请参阅各参数对应的属性。默认值为 transparent none repeat scroll 0% 0%。

说明：如果使用该复合属性定义其单个参数，则其他参数的默认值将无条件覆盖各自对应的单个属性设置。

尽管该属性不可继承，但如果未指定，则其父对象的背景颜色和背景图像将在对象中显示。

示例：

```
body { background: url("images/bg.gif") repeat-y; }
div { background: red no-repeat scroll 5% 60%; }
caption { background: #ffff00 url("images/bg.gif") no-repeat 50% 50%; }
pre { background: url("images/bg.gif") top right; }
```

5.3.8 背景图像起点属性 background-origin

background-origin 属性值与 background-clip 属性值相同，都表示背景覆盖的起点，但在使用过程中，由于背景会横向纵向重复，像纯色的背景是看不出差别的，所以 background-origin 属性用于表示背景图像的起点。background-origin 属性规定 background-position 属性相对于什么位置来定位。如果背景图像的 background-attachment 属性为 fixed，则该属性没有效果。

语法：**background-origin: padding-box | border-box | content-box**

参数：border-box 设置背景图像起点在外边框的左上角。padding-box 设置背景图像起点在内边距框的左上角，是默认值。content-box 设置背景图像起点在内容框的左上角。边框示意图如图 5-7 所示。

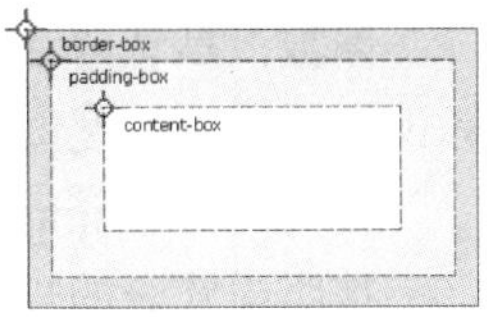

示例：相对于内容框 content-box 来定位背景图像。

图 5-7　边框示意图

```
div{ background-image: url('bg.jpg');
    background-repeat: no-repeat;
    background-position: 100% 100%;
    background-origin: content-box; }
```

【例 5-6】 背景图像起点属性示例。本例文件 5-6.html 在浏览器中的显示效果如图 5-8 所示。

```
<!DOCTYPE html>
<html>
    <head>
        <meta charset="utf-8">
        <title>background-origin 属性</title>
        <style type="text/css">
            div { text-align: center; border: 10px dashed #09f;
                background: url(images/flower.png) no-repeat;
                padding: 20px; margin: 20px;
                width: 200px; height: 100px; }
            .borderBox { background-origin: border-box }
            .paddingBox { background-origin: padding-box}
            .contentBox {background-origin: content-box}
        </style>
    </head>
    <body>
        <h3>CSS3 自定义背景图片起点</h3>
        <div class="borderBox">
            background-origin 属性规定背景图片起点，包含 border
        </div>
        <div class="paddingBox">
            background-origin 属性规定背景图片起点，包含 padding
        </div>
        <div class="contentBox">
            background-origin 属性规定背景图片起点，包含 content
        </div>
    </body>
</html>
```

图 5-8　页面显示效果

5.4　CSS3 尺寸属性

CSS 可以控制每个元素的宽度、最小宽度、最大宽度、高度、最小高度、最大高度。元素的大小通常是自动的，浏览器会根据内容计算出实际的宽度和高度。正常的元素默认值分别是 width=auto; height=auto。如果手动设置了宽度和高度，则可以定制元素的大小。宽度和高度都可以设置一个最小值与一个最大值，当测量的长度超过了定义的最小值或最大值时，则直接转换成最小值或最大值。取值方式可以是 CSS 允许的长度，如 24px；也可以是基于包含它的块级元素的百分比。

5.4.1 宽度属性 width

width 属性设置元素的宽度。

语法： **width : auto | length**

参数： 默认值 auto 无特殊定位，是 HTML 定位规则的宽度。Length 是由浮点数字和单位标识符组成的长度值或百分数。百分数是基于父级对象的宽度，不可为负数。

说明： 对于 img 对象来说，仅指定此属性，其 height 值将根据图像源尺寸等比例缩放。

按照样式表的规则，对象的实际宽度为其下列属性值之和（见图 5-9），即

```
margin-left + border-left + padding-left + width + padding-right + border-right +
margin-right
```

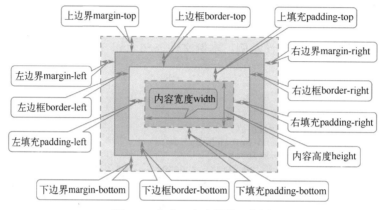

图 5-9 宽度、高度属性示意图

示例：

```
div { width: 1.5in; }
div { position:absolute; top:-3px; width:6px; }
```

5.4.2 高度属性 height

height 属性设置对象的高度。

语法： **height : auto | length**

参数： auto 与 length 的定义与 width 属性的参数一致。

按照样式表的规则，对象的实际高度为其下列属性值之和（见图 5-9），即

```
margin-top+border-top+padding-top+height+padding-bottom+border-bottom+margin-bottom
```

示例：

```
div { height: 2in; }
div { position:absolute; top:-2px; height:5px; }
```

5.4.3 最小宽度属性 min-width

min-width 属性设置元素的最小宽度。

语法： **min-width : none | length**

参数： none 默认无最小宽度限制。length 是由浮点数字和单位标识符组成的长度值或百分数，不可为负数。

说明： 如果 min-width 属性的值大于 max-width 属性的值，则会被自动转设为 max-width

属性的值。

示例：

```
p { min-width: 200px; }
```

5.4.4　最大宽度属性 max-width

max-width 属性设置元素的最大宽度。

语法： **max-width : none | length**

参数： none 默认无最大宽度限制。length 是由浮点数字和单位标识符组成的长度值或百分数，不可为负数。

说明： 如果 max-width 属性的值小于 min-width 属性的值，则会被自动转设为 min-width 属性的值。

示例：

```
p { max-width: 200%; }
```

5.4.5　最小高度属性 min-height

min-height 属性设置元素的最小高度。

语法： **min-height : none | length**

参数： none 默认无最小高度限制。length 是由浮点数字和单位标识符组成的长度值或百分数，不可为负数。

说明： 如果 min-height 属性的值大于 max-height 属性的值，则会被自动转设为 max-height 属性的值。

示例：

```
p { min-height: 200px; }
```

5.4.6　最大高度属性 max-height

max-height 属性设置元素的最大高度。

语法： **max-height : none | length**

参数： none 默认无最大高度限制。length 是由浮点数字和单位标识符组成的长度值或百分数，不可为负数。

说明： 如果 max-height 属性的值小于 min-height 属性的值，则会被自动转设为 min-height 属性的值。

示例：

```
p { max-height: 200%; }
```

【例 5-7】　设置图像尺寸属性的示例。本例文件
5-7.html 在浏览器中的显示效果如图 5-10 所示。

```
<!DOCTYPE html>
<html>
    <head>
        <meta charset="utf-8">
        <title>设置图像的尺寸</title>
        <style type="text/css">
            #box {
```

图 5-10　设置图像的尺寸

```
            padding: 10px;
            width: 750px;
            height: 250px;
            border: 2px dashed #fd8e47;
        }
        img.test1 {
            width: 30%;          /* 相对宽度为 30% */
            height: 40%;         /* 相对高度为 40% */
        }
        img.test2 {
            width: 100px;        /* 绝对宽度为 100px */
            height: 150px;       /* 绝对高度为 150px */
        }
    </style>
</head>
<body>
    <div id="box">
        <img src="images/home.jpg">                    <!--图片的原始大小-->
        <img src="images/home.jpg" class="test1">   <!--相对于父元素缩放的大小-->
        <img src="images/home.jpg" class="test2">   <!--绝对像素缩放的大小-->
    </div>
</body>
</html>
```

5.5 CSS3 列表属性

列表属性用于改变列表项标记，在 CSS 样式中，主要是通过 list-style-type、list-style-image 和 list-style-position 这 3 个属性改变列表修饰符的类型。

5.5.1 图像作为列表项的标记属性 list-style-image

除了传统的项目符号，CSS 还提供了 list-style-image 属性，它可以将项目符号显示为任意图像。list-style-image 属性设置将一个图像作为列表项的标记。

语法：**list-style-image : none | url (url) | inherit**

参数：none 默认不显示图像。url 使用绝对地址或相对地址指定背景图像。inherit 从父元素继承属性，部分浏览器不支持此属性。

说明：若 list-style-image 属性为 none 或指定图像不可用时，list-style-type 属性会替代 list-style-image 属性对列表产生作用。

图像相对于列表项内容的放置位置通常使用 list-style-position 属性控制。

示例：

```
    ul.out { list-style-position: outside; list-style-image: url("images/it.gif"); }
```

5.5.2 列表项标记的位置属性 list-style-position

list-style-position 属性设置列表项标记的位置，即设置作为对象的列表项标记如何根据文本排列。

语法：**list-style-position : outside | inside**

参数：outside 设置列表项目标记放在文本以外，且环绕文本不根据标记对齐。inside 设置列表项目标记放在文本以内，且环绕文本根据标记对齐。

说明：仅作用于具有 display 值等于 list-item 的对象（如 li 对象）。

注意：ol 对象和 ul 对象的 type 特性为其后的所有列表项目（如 li 对象）指明列表属性。
示例：

```
ul.in { display: list-item; list-style-position: inside; }
```

5.5.3　标记的类型属性 list-style-type

list-style-type 属性设置元素的列表项所使用的预设标记。

语法：**list-style-type : disc | circle | square | decimal | lower-roman | upper-roman | lower-alpha | upper-alpha | none | armenian | cjk-ideographic | georgian | lower-greek | hebrew | hiragana | hiragana-iroha | katakana | katakana-iroha | lower-latin | upper-latin**

参数：通常，项目列表主要采用<ul>或<ol>标签，然后配合<li>标签罗列各个项目。在 CSS 样式中，列表项的标记类型是通过属性 list-style-type 来修改的，无论是<ul>标签还是<ol>标签，都可以使用相同的属性值，而且效果是完全相同的。

list-style-type 属性主要用于修改列表项的标记类型，例如，在一个无序列表中，列表项的标记是出现在各列表项旁边的圆点，而在有序列表中，标记可能是字母、数字或其他符号。

当给<ul>或<ol>标签设置 list-style-type 属性时，在它们中间的所有<li>标签都采用该设置，而如果对<li>标签单独设置 list-style-type 属性，则仅仅作用在该项目上。当 list-style-image 属性为 none 或指定的图像不可用时，list-style-type 属性将发生作用。

常用的 list-style-type 属性值见表 5-1。

表 5-1　常用的 list-style-type 属性值

属 性 值	描　　　述
disc	默认值，标记是实心圆
circle	标记是空心圆
square	标记是实心正方形
decimal	标记是阿拉伯数字
lower-roman	标记是小写罗马字母，如 i , ii ,iii ,iv , v ,vi ,vii ,…
upper-roman	标记是大写罗马字母，如 I , II ,III,IV, V ,VI,VII,…
lower-alpha	标记是小写英文字母，如 a,b,c,d,e,f,…
upper-alpha	标记是大写英文字母，如 A,B,C,D,E,F,…
none	不显示任何符号

说明：当 list-style-image 属性为 none 或指定图像不可用时，list-style-type 属性将起作用，仅作用于具有 display 值等于 list-item 的对象（如 li 对象）。

当选用背景图像作为列表修饰时，list-style-type 属性和 list-style-image 属性都要设置为 none。

示例：

```
li { list-style-type: square }
```

5.5.4　列表简写属性 list-style

list-style 属性是列表的简写属性或称复合属性，可以把关于列表的所有属性值都写在这个属性中，也可以省略某几项。

语法：**list-style : list-style-type | list-style-position | list-style-image**

参数：可以按顺序设置属性 list-style-type、list-style-position、list-style-image，属性值之间用空格拼接。也可以直接设置为 inherit，从父元素继承。

示例：

```
li { list-style: url(images/sqpurple.gif), inside, circle; }
ul { list-style: outside, upper-roman; }
ol { list-style: square; }
```

【例 5-8】 设置列表类型，本例文件 5-8.html 在浏览器中的显示效果如图 5-11 所示。

```
<!DOCTYPE html>
<html>
    <head>
        <meta charset="utf-8">
        <title>设置列表类型</title>
        <style>
            body {
                background-color: ivory;
            }
            ul {
                font-size: 1.5em;
                color: blue;
                list-style-type: square;        /* 标记是实心正方形*/
            }
            li.special {
                list-style-type: circle;        /* 标记是空心圆形*/
            }
        </style>
    </head>
    <body>
        <h2>装修风格</h2>
        <ul>
            <li>国风风格</li>
            <li>简约风格</li>
            <li class="special">欧式风格</li>
            <li>田园风格</li>
        </ul>
    </body>
</html>
```

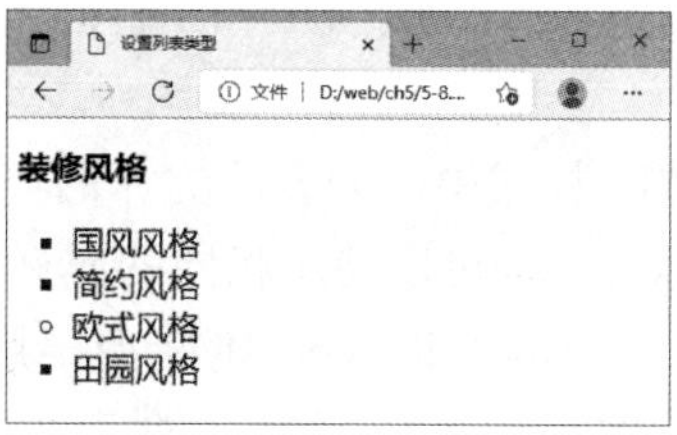

图 5-11　设置列表类型

如果希望项目符号采用图像的方式，建议将 list-style-type 属性设置为 none，然后修改<li>标签的背景属性 background 来实现。

【例 5-9】 设置列表项图像。本例文件 5-9.html 在浏览器中的显示效果如图 5-12 所示。

```
<!DOCTYPE html>
<html>
    <head>
        <meta charset="utf-8">
        <title>设置列表项图像</title>
        <style>
            body {
                background-color: ivory;
            }
            ul {
                font-size: 1.5em;
                color: blue;
                list-style-image: url(images/smilingface.gif);   /*设置列表项图像*/
            }
            .img_fault {
                list-style-image: url(images/fault.gif);/*图像错误的URL，不能正确显示*/
            }
```

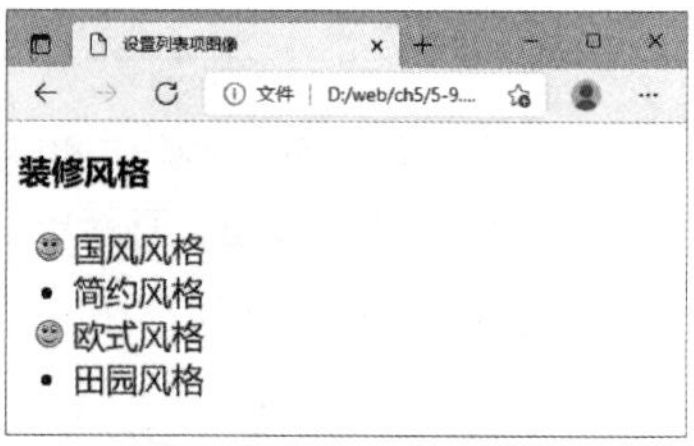

图 5-12　设置列表项图像

```
        .img_none {
            list-style-image: none; /*设置列表项图像为不显示，所以没有图像显示*/
        }
    </style>
</head>
<body>
    <h2>装修风格</h2>
    <ul>
        <li>国风风格</li>
        <li class="img_fault">简约风格</li>
        <li>欧式风格</li>
        <li class="img_none">田园风格</li>
    </ul>
</body>
</html>
```

【说明】

① 页面预览后可以清楚地看到，当 list-style-image 属性设置为 none 或者设置的图像路径出错时，list-style-type 属性会替代 list-style-image 属性对列表产生作用。

② 虽然使用 list-style-image 很容易实现设置列表项图像的目的，但是也失去了一些常用特性。list-style-image 属性不能够精确控制图像替换的项目符号距文字的位置，在这个方面不如 background-image 灵活。

【例 5-10】 使用背景图像替代列表项标记示例。本例文件 5-10.html 在浏览器中的显示效果如图 5-13 所示。

```
<!DOCTYPE html>
<html>
    <head>
        <meta charset="utf-8">
        <title></title>
        <style type="text/css">
            body {
                background-color: ivory;
            }
            ul {
                font-size: 1.5em;
                color: blue;
                list-style-type:none;      /*设置列表类型为不显示任何符号*/
            }
            li {
                padding-left: 30px;        /*设置左内边距，目的是为背景图像留出位置*/
                background: url(images/smilingface.gif) no-repeat left center;
                line-height:40px;          /*设置行高，避免行之间的内容拥挤*/
            }
        </style>
    </head>
    <body>
        <h2>装修风格</h2>
        <ul>
            <li>国风风格</li>
            <li>简约风格</li>
            <li>欧式风格</li>
            <li>田园风格</li>
        </ul>
    </body>
</html>
```

图 5-13　使用背景图像替代列表项标记

【说明】

① 在设置背景图像替代列表修饰符时，必须确定背景图像的宽度。本例中的背景图像宽度为 20px，因此，CSS 代码中的 "padding-left:30px;" 设置左内边距为 30px，目的是为背景图

像留出位置。

② 如果希望项目符号采用图像的方式，建议将 list-style-type 属性设置为 none，然后修改 <li>标签的背景属性 background 来实现。

5.6　CSS3 表格属性

CSS 表格属性用于改善表格的外观，方便排出美观的页面。

5.6.1　合并边框属性 border-collapse

border-collapse 属性设置表格中行的边框是与单元格的边框是合并在一起，还是按照标准的 HTML 样式分开，分别有各自的边框。

语法：border-collapse : separate | collapse

参数：separate 是默认值，边框分开，不合并。collapse 表示边框合并，即如果两个边框相邻，则共同使用一个边框。

说明：表格的默认样式虽然有立体的感觉，但它在整体布局中并不是很美观。通常情况下，会把表格的 border-collapse 属性设置为 collapse（边框合并），然后设置表格单元格 td 的 border（边框）为 1px，即可显示细线表格的样式。

示例：

```
table { border-collapse: separate; }
```

5.6.2　边框间隔属性 border-spacing

border-spacing 属性设置当表格边框独立时，行和单元格的边框在横向和纵向上的间距，即设置相邻单元格边框间的距离。

语法：border-spacing : length | length

参数：由浮点数字和单位标识符组成的长度值，不可为负值。当只指定一个 length 值时，表示横向和纵向间距都用这个长度；当指定两个 length 值时，第 1 个表示横向间距，第 2 个表示纵向间距。

说明：该属性用于设置当表格边框独立（border-collapse 属性为 separate）时，单元格的边框在横向和纵向上的间距。

示例：

```
table { border-collapse: separate; border-spacing: 10px; }
```

5.6.3　标题位置属性 caption-side

caption-side 属性设置表格的标题（caption 元素）的位置在表格的哪一边。

语法：caption-side : bottom | left | right | top

参数：默认值为 top，表示标题在表格的上方。bottom 表示标题在表格的下方。多数浏览器不支持 left（标题在左边）、right（标题在右边）。

说明：该属性设置表格的 caption 元素是在表格的哪一边，是与 caption 元素一起使用的属性。

示例：

```
table caption { caption-side: top; width: auto; text-align: left; }
```

5.6.4　单元格无内容显示方式属性 empty-cells

empty-cells 属性设置当表格的单元格无内容时，是否显示该单元格的边框。

语法：empty-cells : hide | show

参数：show 是默认值，表示当表格的单元格无内容时显示单元格的边框。hide 表示当表格的单元格无内容时隐藏单元格的边框。

说明：只有当表格边框独立（如 border-collapse 属性为 separate）时，该属性才起作用。

【例 5-11】 使用 border-spacing 属性设置表格属性。本例文件 5-11.html 在浏览器中的显示效果如图 5-14 所示。

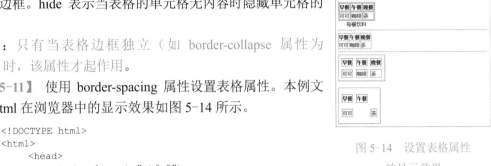

图 5-14　设置表格属性
的显示效果

```
<!DOCTYPE html>
<html>
    <head>
        <meta charset="utf-8">
        <title>设置表格属性</title>
        <style type="text/css">
            table.one { border-collapse: separate;        /*表格边框独立*/
                    border-spacing: 10px;                  /*单元格水平、垂直距离均为10px*/ }
            table.two { border-collapse: separate;         /*表格边框独立*/
                    border-spacing: 10px 20px;      /*单元格水平距离为 10px、垂直距离为 20px*/
                    empty-cells: hide;              /*表格的单元格无内容时隐藏单元格的边框*/ }
        </style>
    </head>
    <body>
        <table border="1" style="caption-side: bottom;">
            <caption>每餐饮料</caption>
            <tr>
                <th>早餐</th><th>午餐</th><th>晚餐</th>
            </tr>
            <tr>
                <td>可可</td><td>咖啡</td><td>茶</td>
            </tr>
        </table>
        <hr />
        <table border="1" style="border-collapse: collapse;border-spacing: 10px 20px;">
            <tr>
                <th>早餐</th><th>午餐</th><th>晚餐</th>
            </tr>
            <tr>
                <td>可可</td><td>咖啡</td><td>茶</td>
            </tr>
        </table>
        <hr />
        <table class="one" border="1">
            <tr>
                <th>早餐</th><th>午餐</th><th>晚餐</th>
            </tr>
            <tr>
                <td>可可</td><td>咖啡</td><td>茶</td>
            </tr>
        </table>
        <br />
        <table class="two" border="1">
```

```
            <tr>
                <th>早餐</th><th>午餐</th><th></th>
            </tr>
            <tr>
                <td>可可</td><td></td><td>茶</td>
            </tr>
        </table>
    </body>
</html>
```

5.6.5 案例——使用斑马线表格制作装修工程年度排行榜

当表格的行和列都很多时，单元格若采用相同的背景色，则用户在使用时会感到凌乱且容易看错行。一般的解决方法就是制作斑马线（即隔行换色）表格，可以减少错误率。

所谓斑马线表格，就是表格的奇数行和偶数行采用不同的样式，在行与行之间形成一种交替变换的效果。设计者只要给表格的奇数行和偶数行分别指定不同的类名，然后设置相应的样式就可以制作出斑马线表格。

【例 5-12】 使用斑马线表格制作装修工程年度排行榜。本例文件 5-12.html 在浏览器中的显示效果如图 5-15 所示。

例 5-12

```
<!DOCTYPE html>
<html>
    <head>
        <meta charset="utf-8">
        <title>斑马线表格</title>
        <style type="text/css">
            table {
                border: 1px solid #000000;
                font: 12px/1.5em "宋体";
                border-collapse: collapse;    /*合并单元格边框*/
            }
            caption {
                text-align: center;           /*设置标题信息居中显示 */
            }
            th { /*设置表头的样式（表头文字颜色、边框、背景色）*/
                color: #F4F4F4;
                border: 1px solid #000000;
                background: #328aa4;
            }
            td { /*设置所有td内容单元格的文字居中显示，并添加黑色边框和背景颜色*/
                text-align: center;
                border: 1px solid #000000;
                background: #e5f1f4;
            }
            .tr_bg td {      /*通过 tr 标签的类名修改相对应的单元格背景颜色 */
                background: #FDFBCC;
            }
        </style>
    </head>
    <body>
        <table width="400" border="0">
            <caption>装修工程年度排行榜</caption>
            <tr><th>工程编号</th><th>装修风格</th><th>报价</th><th>数量</th></tr>
            <tr><td>001</td><td>国风装修</td><td>360000</td><td>8</td></tr>
            <tr class="tr_bg"><td>002</td><td>简约装修</td><td>330000</td><td>7</td></tr>
            <tr><td>003</td><td>欧式装修</td><td>390000</td><td>6</td></tr>
            <tr class="tr_bg"><td>004</td><td>田园装修</td><td>380000</td><td>5</td></tr>
        </table>
    </body>
</html>
```

图 5-15 斑马线表格

5.7　CSS3 属性的应用

本节介绍 CSS 属性在图像、表单、链接、导航菜单中的应用。

5.7.1　设置图像样式

在 HTML 中，读者已经学习过图像元素的基本知识。图像即 img 元素，作为 HTML 的一个独立对象，需要占据一定的空间。因此，img 元素在页面中的风格样式仍然可以使用盒模型来设计。通过 CSS 统一管理，不但可以更加精确地调整图像的各种属性，还可以实现很多特殊的效果。CSS 样式中有关图像控制的常用属性见表 5-2。

表 5-2　图像控制的常用属性

属　　性	描　　述
width、height	设置图像的缩放
border	设置图像边框样式
opacity	设置图像的不透明度
background-image	设置背景图像
background-repeat	设置背景图像重复方式
background-position	设置背景图像定位
background-attachment	设置背景图像固定
background-size	设置背景图像大小

1. 图像缩放

使用 CSS 样式控制图像的大小，可以通过 width 和 height 两个属性来实现。需要注意的是，当 width 和 height 两个属性的取值使用百分比数值时，它是相对于父元素而言的。如果将这两个属性设置为相对于 body 的宽度或高度，就可以实现当浏览器窗口改变时，图像大小也发生相应变化的效果。

2. 图像边框

图像边框就是利用 border 属性作用于图像元素而呈现的效果。在 HTML 中可以直接通过 <img>标签的 border 属性值为图像添加边框，属性值为边框的粗细，以像素为单位。当设置 border 属性值为 0 时，则显示为没有边框。示例代码如下。

```
<img src="images/home.jpg" border="0">  <!--显示为没有边框-->
<img src="images/home.jpg" border="1">  <!--设置边框的粗细为1px-->
<img src="images/home.jpg" border="2">  <!--设置边框的粗细为2px -->
<img src="images/home.jpg" border="3">  <!--设置边框的粗细为3px -->
```

通过浏览器的解析，图像边框的粗细从左至右依次递增，效果如图 5-16 所示。

图 5-16　图像边框的粗细效果

然而使用这种方法存在很大的局限性，即所有的边框都只能是黑色，而且风格单一，都是实线，只能在边框粗细上进行调整。

如果希望更换边框的颜色，或者换成虚线边框，仅仅依靠 HTML 是无法实现的。下面的实例讲解如何用 CSS 样式美化图像的边框。

【例 5-13】 设置图像边框示例。本例文件 5-13.html 在浏览器中的显示效果如图 5-17 所示。

图 5-17 图像边框示例

```html
<!DOCTYPE html>
<html>
    <head>
        <meta charset="utf-8">
        <title></title>
        <style type="text/css">
            .test1 {
                border-style: dotted;      /*点画线边框*/
                border-color: #fd8e47;     /*边框颜色为橘红色*/
                border-width: 4px;         /*边框粗细为4px*/
                margin: 5px;
            }
            .test2 {
                border-style: dashed;      /*虚线边框 */
                border-color: blue;        /*边框颜色为蓝色*/
                border-width: 2px;         /*边框粗细为2px*/
                margin: 5px;
            }
            .test3 {
                border-style: solid dotted dashed double;
                /*四周线型依次为实线、点画线、虚线和双线边框*/
                border-color: red green blue purple;
                /*四周颜色依次为红色、绿色、蓝色和紫色*/
                border-width: 1px 5px 10px 15px;
                /*四周边框粗细依次为1px、5px、10px和15px*/
                margin: 5px;
            }
        </style>
    </head>
    <body>
        <img src="images/home.jpg" class="test1">
        <img src="images/home.jpg" class="test2">
        <img src="images/home.jpg" class="test3">
    </body>
</html>
```

【说明】如果希望分别设置 4 条边框的不同样式，在 CSS 中也是可以实现的，只要分别设定 border-left、border-right、border-top 和 border-bottom 的样式即可，依次对应左、右、上、下 4 条边框。

3. 图像的不透明度

在 CSS3 中，使用 opacity 属性能够使图像呈现出不同的透明效果。

语法：opacity: value | inherit

参数： value 表示不透明度的值，是一个介于 0～1 的浮点数值。其中，0 表示完全透明，1 表示完全不透明（默认值），0.5 表示半透明。inherit 表示 opacity 属性的值从父元素继承。

【例 5-14】 设置图像的不透明度示例。本例文件 5-14.html 在浏览器中的显示效果如图 5-18 所示。

图 5-18 图像不透明度示例

```html
<!DOCTYPE html>
<html>
    <head>
        <meta charset="utf-8">
        <title>设置图像的不透明度</title>
        <style type="text/css">
            #boxwrap {
                width: 1210px;
                margin: 10px auto;
                border: 2px dashed #fd8e47;
            }
            img:first-child { opacity: 1; }
            img:nth-child(2) { opacity: 0.6; }
            img:nth-child(3) { opacity: 0.2; }
        </style>
    </head>
    <body>
        <div id="boxwrap">
            <img src="images/home.jpg">
            <img src="images/home.jpg">
            <img src="images/home.jpg">
        </div>
    </body>
</html>
```

5.7.2 设置表单样式

在前面章节中讲解的表单设计大多采用表格布局，这种布局方法对表单元素的样式控制很少，仅局限于功能上的实现。本小节主要讲解如何使用 CSS 样式控制和美化表单。

表单中常用的元素包括文本域、单选按钮、复选框、下拉菜单和按钮等。

文本域主要用于采集用户在其中编辑的文字信息，通过 CSS 样式可以对文本域内的字体、颜色及背景图像加以控制。按钮主要用于控制网页中的表单，通过 CSS 样式可以对按钮的字体、颜色、边框及背景图像加以控制。

【例 5-15】 使用 CSS 样式美化常用的表单元素，制作"馨美装修"用户调查页面。本例文件 5-15.html 在浏览器中的显示效果如图 5-19 所示。

图 5-19 页面显示效果

```
<!DOCTYPE html>
<html>
    <head>
        <meta charset="utf-8">
        <title>使用 CSS 样式美化常用的表单元素</title>
        <style type="text/css">
            form {    /* 表单设置 */
                border: 1px dashed #00008B;
                padding: 1px 6px 1px 6px;
                margin: 0px;
                font: 14px Arial;
            }
            input {    /* 所有 input 标记 */
                color: #00008B;
            }
            input.txt {    /* 文本框单独设置 */
                border: 1px solid #00008B;
                padding: 2px 0px 2px 16px;
                background: url(images/username_bg.jpg) no-repeat left center;
            }
            input.btn {    /* 按钮单独设置 */
                color: #00008B;
                background-color: #ADD8E6;
                border: 1px solid #00008B;
                padding: 1px 2px 1px 2px;
            }
            select {    /* 下拉菜单单独设置 */
                width: 120px;
                color: #00008B;
                border: 1px solid #00008B;
            }
            textarea {    /* 多行文本框单独设置 */
                width: 300px;
                height: 60px;
                color: #00008B;
                border: 4px double #00008B;
            }
        </style>
    </head>
    <body>
        <h1 align="center">馨美装修用户调查</h1>
        <form method="post">
            <p>姓名:<br><input type="text" name="name" id="name" class="txt"></p>
            <p>性别:<br>
                <input type="radio" name="sex" id="male" value="male">男
                <input type="radio" name="sex" id="female" value="female">女</p>
            <p>你最喜欢的装修风格:<br>
                <select name="style" id="style">
                    <option value="1">国风风格</option>
                    <option value="2">简约风格</option>
                    <option value="3">欧式风格</option>
                    <option value="4">田园风格</option>
                </select>
            </p>
            <p>你认为提升服务质量的好方法是:<br>
                <input type="checkbox" name="service" id="s1" value="s1">产品体验
                <input type="checkbox" name="service" id="s2" value="s2">现场讲座
                <input type="checkbox" name="service" id="s3" value="s3">社区交流</p>
            <p>留言:<br><textarea name="comments" id="comments"></textarea></p>
            <p><input type="submit" name="btnSubmit" class="btn" value="提交"></p>
        </form>
    </body>
</html>
```

【说明】本例中设置文本框左内边距为 16px，目的是给文本框背景图像预留显示空间，否则输入的文字将覆盖在背景图像之上，用户在输入文字时看不清输入内容。

5.7.3　设置链接

使用 CSS 样式可以实现链接的多样化效果。

1．设置文字链接

在 HTML 语言中，超链接是通过<a>标签来实现的，链接的具体地址则是利用<a>标签的 href 属性引出，代码如下。

```
<a href="http://www.baidu.com">百度</a>
```

在默认的浏览器方式下，超链接统一为蓝色且带有下划线，访问过的超链接则为紫色且也有下划线。这种最基本的超链接样式已经无法满足设计人员的要求，通过 CSS 样式可以设置超链接的各种属性，而且通过伪类还可以制作出许多动态效果。

【例 5-16】　使用 CSS 伪类设置超链接样式，鼠标指针悬停时有按下去的效果。本例文件 5-16.html 在浏览器中的显示效果如图 5-20 所示。

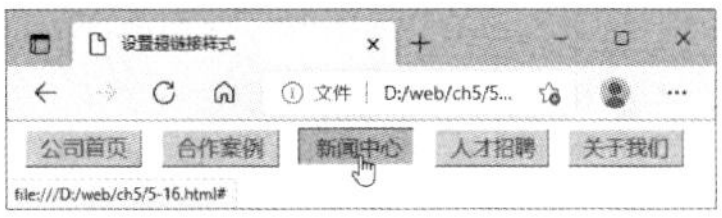

图 5-20　设置超链接样式

```
<!DOCTYPE html>
<html>
    <head>
        <meta charset="utf-8">
        <title>设置超链接样式</title>
        <style type="text/css">
            <style type="text/css">
                body { margin: 20px; }
                a { font-family: Arial; margin: 5px; }
                a:link, a:visited { color: #008000; padding: 4px 10px 4px 10px;
                background-color: #DDDDDD; text-decoration: none;
                border-top: 1px solid #EEEEEE; border-left: 1px solid #EEEEEE;
                border-bottom: 1px solid #717171; border-right: 1px solid #717171; }
                a:hover { color: #821818; padding: 5px 8px 3px 12px; background-
color: #CCC;

                border-top: 1px solid #717171; border-left: 1px solid #717171;
                border-bottom: 1px solid #EEEEEE; border-right: 1px solid #EEEEEE;}
        </style>
    </head>
    <body>
        <a href="#">公司首页</a>
        <a href="#">合作案例</a>
        <a href="#">新闻中心</a>
        <a href="#">人才招聘</a>
        <a href="#">关于我们</a>
    </body>
</html>
```

【说明】本例中对文字链接的修饰通过增加边框、背景颜色等方式实现了按钮效果。

2．设置图文链接

对链接的修饰，还可以利用背景图像将文字链接进一步美化。

【例 5-17】　图文链接示例。鼠标指针未悬停时文字链接的效果如图 5-21a 所示；鼠标指针悬停在文字链接上时的效果如图 5-21b 所示。

a)　　　　　　　　　　　b)

图 5-21　图文链接示例

```
<!DOCTYPE html>
<html>
    <head>
        <meta charset="utf-8">
        <title>图文链接</title>
        <style type="text/css">
            .a { padding-left: 30px;            /*设置左内边距用于增加空白显示背景图像*/
                font-size: 24px; text-decoration: none;    /*无修饰*/ }
            .a:hover { background: url(images/smilingface.gif) no-repeat left; /*增
加背景图像*/
                text-decoration: underline;  /*下划线*/ }
        </style>
        <a href="#" class="a">  鼠标指针悬停在超链接上时显示笑脸图片</a>
    </head>
    <body>
    </body>
</html>
```

【说明】本例 CSS 代码中的"padding-left:30px;"用于增加容器左侧的空白，为后来显示背景图像做准备。当触发鼠标指针悬停操作时，增加背景图像，位置是容器的左边中间。

5.7.4　创建导航菜单

导航菜单按照菜单的布局显示可以分为纵向列表模式的导航菜单和横向列表模式的导航菜单。

1. 纵向列表模式的导航菜单

应用 Web 标准进行网页制作时，通常使用无序列表<ul>标签来构建菜单，其中纵向列表模式的导航菜单又是应用比较广泛的一种。由于纵向列表模式的导航菜单的内容并没有逻辑上的先后顺序，因此可以使用无序列表来实现。

【例 5-18】　制作纵向列表模式的导航菜单。鼠标指针未悬停在菜单项上时的效果如图 5-22a 所示；鼠标指针悬停在菜单项上时的效果如图 5-22b 所示。

a)　　　　　　　　　　　　　　　b)

图 5-22　纵向列表模式的导航菜单

纵向列表模式的导航菜单的制作过程如下。

（1）建立网页结构

建立一个包含无序列表的 div 容器，列表包含 5 个项目，每个项目中包含 1 个用于实现导航菜单的文字链接，代码如下。

```
<body>
    <div id="menu">
        <ul>
            <li><a href="#">公司首页</a></li>
            <li><a href="#">合作案例</a></li>
            <li><a href="#">新闻中心</a></li>
            <li><a href="#">人才招聘</a></li>
            <li><a href="#">关于我们</a></li>
        </ul>
    </div>
```

```
</body>
```

在没有 CSS 样式的情况下，菜单的效果如图 5-23 所示。

（2）设置容器及列表的 CSS 样式

设置菜单 div 容器的整体区域样式，以及菜单的宽度、字体，还有列表和列表选项的类型与边框样式，代码如下。

```
#menu {
    width: 130px;                    /*设置菜单的宽度*/
    border: 1px solid #cccccc;
    padding: 3px; font-size:12px;    }
#menu * { margin: 0px padding: 0px; }
#menu li {
    list-style: none;               /*不显示项目符号*/
    border-bottom: 1px solid #ffce88;/*设置列表项之间的间隔线*/
}
```

图 5-23　无 CSS 样式的效果

经过以上设置，导航菜单的显示效果如图 5-24 所示。

（3）设置菜单项超链接的 CSS 样式

在设置容器的 CSS 样式之后，菜单项的显示效果并不理想，还需要进一步美化。接下来设置菜单项超链接的区块显示、左侧的粗红边框、右侧阴影及内边距。最后，建立未访问过的链接、访问过的链接及鼠标指针悬停于菜单项上时的样式。代码如下。

图 5-24　修改后的菜单显示效果

```
#menu li a {
    display:block;                  /*区块显示*/
    background:#fbd346 url(images/menu_bg.jpg) repeat-y left;
    color:#000;
    text-decoration:none;           /*取消超链接文字下划线效果*/
    padding:5px 5px 10px 15px;      /*设置内边距，将 a 元素所在的容器预留空间以显示背景图像*/
}
#menu li a:hover {                  /*鼠标指针悬停于菜单项上时的样式*/
    background:#f7941d url(imagesmenu_h.jpg) repeat-x top;    /*背景图像水平重复顶端对齐*/
}
```

菜单经过进一步美化，显示效果如图 5-22 所示。

2．横向列表模式的导航菜单

在设计人员制作网页时，经常要求导航菜单能够在水平方向上显示。通过 CSS 属性的控制，可以实现列表模式导航菜单的横竖转换。在保持原有 HTML 结构不变的情况下，将纵向导航转变成横向导航最重要的环节就是设置<li>标签为浮动。

【例 5-19】　制作横向列表模式的导航菜单。鼠标指针未悬停在菜单项上时的效果，如图 5-25a 所示；鼠标指针悬停在菜单项上时的效果，如图 5-25b 所示。

a)　　　　　　　　　　　　　b)

图 5-25　横向列表模式的导航菜单

横向列表模式的导航菜单的制作过程如下。

（1）建立网页结构

建立一个包含无序列表的 div 容器，列表包含 5 个选项，每个选项中包含 1 个用于实现导航菜单的文字链接，代码如下。

```
<body>
    <div id="nav">
        <ul>
            <li><a href="#">公司首页</a></li>
            <li><a href="#">合作案例</a></li>
            <li><a href="#">新闻中心</a></li>
            <li><a href="#">人才招聘</a></li>
            <li><a href="#">关于我们</a></li>
        </ul>
    </div>
</body>
```

在没有 CSS 样式的情况下，菜单的效果如图 5-23 所示。

（2）设置容器及列表的 CSS 样式

设置菜单 div 容器的整体区域样式，以及菜单的宽度、字体，还有列表和列表选项的类型与边框样式，代码如下。

```
<style type="text/css">
    #nav { width:360px;              /*设置菜单水平显示的宽度*/ }
    #nav ul {                        /*设置列表的类型*/
        list-style-type: none;       /*不显示项目符号*/
        margin:0px;                  /*外边距为 0px*/
        padding:0px;                 /*内边距为 0px*/
    }
    #nav li { float:left;            /*使得菜单项都水平显示*/ }
</style>
```

以上设置中最为关键的代码就是 "float:left;"，正是设置了 <li> 标签为浮动，才将纵向列表模式的导航菜单转变成横向列表模式的导航菜单。经过以上设置，菜单显示效果如图 5-26 所示。

图 5-26　设置 CSS 样式后的效果

（3）设置菜单项超链接的 CSS 样式

在设置容器的 CSS 样式之后，菜单项的显示横向拥挤在一起，效果非常差，还需要进一步美化。接下来设置菜单项超链接的区块显示、四周的边框线及内外边距。最后，建立未访问过的链接、访问过的链接及鼠标指针悬停于菜单项上时的样式。代码如下。

```
#nav li a{
    display:block;                   /*块级元素*/
    padding:3px 6px 3px 6px;
    text-decoration:none;            /*链接无修饰*/
    border:1px solid #711515;        /*超链接区块四周的边框线效果相同*/
    margin:2px;
}
#nav li a:link, #nav li a:visited{   /*未访问过的链接、访问过的链接的样式*/
    background-color:#c11136;        /*改变背景色*/
    color:#fff;                      /*改变文字颜色*/
}
#nav li a:hover{                     /*鼠标指针悬停于菜单项上时的样式*/
    background-color:#990020;        /*改变背景色*/
    color:#ff0;                      /*改变文字颜色*/
}
```

菜单经过进一步美化，显示效果如图 5-25 所示。

5.8　综合案例——制作"馨美装修"网购学堂页面

前面讲解的案例都是简单的页面修饰，按照循序渐进的学习规律，本节从一个页面的全局修饰入手，讲解"馨美装修"网购学堂页面的制作，重点练习使用 CSS 设置网页常用样式修饰的相关知识。

5.8.1　网购学堂页面布局规划

页面布局的首要任务是弄清网页的布局方式，分析版式结构，待整体页面搭建有明确规划后，再根据成熟的规划切图。

通过成熟的构思与设计，"馨美装修"网购学堂页面的效果如图 5-27 所示，页面布局示意图如图 5-28 所示。

图 5-27　"馨美装修"网购学堂页面的效果

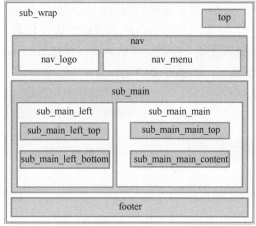

图 5-28　网购学堂页面布局示意图

5.8.2　网购学堂页面的制作过程

1. 前期准备

（1）栏目目录结构

在栏目文件夹下创建文件夹 images 和 style，分别用来存放图像素材和外部样式表文件。

（2）页面素材

将本页面需要使用的图像素材存放在文件夹 images 下。

（3）外部样式表

在文件夹 style 下新建一个名为 style.css 的样式表文件。

2. 制作页面

（1）页面整体的制作

页面整体 body 的 CSS 定义代码如下。

```
* {
    margin:0px;
    padding:0px;
    border:0px;
}
body {
    font-family:"宋体";
    font-size:13px;
    color:#000;
    background-color:#fff;
}
```

```
a:link, a:visited {                        /*超链接伪类的 CSS 规则*/
    color:#333;
    text-decoration: none;                 /*无修饰*/
    font-weight: normal;
}
a:active, a:hover {                         /*超链接伪类的 CSS 规则*/
    color:#fff;
    text-decoration: underline;            /*下划线*/
}
#sub_wrap {                                 /*wrap 容器的 CSS 规则*/
    width:984px;
    background:url(../images/bgpic.jpg) no-repeat;   /*wrap 容器的背景图像*/
    margin:0 auto;
}
```

（2）页面顶部的制作

页面顶部右上角的内容被放置在名为 top 的 div 容器中，主要用来显示"设为首页"和"加入收藏"链接；导航条被放置在名为 nav 的 div 容器中，主要用来显示页面标志图片和导航菜单，如图 5-29 所示。

图 5-29　页面顶部的显示效果

CSS 代码如下。

```
#top {
    float:right;                          /*设置向右浮动*/
    width:150px;                          /*设置元素宽度*/
    font-family:"黑体";
    text-align:right;                     /*文字右对齐*/
    margin-top:10px;                      /*上外边距为 10px*/
    margin-bottom:20px;                   /*下外边距为 20px*/
    padding-right:20px;                   /*右内边距为 20px*/
}
#top span {
    padding-left:5px;                     /*左内边距为 5px*/
    padding-right:5px;                    /*右内边距为 5px*/
}
#nav {                                     /*导航区域的 CSS 规则*/
    width:984px;                          /*设置元素宽度*/
    float:left;                           /*向左浮动*/
    overflow:hidden;                      /*溢出隐藏*/
}
#nav_logo {                                /*标志图片的 CSS 规则*/
    float:left;                           /*向左浮动*/
    width:250px;                          /*设置元素宽度*/
    height:60px;                          /*设置元素高度*/
    line-height:60px;                     /*行高等于高度，内容垂直方向居中对齐*/
    font-size:32px;
    margin-left:15px;                     /*左外边距为 15px*/
    padding:0 0 0 30px;                   /*上右下左内边距分别为 0px、0px、0px、30px*/
}
#nav_menu {                                /*导航菜单的 CSS 规则*/
    height:36px;                          /*设置元素高度*/
    margin:10px 0px 0px 30px;
    float:left;                           /*向左浮动*/
}
#nav_menu_head {                           /*导航菜单左半圆弧的 CSS 规则*/
    float:left;                           /*向左浮动*/
    width:20px;                           /*设置元素宽度*/
    height:36px;                          /*设置元素高度*/
    background:url(../images/nav_menu_head.gif) no-repeat;   /*导航菜单左半圆弧的背景图像*/
```

```
}
#nav_menu_mid {                                    /*导航菜单中间区域的 CSS 规则*/
    float:left;                                     /*向左浮动*/
    width:580px;                                    /*设置元素宽度*/
    height:36px;                                    /*设置元素高度*/
    background:url(../images/nav_bg.jpg) repeat-x;  /*导航菜单中间区域的背景图像*/
}
#nav_menu_mid ul {                                 /*导航菜单中间区域无序列表的 CSS 规则*/
    list-style:none;                                /*列表无样式*/
    margin: 0px;
    padding: 0px;
}
#nav_menu_mid li {                                 /*导航菜单中间区域列表选项的 CSS 规则*/
    float:left;                                     /*向左浮动*/
    margin-top:10px;                                /*上外边距为 10px*/
    padding-left:11px;                              /*左内边距为 10px*/
}
#nav_menu_mid a {                                  /*导航菜单中间区域超链接伪类的 CSS 规则*/
    font-family:"黑体";
    font-size:15px;
    color:#fff;
}
#nav_menu_tail {                                   /*导航菜单右半圆弧的 CSS 规则*/
    float:left;                                     /*向左浮动*/
    width:20px;                                     /*设置元素宽度*/
    height:36px;                                    /*设置元素高度*/
    background: url(../images/nav_menu_tail.gif) no-repeat; /*导航菜单右半圆弧的背景图像*/
}
```

（3）页面中部的制作

页面中部的内容被放置在名为 sub_main 的 div 容器中，主要用来显示左侧的导航菜单和右侧的文章列表，如图 5-30 所示。

图 5-30　页面中部的效果

CSS 代码如下。

```
#sub_wrap {                                        /*wrap 容器的 CSS 规则*/
    width:984px;
    background:url(../images/bgpic.jpg) no-repeat;  /*wrap 容器的背景图像*/
    margin:0 auto;
}
#sub_main {                                        /*页面中部的 CSS 规则*/
    float:left;                                     /*向左浮动*/
    width:984px;                                    /*设置元素宽度*/
    height:auto;                                    /*高度自适应*/
    margin-top:15px;                                /*上外边距为 15px*/
}
#sub_main_left {                                   /*页面中部左侧区域的 CSS 规则*/
    float:left;                                     /*向左浮动*/
```

```
        width:180px;                       /*解决扩展框问题*/
        height:300px;
        margin-left:25px;                  /*左外边距为25px*/
}
#sub_main_left_top {                       /*页面中部左侧区域上部的CSS规则*/
        width:180px;
        height:80px;
        background:url(../images/sub_main_left_top_bg.jpg) no-repeat; /*左侧区域上部的背景图像*/
}
#sub_main_left_top h3 {                    /*页面中部左侧区域上部标题的CSS规则*/
        height:30px;
        font-family:"黑体";
        font-size:20px;
        color:#39f;
        text-align:center;
        padding-top:25px;                  /*上内边距为25px*/
}
#sub_main_left_top h3 span {               /*页面中部左侧区域上部span的CSS规则*/
        color:#666;
        margin-left:5px;                   /*左外边距为5px*/
        font-size:18px;
}
#sub_main_left_bottom {                    /*页面中部左侧区域下部的CSS规则*/
        width:180px;                       /*设置元素宽度*/
        height:auto;                       /*高度自适应*/
        background:url(../images/sub_main_left_bottom_bg.jpg) repeat-y; /*背景图像垂直重复*/
}
#sub_main_left_bottom ul {                 /*页面中部左侧区域下部无序列表的CSS规则*/
        padding:0 25px;
        line-height:30px;                  /*行高30px*/
}
#sub_main_left_bottom ul li {              /*页面中部左侧区域下部列表选项的CSS规则*/
        list-style:none;                   /*列表无样式*/
        text-align:center;
        border-bottom:1px dashed #ccc;     /*下边框为1px灰色虚线*/
}
#sub_main_left_bottom ul a:hover {         /*页面中部左侧区域下部列表鼠标指针经过的CSS规则*/
        color:#39f;
        text-decoration:none;              /*无修饰*/
}
#sub_main_left_behind {                    /*页面中部左侧区域下部封闭结尾的CSS规则*/
        background:url(../images/sub_main_left_behind_bg.jpg) no-repeat;
        height:25px;
        width:180px;
}
#sub_main_main {                           /*页面中部主区域的CSS规则*/
        float:left;                        /*向左浮动*/
        height:500px;
        margin-left:10px;                  /*左外边距为10px*/
}
#sub_main_main_top {                       /*页面中部主区域上部的CSS规则*/
        width:720px;
        height:55px;
        background:url(../images/sub_main_main_top_bg.gif) repeat-x;  /*背景图像水平重复*/
}
#sub_main_main_top img {                   /*页面中部主区域上部图像的CSS规则*/
        margin-top:20px;                   /*上外边距为20px*/
        margin-left:30px;                  /*左外边距为30px*/
}
#sub_main_main_top span {                  /*页面中部主区域上部span的CSS规则*/
        color:#666;
        font-family:"黑体";
        font-size:14px;
        padding-left:10px;                 /*左内边距为10px*/
}
```

```
#sub_main_main_content {              /*页面中部主区域内容部分的 CSS 规则*/
    width:720px;
    height:auto;                      /*高度自适应*/
}
.sub_main_main_content_list {         /*页面中部主区域内容列表的 CSS 规则*/
    font-size:14px;
    padding-top:20px;                 /*上内边距为 20px*/
    padding-left:50px;                /*左内边距为 50px*/
    line-height:30px;                 /*行高 30px*/
    list-style:square;                /*列表类型为实心正方形*/
}
#sub_main_main_content li {           /*页面中部主区域内容列表选项的 CSS 规则*/
    border-bottom:1px dashed #ccc;    /*下边框为 1px 灰色虚线*/
}
.sub_main_main_content_list a:hover { /*页面中部主区域内容列表光标经过的 CSS 规则*/
    color:#f00;
    text-decoration:none;
}
```

（4）页面底部的制作

页面底部的内容被放置在名为 footer 的 div 容器中，主要用来显示版权信息，如图 5-31 所示。

```
地址：北京市智谷创意产业园客户服务部
Email:Andy@163.com
Copyright © 2022 朝美装饰
```

图 5-31 页面底部的效果

CSS 代码如下。

```
#footer {
    clear:both;                       /*清除浮动*/
    height:65px;
    margin:0;
    padding:10px;
    background:url(../images/footer_bg.gif) repeat-x;    /*页面底部的背景图像*/
    font-size:13px;
    color:#666;
    text-align:center;                /*文本水平居中对齐*/
}
```

（5）页面结构代码

为了使读者对页面的样式与结构有一个全面的认识，最后说明整个页面（study.html）的结构代码，代码如下。

```
<!DOCTYPE html>
<html>
    <head>
        <meta charset="utf-8">
        <title>网购学堂</title>
        <link href="style/style.css" rel="stylesheet" type="text/css" />
    </head>
    <body>
        <div id="sub_wrap">
            <div id="top">
                <a href="#">设为首页</a><span>|</span><a href="#">加入收藏</a>
            </div>
            <div id="nav">
                <div id="nav_logo">网购学堂</div>
                <div id="nav_menu">
                    <div id="nav_menu_head"></div>
                    <div id="nav_menu_mid">
                        <ul>
                            <li><a href="#" target="_self">商城首页</a></li>
```

```
                <li><a href="#" target="_self">网购学堂</a></li>
                <li><a href="#" target="_self">购物指南</a></li>
                <li><a href="#" target="_self">经验交流</a></li>
                <li><a href="#" target="_self">支付选择</a></li>
                <li><a href="#" target="_self">维修常识</a></li>
                <li><a href="#" target="_self">安全网购</a></li>
                <li><a href="#" target="_self">注册</a></li>
            </ul>
        </div>
        <div id="nav_menu_tail"></div>
    </div>
</div>
<div id="sub_main">
    <div id="sub_main_left">
        <div id="sub_main_left_top">
            <h3> MENU<span>网购学堂</span></h3>
        </div>
        <div id="sub_main_left_bottom">
            <ul>
                <li><a href="#">网购常识</a></li>
                <li><a href="#">会员注册</a></li>
                <li><a href="#">网站登录</a></li>
                <li><a href="#">个人资料</a></li>
                <li><a href="#">商品评价</a></li>
            </ul>
        </div>
        <div id="sub_main_left_behind"></div>
    </div>
    <div id="sub_main_main">
        <div id="sub_main_main_top">
            <img src="images/arrow.gif" width="14" height="14" />
            <span>当前位置:网购学堂>>网购常识</span>
        </div>
        <div id="sub_main_main_content">
            <ul class="sub_main_main_content_list">
                <li><a href="#">网购时如何……（此处省略文字）</a></li>
                <li><a href="#">什么是闪电……（此处省略文字）</a></li>
                <li><a href="#">教你识别网络加盟防骗术</a></li>
                <li><a href="#">如何识别骗子独立网店</a></li>
                <li><a href="#">中国工商……（此处省略文字）</a></li>
                <li><a href="#">农行动态口令卡使用指南 </a></li>
                <li><a href="#">多种方式给支付宝账户充值</a></li>
                <li><a href="#">支付宝网点付款流程</a></li>
                <li><a href="#">网友分享淘宝网购小技巧</a></li>
                <li><a href="#">怎样安全网购年货攻略</a></li>
                <li><a href="#">网上购物付款方式</a></li>
            </ul>
        </div>
    </div>
</div>
<div id="footer">
    <p>地址：北京市智谷创意产业园客户服务部</p>
    <p>Email: Andy@163.com</p>
    <p>Copyright &copy; 2022 馨美装修</p>
</div>
        </div>
    </body>
</html>
```

习题 5

1. 使用 CSS 对页面中的网页元素加以修饰，制作图 5-32 所示的页面。

图 5-32 题 1 图

2. 使用 CSS 对页面中的网页元素加以修饰，制作图 5-33 所示的页面。

图 5-33 题 2 图

第6章　CSS3 盒模型

本章需要理解 CSS 盒模型的组成和大小，掌握 CSS 盒模型的属性与页面布局方法。

6.1　盒模型概述

盒模型是 CSS 控制网页布局的非常重要的概念。页面中所有的元素都可以看成是一个盒子，占据着一定的页面空间，可以通过 CSS 来控制这些盒子的显示属性，把这些盒子进行定位完成整个页面的布局，盒模型是 CSS 定位布局的核心内容。

页面中的每个元素都包含在一个矩形区域内，这个矩形区域通过一个模型来描述其占用空间，这个模型称为盒模型（Box Model），也称框模型。盒模型，顾名思义，盒子是用来装东西的，它装的东西就是 HTML 元素的内容，盒子将页面中的元素包含在盒子中。由于每个可见的元素都是一个盒子，盒模型将页面中的每个元素看作一个盒子，所以下面所说的盒子都等同于元素。这里的盒子是二维的。每个盒子除了有自己的大小和位置，还会影响其他盒子的大小和位置。

6.1.1　盒子的组成

盒模型通过 4 个边界来描述，一个盒子从内到外依次分为 4 个区域：内容区域（Content Area）、内边距区域（Padding Area）、边框区域（Border Area）和外边距区域（Margin Area），如图 6-1 所示。

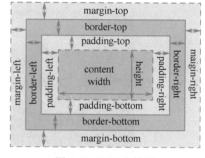

图 6-1　CSS 盒模型

1. 内容区域

内容区域由内容边界限制，容纳元素的"真实"内容，如文本、图像等。它的尺寸为内容宽度 width（或称 content-box 宽度）和内容高度 height（或称 content-box 高度）。如果内容超出 width 属性和 height 属性限定的大小，盒子会自动放大，但前提是需要使用 overflow 属性设置处理方式。通常具有一个背景颜色（默认颜色为透明）或背景图像。

如果 box-sizing 为 content-box（默认），则内容区域的大小可通过 width、min-width、max-width、height、min-height 和 max-height 控制（这部分元素的宽度 width、高度 height 等属性已经在第 5 章介绍过了）。

2. 内边距区域

元素与边框之间的距离叫内边距（也称内补丁、填充），用 padding 设置。内边距区域扩展自内容区域，负责延伸内容区域的背景，填充元素中内容与边框的间距，内边距是透明的。它的尺寸是 padding-box 宽度和 padding-box 高度。内边距区域分为上、右、下、左四部分（按顺时针排列）。

3．边框区域

边框区域是容纳边框的区域，扩展自内边距区域。边框一般用于分隔不同的元素，边框的外围即为元素的最外围。元素外边距内就是元素的边框（Border）。元素的边框是指围绕元素内容和内边距的一条或多条线，边框用 border 设置，边框有 3 个属性，分别是边框的宽度（粗细）、样式和颜色。

（1）边框与背景

CSS 规范规定，元素的背景是内容、内边距和边框区的背景，边框绘制在"元素的背景之上"。这点很重要，因为有些边框是"间断的"（如点线边框或虚线框），元素的背景应当出现在边框的可见部分之间。

（2）边框的样式

边框的样式属性指定要显示什么样的边框。样式是边框最重要的一个方面，这不是因为样式控制着边框的显示（当然，样式确实控制着边框的显示），而是因为如果没有样式，将根本没有边框。CSS 的 border-style 属性定义了 10 个不同的非 inherit 样式，包括 none。可以为元素框的某一个边设置边框样式，即可单独设置上边框、右边框、下边框、左边框。

（3）边框的宽度

可以通过 border-width 属性为边框指定宽度，也可以定义单边宽度，即上边、右边、下边、左边。

如果边框样式设置为 none，不仅边框的样式没有了，其宽度也会变成 0px。这是因为如果边框样式为 none，即边框根本不存在，那么边框就不可能有宽度，所以边框宽度自动设置为 0px。记住这一点非常重要。因此，如果希望边框出现，就必须声明一个边框样式。

（4）边框的颜色

使用 border-color 属性为边框设置颜色，它一次可以接受最多 4 个颜色值。可以使用任何类型的颜色值，可以是命名颜色，也可以是十六进制数和 RGB 值。

默认的边框颜色是元素本身的前景色。如果没有为边框声明颜色，则它将与元素的文本颜色相同。另外，如果元素没有任何文本，假设它是一个表格，其中只包含图像，那么该表的边框颜色就是其父元素的文本颜色（因为 color 可以继承）。这个父元素很可能是 body、div 或另一个 table。

也可以定义单边颜色，与单边样式和宽度属性相似；还可以定义透明边框，创建有宽度的不可见边框。

4．外边距区域

元素之间的距离就是外边距，用 margin 设置。用空白区域扩展边框区域，以分开相邻的元素，外边距是透明的。它的尺寸为 margin-box 宽度和 margin-box 高度。外边距区域的大小也分为 4 部分，即上、右、下、左。

6.1.2　盒子的大小

当指定一个 CSS 元素的宽度和高度属性时，只是设置内容区域的宽度和高度。一个完整的元素，还包括填充、边框和边距。

盒子的大小（总元素的大小）指的是盒子的宽度和高度，盒子的大小是这几个部分之和。

1．盒子的宽度

盒子的宽度（总元素的宽度）的计算表达式如下。

盒子的宽度=margin-left（左边距）+border-left（左边框）+padding-left（左填充）+width（内容宽度）+padding-right（右填充）+border-right（右边框）+margin-right（右边距）

2．盒子的高度

盒子的高度（总元素的高度）的计算表达式如下。

盒子的高度=margin-top（上边距）+border-top（上边框）+padding-top（上填充）+height（内容高度）+padding-bottom（下填充）+border-bottom（下边框）+margin-bottom（下边距）

根据 W3C 的规范，默认情况下，元素内容 content 的宽和高是由 width 和 height 属性设置的。而内容周围的 margin、border 和 padding 值是另外计算的。在标准模式下的盒模型，盒子实际内容（content）的 width 和 height 等于设置的 width 和 height。

例如，为了更好地理解盒模型的宽度与高度，定义某个元素的 CSS 样式，代码如下。

```
#test{
    margin:10px 20px;              /*定义元素上下外边距为10px，左右外边距为20px*/
    padding:20px 10px;            /*定义元素上下内边距为20px，左右内边距为10px*/
    border-width:10px 20px;       /*定义元素上下边框宽度为10px，左右边框宽度为20px*/
    border:solid #f00;            /*定义元素边框类型为实线型，颜色为红色*/
    width:100px;                  /*定义元素宽度为100px*/
    height:100px;                 /*定义元素高度为100px*/
}
```

盒模型的宽度=20px+20px+10px+100px+10px+20px+20px=200px

盒模型的高度=10px+10px+20px+100px+20px+10px+10px=180px

一个页面由许多这样的盒子组成，这些盒子之间会互相影响，因此掌握盒模型需要从两个方面来理解：一方面是理解一个孤立的盒子的内部结构；另一方面是理解多个盒子之间的相互关系。

网页布局的过程可以看作在页面中摆放盒子的过程，通过调整盒子的边距、边框、填充和内容等参数，控制各个盒子，实现对整个网页的布局。

盒模型的几点提示如下。

1）padding、border、margin 都是可选的，大部分 html 元素的盒子属性（margin、padding）默认值都为 0px；有少数 html 元素的盒子属性（margin、padding）浏览器默认值不为 0px。例如，<body>、<p>、<ul>、<li>、<form>等标签，有时有必要先设置它们的这些属性为 0px。input 元素的边框属性默认值不为 0px，可以设置为 0px 达到美化输入框和按钮的目的。

但是浏览器会自行设置元素的 margin 和 padding，所以要通过在 CSS 中进行设置来覆盖浏览器样式。例如，可以使用下面代码清除元素的默认内外边距。

```
* { margin:0px;               /*清除外边距*/
    padding:0px;              /*清除内边距*/
}
```

注意：这里的*表示所有元素，但是这样设置性能不好，建议依次列出常用的元素来设置。

2）如果给元素设置背景（background-color 或 background-image），并且边框的颜色为透明，背景将应用于内容、内边距和边框组成的外沿（默认为在边框下层延伸，边框会盖在背景上）。此默认表现可通过 CSS 属性 background-clip 来改变。

6.1.3　块级元素与行级元素的宽度和高度

前面的章节中已经讲到块级元素与行级元素的区别，本节重点讲解两者宽度、高度属性的

区别。默认情况下，块级元素可以设置宽度、高度，但行级元素是
不能设置的。

例 6-1

【例 6-1】 块级元素与行级元素宽度和高度的区别示例。本例
文件 6-1.html 在浏览器中的显示效果如图 6-2 所示。

```html
<!DOCTYPE html>
<html>
    <head>
        <meta charset="utf-8">
        <title></title>
        <style type="text/css">
            .special {
                border: 1px solid #036;    /*元素边框为 1px 蓝色实线*/
                width: 300px;              /*元素宽度 300px*/
                height: 100px;             /*元素高度 100px*/
                background: #ccc;          /*背景色灰色*/
                margin: 5px;               /*元素外边距 5px*/
            }
        </style>
    </head>
    <body>
        <div class="special">这是 div 元素</div>
        <span class="special">这是 span 元素</span>
    </body>
</html>
```

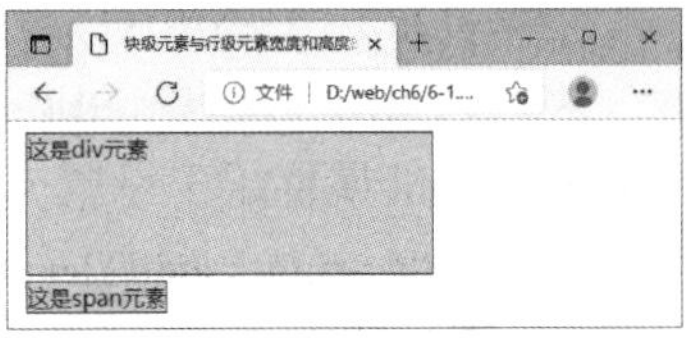

图 6-2　默认情况下行级元素不能设置高度

【说明】代码中设置行级元素 span 的样式.special 后，由于行级元素设置宽度、高度无
效，因此样式中定义的宽度 300px 和高度 100px 并未影响 span 元素的外观。

如何让行级元素也能设置宽度、高度属性？这里要
用到元素显示类型的知识，需要让元素的 display 属性设
置为 display:block（块级显示）。在上面的.special 样式的
定义中添加一行定义 display 属性的代码，代码如下。

```
display:block;        /*块级元素显示*/
```

这时再浏览网页，即可看到 span 元素的宽度和高度设
置为定义的宽度和高度了，如图 6-3 所示。

图 6-3　设置行级元素的宽度和高

6.2　盒模型的属性

padding-border-margin 模型是一个通用的描述盒子布局形式的方法。对于任何一个盒子，
都可以分别设定 4 条边各自的 padding、border 和 margin，以实现各种各样的排版效果。

6.2.1　内边距属性 padding

元素的内边距是边距与内容区之间的距离。CSS 内边距属性有 padding-top、padding-
right、padding-bottom、padding-left、padding。

1．上内边距属性 padding-top

padding-top 属性用于设置元素顶边的内边距。

语法：**padding-top : auto | length | 百分比 | inherit**

参数：其属性值可以是 auto（自动，设置为相对其他边的值）、length（由浮点数字和单位
标识符组成的长度值，默认值为 0px，不允许使用负数）、百分比（相对于父元素宽度的比

127

例）、inherit。该属性不能被继承。

说明：行内元素要使用属性值 inherit，必须先设置元素的 height 或 width 属性，或者设定 position 属性为 absolute。

示例：

```
h1{ padding-top: 32pt; }
```

2. 右边的内边距属性 padding-right

padding-right 属性用于设置元素右边的内边距。

语法：**padding-right : auto | length | 百分比 | inherit**

参数：同 padding-top。

说明：同 padding-top。

示例：

```
div { padding-right: 12px; }
```

3. 底边的内边距属性 padding-bottom

padding-bottom 属性用于设置元素底边的内边距。

语法：**padding-bottom : length | 百分比 | inherit**

参数：同 padding-top。

说明：同 padding-top。

示例：

```
body { padding-bottom: 15px; }
```

4. 左边的内边距属性 padding-left

padding-left 属性用于设置元素左边的内边距。

语法：**padding-left : auto | length | 百分比 | inherit**

参数：同 padding-top。

说明：同 padding-top。

示例：

```
img { padding-left: 32pt; }
```

5. 4 边的内边距属性 padding

padding 属性用于设置元素 4 边的内边距。

语法：**padding : auto | length | 百分比 | inherit**

参数：本属性是简写方式，如果提供全部 4 个参数值，则将按上、右、下、左的顺序作用于 4 边。如果只提供 1 个，则将用于全部的 4 条边。如果提供 2 个，则第 1 个用于上、下，第 2 个用于左、右。如果提供 3 个，则第 1 个用于上，第 2 个用于左、右，第 3 个用于下。每个参数中间用空格分隔。

说明：同 padding-top。

示例：

```
h1 { padding: 10px 11px 12px 13px; }    /*顺序为上、右、下、左*/
p { padding: 12.5%; }
div { padding: 10% 10% 10% 10%; }
```

6. 边距值的复制

在设置边距时，如果提供全部 4 个参数值，按照上、右、下、左的顺时针顺序列出。例如：

```
padding: 10px 10px 10px 10px;
```

如果按照简写的形式，CSS 将按照一定的规则顺序复制边距值。例如：

```
padding: 10px;
```

由于"padding: 10px"只定义了上内边距，按顺序右内边距将复制上内边距，变成如下形式。

```
padding: 10px 10px;
```

由于"padding: 10px 10px"只定义了上内边距和右内边距，按顺序下内边距将复制上内边距，变成如下形式。

```
padding: 10px 10px 10px;
```

由于"padding: 10px 10px 10px"只定义了上内边距、右内边距和下内边距，所以按顺序左内边距将复制右内边距，变成如下形式。

```
padding: 10px 10px 10px 10px;
```

根据这个规则，可以省略相同的值。例如，"padding: 10px 5px 15px 5px"可以简写为"padding: 10px 5px 15px"，"padding: 10px 5px 10px 5px"可以简写为"padding: 10px 5px"。

但是，有时虽然出现了重复却不能简写，例如，"padding: 10px 5px 5px 10px"和"padding: 5px 5px 5px 10px"是不同的，不能简写。

【例 6-2】　内边距属性示例。本例文件 6-2.html 在浏览器中的显示效果如图 6-4 所示。

图 6-4　内边距属性示例

```html
<!DOCTYPE html>
<html>
    <head>
        <meta charset="utf-8">
        <title>CSS 内边距</title>
        <style type="text/css">
            div {
                width: 302px;  /*容器内容宽度 302px=图像的宽度+图像的左、右边框宽度*/
                border: 2px solid red;  /*容器边框为 2px 红色实线*/
                padding: 10px 20px;    /*容器上、下内边距为 10px，左、右内边距为 20px*/
            }
            img {
                width: 300px;         /*图像宽度为 300px*/
                height: 187px;
                border: 1px solid blue; /*图像边框宽度为 1px*/
            }
            p {
                padding:20px;         /*段落四周的内边距都为 20px*/
                border:2px dashed #09f; /*段落边框为 2px 蓝色虚线*/
            }
        </style>
    </head>
    <body>
        <div><img src="images/home.jpg" /></div>
        <p>简约装修风格</p>
    </body>
</html>
```

6.2.2　外边距属性 margin

元素的外边距是元素边框与元素内容之间的距离。设置外边距会在元素外创建额外的空白。外边距设置属性有：margin-top、margin-right、margin-bottom、margin-left，可分别设置某一条边的外边距属性，也可以用 margin 属性一次性设置所有边的边距。

1. 上外边距属性 margin-top

margin-top 属性用于设置元素顶边的外边距。

语法：**margin-top : auto | length |** 百分比 **| inherit**

参数：其属性值可以是 auto（自动，设置为相对其他边的值）、length（由浮点数字和单位标识符组成的长度值，默认值为 0px，不允许使用负数）、百分比（相对于父元素宽度的比例）、inherit。该属性不能被继承。

说明：行内元素如果要使用属性值 inherit，必须先设定元素的 height 或 width 属性，或者设定 position 属性为 absolute。外边距始终是透明的。

示例：

```
body { margin-top: 12.5%; }
```

2．右外边距属性 margin-right

margin-right 属性用于设置元素右边的外边距。

语法：**margin-right: auto | length |** 百分比 **| inherit**

参数：同 margin-top。

说明：同 margin-top。

示例：

```
div { margin-right: 10px; }
```

3．下外边距属性 margin-bottom

margin-bottom 属性用于设置元素底边的外边距。

语法：**margin-bottom: auto | length |** 百分比 **| inherit**

参数：同 margin-top。

说明：同 margin-top。

示例：

```
h1 { margin-bottom: auto; }
```

4．左外边距属性 margin-left

margin-left 属性用于设置元素左边的外边距。

语法：**margin-left: auto | length |** 百分比 **| inherit**

参数：同 margin-top。

说明：同 margin-top。

示例：

```
img { margin-left: 10px; }
```

以上 4 项属性可以控制一个元素四周的边距，每个边距都可以有不同的值，或者设置一个外边距，然后让浏览器使用默认的设置设定其他几个外边距。还可以将外边距应用于文字和其他元素。

示例：

```
h4 { margin-top: 20px; margin-bottom: 5px; margin-left: 100px; margin-right: 55px }
```

设定外边距参数值最常用的方法是利用长度单位（px、pt 等），也可以用比例值设置。

将外边距值设置为负值，可以将两个对象叠在一起。例如，把下边距设置为-55px，上边距设置为 60px。

5．4 边的外边距属性 margin

margin 属性用于设置元素 4 边的外边距，本属性是简写的复合属性。

语法：**margin: auto | length | 百分比 | inherit**

参数：同 margin-top。

说明：如果提供全部 4 个参数值，将按上、右、下、左的顺序作用于 4 边。如果只提供 1 个，则将用于全部的 4 条边。如果提供 2 个，则第 1 个用于上、下，第 2 个用于左、右。如果提供 3 个，则第 1 个用于上，第 2 个用于左、右，第 3 个用于下。每个参数中间用空格分隔。

示例：

```
body { margin: 20px 30px; }
body { margin: 10.5%; }
body { margin: 10% 10% 10% 10%; }
```

例如，要使盒子水平居中，需要满足两个条件：必须是块级元素；必须指定盒子的宽度（width）。然后将左、右外边距都设置为 auto，即可使块级元素水平居中。

```
.header {width: 960px; margin: 0px auto;   /*margin: 0px auto 相 当 于 left: auto;
right:auto*/
        left: auto; right: auto;}
```

行内元素是只有左、右外边距，没有上、下外边距的，所以尽量不要给行内元素指定上、下内外边距。

图 6-5　外边距属性示例

【例 6-3】　外边距属性示例。本例文件 6-3.html 在浏览器中的显示效果如图 6-5 所示。

```
<!DOCTYPE html>
<html>
    <head>
        <meta charset="utf-8">
        <title>外边距</title>
        <style type="text/css">
            div {
                width: 342px;  /*容器内容宽度 342px=图像左外边距+图像的左边框宽度+图像的宽度
+图像的右边框宽度+图像右外边距*/
                border: 2px solid red;        /*容器边框为2px红色实线*/
            }
            img {
                width: 300px;                 /*图像宽度为300px*/
                height: 187px;
                border: 1px solid blue;       /*图像边框宽度为1px*/
                margin: 10px 20px; /*图像上、下外边距为10px，左、右外边距为20px*/
            }
            p {
                margin:30px 10px;    /*段落的上、下外边距为30px，左、右外边距为10px*/
                border:2px dashed #09f;       /*段落边框为2px蓝色虚线*/
            }
        </style>
    </head>
    <body>
        <div><img src="images/home.jpg" /></div>
        <p>简约装修风格</p>
    </body>
</html>
```

6.2.3　边框属性 border

CSS 边框可以是围绕元素内容和内边距的一条或多条线，对于边框可以设置它们的样式、宽度（粗细）和颜色。

1. 边框的样式属性 border-style

边框的样式属性 border-style 是边框最重要的一个属性，如果没有样式，就没有边框，也就不存在边框的宽度和颜色了。边框的样式设置属性有：border-top-style、border-right-style、border-bottom-style、border-left-style，可分别为某元素设置上边、右边、下边、左边的边框的样式，也可以用 border-style 属性一次性设置所有边的边框的样式。

语法：border-top-style ‖ border-right-style ‖ border-bottom-style ‖ border-left-style ‖ border-style：none ‖ hidden | dotted | dashed | solid | double | groove | ridge | inset | outset | inherit

参数：CSS 的边框属性定义了 10 个不同的非 inherit 样式，边框样式值可取如下之一。

- none：无边框，默认值。任何指定的 border-width 值都将无效。
- hidden：隐藏边框，与 none 相同。但对于表，hidden 用于解决边框冲突。
- dotted：点线边框。
- dashed：虚线边框。
- solid：实线边框。
- double：双线边框。双线的间隔宽度等于指定的 border-width 值。
- groove：3D 凹槽边框，根据 border-color 的值画 3D 凹槽。
- ridge：3D 凸槽边框，根据 border-color 的值画菱形边框。
- inset：3D 凹入边框，根据 border-color 的值画 3D 凹边。
- outset：3D 凸起边框，根据 border-color 的值画 3D 凸边。
- inherit：从父元素继承边框样式。

说明：如果使用 border-style 属性，则要提供全部 4 个参数值，将按上、右、下、左的顺序作用于 4 边。如果只提供 1 个，则将用于全部的 4 条边。如果提供 2 个，则第 1 个用于上、下，第 2 个用于左、右。如果提供 3 个，则第 1 个用于上，第 2 个用于左、右，第 3 个用于下。每个参数中间用空格分隔。

要使用这些边框样式属性，必须先设定对象的 height 或 width 属性，或者设定 position 属性为 absolute。如果 border-width 不大于 0px，则本属性失去作用。

示例：

```
    .box  {  border-top-style:  double;  border-bottom-style:  groove;  border-left-style:
dashed; border-right-style: dotted; }
```

2．边框的宽度属性 border-width

边框的宽度属性分为 border-top-width、border-right-width、border-bottom-width、border-left-width，可分别为某元素设置上边、右边、下边、左边的边框的宽度，也可以用 border-width 属性一次性设置所有边的边框的宽度。

语法：border-top-width | border-right-width | border-bottom-width | border-left-width | border-width: medium | thin | thick | length | inherit

参数：宽度的取值可以是系统定义的 3 种标准宽度，即 thin（小于默认宽度的细的宽度）、medium（默认宽度）、thick（大于默认宽度的粗的宽度）。还可以自定义宽度 length，但不可以为负值。inherit 表示从父元素继承边框宽度。

说明：如果使用 border-width 属性，要提供全部 4 个参数值，则将按上、右、下、左的顺序作用于 4 边。如果只提供 1 个，则将用于全部的 4 条边。如果提供 2 个，则第 1 个用于上、下，第 2 个用于左、右。如果提供 3 个，则第 1 个用于上，第 2 个用于左、右，第 3 个用于下。每个参数中间用空格分隔。

要使用该属性，必须先设定对象的 height 或 width 属性，或者设定 position 属性为

absolute。如果 border-style 设置为 none，本属性将失去作用。

示例：

```
p { border-width:2px; }              /*定义 4 个边都为 2px*/
p { border-width:2px 3px 4px; }      /*定义上边为 2px，左、右边为 3px,下边为 4px*/
p { border-left-width: thin; border-left-style: solid; }
h1 { border-right-width: thin; border-right-style: solid; }
div { border-bottom-width: thin; border-bottom-style: solid; }
blockquote { border-style: solid; border-width: thin; }
.div { border-style: solid; border-width: 1px thin; }
```

3. 边框的颜色属性（border-color）

边框的颜色属性分为 border-top-color、border-right-color、border-bottom-color、border-left-color，可分别为某元素设置上边、右边、下边、左边的边框的颜色，也可以用 border-color 属性一次性设置所有边的边框的颜色。

语法： **border-top-color | border-right-color | border-bottom-color | border-left-color | border-color: color**

参数：color 是指定的边框颜色，颜色值可以用颜色名，也可以用十六进制数，还可以是 rgb 函数。边框还提供了一种透明色（transparent），经常用于预留一个边框，以实现两种效果：一种是与其他有边框的元素保持元素位置对齐；另一种很容易实现一种焦点提醒的效果，如鼠标指针移开时显示为普通文本，鼠标指针悬停时会出现红色边框提醒，提高用户体验。

说明：如果使用 border-color 属性，则要提供全部 4 个参数值，将按上、右、下、左的顺序作用于 4 边。如果只提供 1 个，则将用于全部的 4 条边。如果提供 2 个，则第 1 个用于上、下，第 2 个用于左、右。如果提供 3 个，则第 1 个用于上，第 2 个用于左、右，第 3 个用于下。每个参数中间用空格分隔。

要使用该属性，必须先设定对象的 height 或 width 属性，或者设定 position 属性为 absolute。

如果 border-width 等于 0px 或 border-style 设置为 none，则本属性失去作用。

示例：

```
div{border-top-color:red;border-bottom-color:rgb(220,86,73);border-right-
color:red;border-left-color: black;}
.box { border-color: #f00;border-style: outset;}
h1 { border-color: silver red rgb(220, 86, 73); }
p { border-color: #666699 #ff0033 #000000 #ffff99; border-width: 3px }
```

【例 6-4】 边框属性示例。本例文件 6-4.html 在浏览器中的显示效果如图 6-6 所示。

```
<!DOCTYPE html>
<html>
    <head>
        <meta charset="utf-8">
        <title>边框的样式属性</title>
        <style type="text/css">
            p { margin: 20px;        /*外边距为 20px*/
                border-width: 5px;   *边框宽度为 5px*/
                border-color: #000000; /*边框颜色为黑色*/
                padding: 5px;        /*内边距为 5px*/
                background-color: #FFFFCC; /*淡黄色背景*/
            }
        </style>
    </head>
    <body>
        <p style="border-style:none">无边框 none</p>
        <p style="border-style:hidden">隐藏边框 hidden</p>
```

图 6-6　边框属性示例

```
                    <p style="border-style:dotted">点线边框 dotted</p>
                    <p style="border-style:dashed">虚线边框 dashed</p>
                    <p style="border-style:solid">实线边框 solid</p>
                    <p style=" border-style:double">双线边框 double</p>
                    <p style="border-style:groove">3D 凹槽边框 groove</p>
                    <p style="border-style:ridge">3D 凸槽边框 ridge</p>
                    <p style="border-style:inset">3D 凹入边框 inset</p>
                    <p style="border-style:outset">3D 凸起边框 outset</p>
                    <p style="border-style:inherit">从父元素继承边框样式 inherit</p>
            </body>
        </html>
```

4．边框的复合属性 border

CSS 提供了一次对 4 条边框设置边框宽度、样式、颜色的属性。

语法： **border : border-width || border-style || border-color**

参数： border 是一个复合属性，可以把 3 个子属性结合写在一起，各属性值之间用空格分隔，顺序不能错。其中 border-width 和 border-color 可以省略，默认值为 medium 和 none。border-color 的默认值将采用文本颜色。

说明： 如果使用该复合属性定义其单个参数，则其他参数的默认值将无条件覆盖各自对应的单个属性设置。

要使用该属性，必须先设定对象的 height 或 width 属性，或者设定 position 属性为 absolute。

示例：

```
        p { border: thick double yellow; }
        blockquote { border: dotted gray; }
        p { border: 25px; }
        h1 { border: 2px solid red; }
        div { border-bottom: 25px solid red; border-left: 25px
solid yellow; border-right: 25px solid blue; border-top: 25px
solid green; }
```

【例 6-5】 边框的复合属性示例。本例文件 6-5.html 在浏览器中的显示效果如图 6-7 所示。

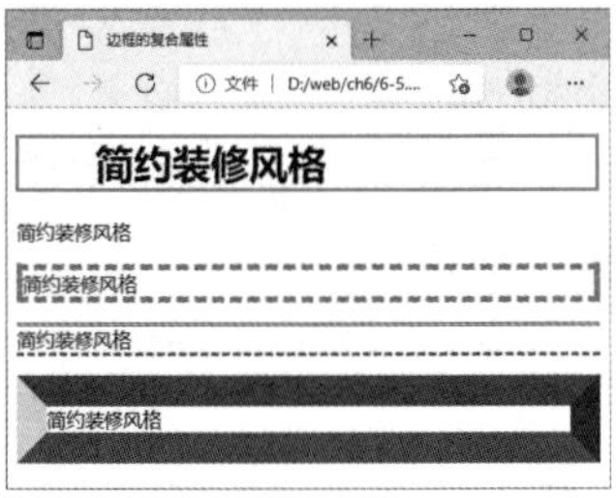

```
        <!DOCTYPE html>
        <html>
            <head>
                <meta charset="utf-8">
                <title>边框的复合属性</title>
                <style type="text/css">
                    h1 { border: 2px solid red; text-indent: 2em;}
                    .pa { border-bottom: red dashed 3px; border-top: blue double 3px;}
                    .box { border-bottom: 25px solid red; border-left: 25px solid yellow;
border-right: 25px solid blue; border-top: 25px solid green; }
                </style>
            </head>
            <body>
                <h1>简约装修风格</h1>
                <p>简约装修风格</p>
                <p style="border: coral dashed 5px">简约装修风格</p>
                <p class="pa">简约装修风格</p>
                <p class="box">简约装修风格</p>
            </body>
        </html>
```

图 6-7　边框的复合属性示例

6.2.4　圆角边框属性 border-radius

CSS3 增加了圆角边框属性，圆角边框属性分为 border-top-left-radius、border-top-right-radius、border-bottom-right-radius、border-bottom-left-radius，可分别为某元素设置左上、右上、右下、左下角的圆角属性，也可以用 border-radius 属性一次设置所有 4 个角的圆角属性。

　　语法：border-radius : none | length {1,4} [/ length {1,4}]

　　参数：none 为默认值，表示元素没有圆角；length 是由浮点数字和单位标识符组成的长度值，也可以是百分比，不允许为负值；{1,4}表示 length 可以是 1～4 的值，用空格隔开。如果在 border-radius 属性中只指定一个值，那么将生成 4 个圆角。

　　说明：圆角边框属性可以包含两个参数值，第 1 个 length 值表示圆角的水平半径，第 2 个 length 值表示圆角的垂直半径，两个参数值用"/"隔开。如果只给定 1 个参数值，省略第 2 个值，则从第 1 个值复制，第 2 个值与第 1 个值相同，表示这个圆角是一个 1/4 的圆角。如果任意一个 length 为 0px，则这个角就是方角，不再是圆角。水平半径的百分比是指边界框的宽度，而垂直半径的百分比是指边界框的高度。可以用 border-?-?-radius 属性分别指定圆角。

　　如果要在 4 个角上一一指定，可以使用以下规则。

● 4 个值：第 1 个值为左上角，第 2 个值为右上角，第 3 个值为右下角，第 4 个值为左下角。

● 3 个值：第 1 个值为左上角，第 2 个值为右上角和左下角，第 3 个值为右下角。

● 2 个值：第 1 个值为左上角与右下角，第 2 个值为右上角与左下角。

● 1 个值：4 个圆角值相同。

　　示例：

```
border-radius: 10px;                    /*一个数值表示 4 个角都是相同的 10px 的弧度*/
border-radius: 50%;                     /*50%取宽度和高度一半，则会变成一个圆形*/
border-radius: 2em 4em;                 /*左上角和右下角是 2em，右上角和左下角是 4em*/
border-radius: 10px 40px 80px;          /*左上角是 10px，右上角和左下角是 40px，右下角是 80px*/
border-radius: 10px 40px 80px 100px;    /*左上角 10px，右上角 40px，右下角 80px，左下角 100px*/
```

【例 6-6】 圆角边框属性示例。本例文件 6-6.html 在浏览器中的显示效果如图 6-8 所示。

图 6-8　圆角边框属性示例

```
<!DOCTYPE html>
<html>
    <head>
        <meta charset="utf-8">
        <title>圆角边框</title>
        <style type="text/css">
            #radius{ width:200px; height:200px;
             border-width: 3px; border-style: solid;
             border-radius: 11px 11px 11px 11px;     /*圆角半径为 11px*/
             padding:20px; margin: 5px; float: left; }
            #corner1 { background: #32cd99; background: url(images/home.jpg);
             background-position: left top; background-repeat: repeat; padding: 20px;
             width: 300px; height: 187px;
             border-radius: 10em 3em/3em 10em;
             float: left; }
        </style>
    </head>
    <body>
        <p id="radius">指定相同的 4 个圆角</p>
        <p id="corner1">指定背景图像的圆角</p>
    </body>
</html>
```

6.2.5　盒模型的阴影属性 box-shadow

　　box-shadow 属性用于设置盒模型的阴影，可以添加一个或多个阴影。

语法：**box-shadow: h-shadow v-shadow blur spread color inset**

参数：属性值是用空格分隔的阴影列表，每个阴影由 2～4 个长度值、可选的颜色值及可选的 inset 关键词来规定。省略长度的值是 0px。box-shadow 属性值需要设置 6 个，见表 6-1。

表 6-1　box-shadow 属性值

属　性　值	描　　　述
h-shadow	阴影在水平方向偏移的距离，是必须填写的参数，允许负值
v-shadow	阴影在垂直方向偏移的距离，是必须填写的参数，允许负值
blur	模糊的半径距离，可以不写，是可选参数
spread	阴影额外增加的尺寸，负数表示减少的尺寸，是可选参数
color	阴影的颜色，是可选参数
inset	将外部阴影（outset）改为内部阴影，是可选参数

如果需要设置多个阴影，则用逗号将每个阴影连接起来作为属性值。

【例 6-7】 盒模型的阴影示例。本例文件 6-7.html 在浏览器中的显示效果如图 6-9 所示。

图 6-9　盒模型的阴影示例

```
<! DOCTYPE html>
<html>
    <head>
        <meta charset="utf-8">
        <title>box-shadow 属性</title>
        <style type="text/css">
            img {
                border: 1px solid #666;
                border-radius: 50%;        /*圆形效果*/
                padding: 20px;/*内边距让图像和阴影之间拉开距离，避免图像遮挡阴影*/
                box-shadow: 5px 5px 10px 2px #999 inset;    /*内部阴影效果*/
            }
        </style>
    </head>
    <body>
        <img src="images/home.jpg" alt="简约装修" />
    </body>
</html>
```

6.2.6　调整大小属性 resize

CSS3 增加了 resize 属性，用于设置一个元素是否可由浏览者通过拖动的方式调整元素的大小。

语法：**resize: none | both | horizontal | vertical**

参数：属性值默认为 none，即浏览者无法调整元素的大小；both 表示可调整元素的高度和宽度；horizontal 表示可调整元素的宽度；vertical 表示可调整元素的高度。

说明：如果希望此属性生效，则需要设置元素的 overflow 属性，值可以是 auto、hidden 或 scroll。

示例：设置可以由浏览者调整 div 元素大小的代码如下。

```
div{ resize: both; overflow: auto;}
```

【例 6-8】 resize 属性示例。本例文件 6-8.html 在浏览器中的显示效果如图 6-10 所示，用鼠标拖动框右下角的拖动柄可以改变大小。

图 6-10　resize 属性示例

```
<!DOCTYPE html>
<html>
    <head>
        <meta charset="utf-8">
        <title>resize 属性示例</title>
        <style type="text/css">
            div { border: 2px solid;  padding: 10px 30px;
                width: 360px;  overflow: auto; }
        </style>
    </head>
    <body>
        <div>resize 属性规定是否可由用户调整元素尺寸。</div>
        <hr />
        <div style="resize: both; cursor: se-resize;">可以调整宽度和高度</div>
        <hr />
        <div style="resize: horizontal; cursor: ew-resize;">可以调整宽度</div>
        <hr />
        <div style="resize: vertical;cursor: ns-resize;">可以调整高度</div>
    </body>
</html>
```

【说明】从图 6-10 中可以看到，定义了 resize 属性后，元素的右下角会出现拖动柄，浏览者可以拖动右下角的拖动柄随意调整元素的尺寸。

在使用 resize 属性调整元素的尺寸时，建议配合 cursor 属性使用，通过相应的光标样式来增强用户体验。例如，"resize: both" 时使用 "cursor: se-resize"，"resize: horizontal" 时使用 "cursor: ew-resize"，"resize: vertical" 时使用 "cursor: ns-resize"。

6.3　CSS3 布局属性

CSS 为定位和浮动提供了一些属性，利用这些属性，可以建立列式布局，将布局的一部分与另一部分重叠。

6.3.1　元素的布局方式概述

定位就是允许定义元素相对于其正常位置应该出现的位置，或者相对于父元素、另一个元素甚至浏览器窗口本身的位置。

1. 盒子的类型

div、h1 或 p 元素常常被称为块级元素。这意味着这些元素显示为一块内容，即 "块盒"（或称块框）。与之相反，span、strong 等元素称为 "行内元素"，这是因为它们的内容显示在行中，即 "行内盒"（或称行内框）。

可以使用 display 属性改变生成的盒子的类型。这意味着，通过将 display 属性设置为 block，可以让行内元素（如 a 元素）表现得像块级元素一样。还可以通过把 display 属性设置为 none，让生成的元素根本没有盒子。这样，该盒子及其所有内容不再显示，不占用文件中的空间。

但是还有一种情况，即使没有进行显式的定义，也会创建块级元素。这种情况发生在把一些文本添加到一个块级元素（如 div）的开头。即使没有把这些文本定义为段落，它也会被当作段落对待。例如，在下面代码中，some text 没有定义成段落，但也会处理成段落。

```
<div>
    some text
    <p>Some more text.</p>
</div>
```

在这种情况下，这个盒子称为无名块盒，因为它不与专门定义的元素相关联。

块级元素的文本行也会发生类似的情况。假设有一个包含三行文本的段落，每行文本形成一个无名块盒。无法直接对无名块盒或行盒应用样式，这是因为没有可以应用样式的地方（注意，行盒和行内盒是两个概念）。但是，这有助于理解在屏幕上看到的所有东西都形成某种盒。

2．CSS 定位机制

元素的布局方式也称 CSS 定位机制，CSS 有 3 种基本的定位机制：普通文件流、浮动和定位。

（1）普通文件流（简称普通流）

除非专门指定，否则所有盒都在普通流中定位，普通流中元素的位置由元素在 HTML 中的位置决定。文件中的元素按照默认的显示规则排版布局，即从上到下，从左到右。

块级盒独占一行，从上到下一个接一个地排列，盒之间的垂直距离是由盒的垂直外边距计算出来的。

行内盒在一行中按照顺序水平布置，直到在当前行遇到了边界，则换到下一行的起点继续布置，行内盒内容之间不能重叠显示。行内盒在一行中水平布置，可以使用水平内边距、边框和外边距调整它们的间距。但是，垂直内边距、边框和外边距不影响行内盒的高度。

由一行形成的水平盒称为行盒（Line Box），行盒的高度总是足以容纳它包含的所有行内框的。不过，设置行高可以增加这个盒的高度。

（2）浮动

浮动（Float）可以使元素脱离普通文件流，CSS 定义的浮动盒（块级元素）可以向左或向右浮动，直到它的外边缘碰到包含它的元素的边框，或者其他浮动盒的边框为止。

由于浮动盒不在文件的普通流中，所以对于文件的普通流中的块盒，表现得就像浮动盒不存在一样。

例如，如图 6-11a 所示，当把"盒子 1"向右浮动时，它脱离文件流并向右移动，直到它的右边缘碰到包含盒子的右边缘，如图 6-11b 所示。

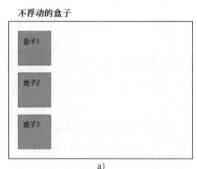

图 6-11　浮动 1

如图 6-12a 所示，当"盒子 1"向左浮动时，它脱离文件流并向左移动，直到它的左边缘碰到包含盒子的左边缘。因为它不再处于文件流中，所以不占据空间，实际上覆盖了"盒子 2"，使"盒子 2"从视图中消失。

如图 6-12b 所示，如果把所有 3 个盒子都向左移动，那么"盒子 1"向左浮动直到碰到包含的盒子，另外两个盒子向左浮动直到碰到前一个浮动盒。

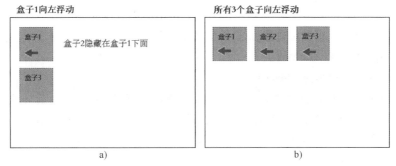

图 6-12　浮动 2

如图 6-13a 所示，如果包含的盒子太窄，无法容纳水平排列的 3 个盒子，那么其他盒子向下移动，直到有足够的空间。如果盒子的高度不同，那么当它们向下移动时可能被其他盒子"卡住"，如图 6-13b 所示。

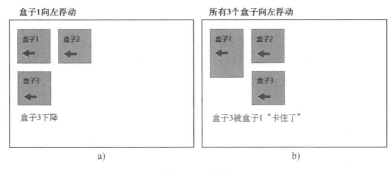

图 6-13　浮动 3

盒子会引起下面的问题。

1）父元素的高度无法撑开，影响与父元素的同级元素。

2）与浮动元素同级的非浮动元素（内联元素）会跟随其后。

3）若非第一个元素浮动，则该元素之前的元素也需要跟随其后，否则会影响页面显示的结构。

（3）定位

直接定位元素在文件或在父元素中的位置，表现为漂浮在指定元素上方，脱离了文件流；元素可以重叠在一块区域内，按照显示的级别以覆盖的方式显示。

定位分为绝对定位、相对定位和固定定位。

3. 布局属性

CSS 布局属性（Layout Properties）用来控制元素显示位置、文件布局方式。按照功能可以分为如下 3 类。

● 控制浮动类属性，包括 float、clear 属性。

● 控制溢出类属性，overflow 属性。

● 控制显示类属性，包括 display、visibility 属性。

6.3.2　CSS 浮动属性 float

有时希望相邻块级元素的盒子左右排列（所有盒子浮动），或者希望一个盒子被另一个盒子中的内容所环绕（一个盒子浮动）做出图文混排的效果，最简单的办法就是运用 float 属性使盒子在浮动方式下定位。

在 CSS 中，通过 float 属性实现元素的浮动。float 属性定义元素在哪个方向浮动。当某元素设置为浮动后，不管该元素是行内元素还是块级元素，都会生成一个块级盒，按块级元素处理，即 display 属性被设置为 block。

语法：**float : none | left |right | inherit**

参数：none 是默认值，元素不浮动，并会显示其在文本中出现的位置；left 设置元素向左浮动；right 设置元素向右浮动；inherit 规定应该从父元素继承 float 属性的值。

说明：假如在一行中只有极少的空间提供给浮动元素，那么这个元素会跳至下一行，这个过程会持续到某一行拥有足够的空间为止。

示例：

```
img { float: right }
```

元素在水平方向浮动，意味着元素只能左右移动而不能上下移动。一个浮动元素会尽量向左或向右移动，直到它的外边缘碰到包含的盒子或另一个盒子的边框为止。浮动元素后面的元素，将围绕这个浮动元素。浮动元素前面的元素不会受到影响。如果图像是向右浮动的，则下面的文本流将环绕在它的左边；反之文本流将环绕在它的右边。

【例 6-9】 float 属性示例。本例文件 6-9.html 在浏览器中的显示效果如图 6-14 所示。

```
<!DOCTYPE html>
<html>
    <head>
        <meta charset="utf-8">
        <title>CSS浮动</title>
        <style type="text/css">
            img { width: 100px; height: 62px; }
        </style>
    </head>
    <body>
        <p>这里是演示文字<img src="images/home.jpg" >这里是演示文字…</p>
        <p>这里是浮动框外围的演示文字<img src="images/home" style="float: left;">这里是浮动
框外围的演示文字…</p>
        <p>这里是浮动框外围的演示文字<img src="images/home" style="float: right;">这里是浮
动框外围的演示文字…</p>
    </body>
</html>
```

图 6-14 float 属性示例

【说明】第 1 段内容是普通文件流，图片也是普通文件流的一个元素，所以顺序排列显示。第 2 段、第 3 段内容中的图片由于分别设置为向左或向右浮动，使得图片脱离文件流直到它的外边缘碰到包含它的元素的边框为止，由于浮动盒不在文件的普通流中，所以表现得就像浮动盒不存在一样。浮动盒旁边的行盒被缩短，从而给浮动盒留出空间，行盒围绕浮动盒。因此，创建浮动盒可以使文本围绕浮动盒，如图 6-15 所示。

图 6-15 浮动示意图

6.3.3 清除浮动属性 clear

元素浮动之后，周围的元素会重新排列，要想阻止行盒围绕浮动盒，就要清除该元素的 float 属性，叫作清除浮动，即对该盒应用 clear 属性。clear 属性规定元素的哪一侧不允许其他浮动元素。

语法：**clear : none | left |right | both | inherit**

参数：none 是默认值，允许两边都可以有浮动元素；left 表示不允许左边有浮动元素；right 表示不允许右边有浮动元素；both 表示两侧都不允许有浮动元素；inherit 规定应该从父元素继承 clear 属性的值。

示例：

```
div { clear : left }
```

因为浮动元素脱离了文件流，所以包围图片和文本的 div 不占据空间，如图 6-16a 所示。为了让后续元素不受浮动元素的影响，需要在这个元素中的某个地方应用 clear 属性清除 float 属性产生的浮动，如图 6-16b 所示。

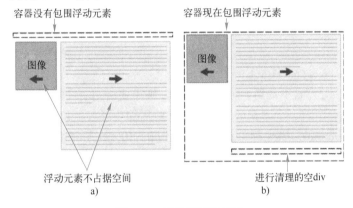

图 6-16 浮动和清除浮动

【例 6-10】 clear 属性示例。本例文件 6-10.html 在浏览器中的显示效果如图 6-17a 所示。

图 6-17 clear 属性示例

```
<!DOCTYPE html>
<html>
    <head>
        <meta charset="utf-8">
        <title>清除浮动</title>
        <style type="text/css">
            .box { width: 450px; height: 200px; }
            .box_left { float: left; width: 200px; background: aquamarine; }
```

```
        .box_right { width: 200px; float: right; background: burlywood; }
        .clear { clear: both; }
    </style>
</head>
<body>
    <div class="box">
        <div class="box_left">
            <img src="images/home.jpg" style="width: 150px;height: 94px;" />
        </div>
        <div class="box_right">
            <p>111 这里是浮动框外围的演示文字……（此处省略文字）</p>
        </div>
        <div class="clear"></div> <!-- 清除 float 产生的浮动 -->
        <p>222 这里是浮动框外围的演示文字……（此处省略文字）</p>
    </div>
</body>
</html>
```

【说明】如果删除<div class="clear">，则显示效果如图 6-17b 所示，由此可以看出清除浮动的作用。

6.3.4 裁剪属性 clip

clip 属性用于设置元素的可视区域，看起来就像对元素进行了裁剪。区域外的部分是透明的。

语法： **clip : auto | rect (top right bottom left)**

参数：auto 表示对元素不裁剪。如果要裁剪，则需要给定一个矩形，格式为 rect (top right bottom left)，依据上、右、下、左的顺序提供裁剪后的矩形右上角的纵坐标 top、横坐标 right 和左下角的纵坐标 bottom、横坐标 left，或者左上角为(0,0)坐标计算的 4 个偏移数值。其中任一坐标都可用 auto 替换，即此边不剪切。

说明：该元素必须是绝对定位，即必须将 position 的值设为 absolute，此属性才可使用。

示例：

```
div { position:absolute; width:50px; height:50px; clip:rect(0px 25px 30px 10px); }
div { position:absolute; width:50px; height:50px; clip:rect(1cm auto 30px 10cm); }
```

【例 6-11】 clip 属性示例。本例文件 6-11.html 在浏览器中的显示效果如图 6-18 所示。

```
<!DOCTYPE html>
<html>
    <head>
        <meta charset="utf-8">
        <title>clip 属性示例</title>
        <style type="text/css">
            img{ width:300px; height:187px; }
        </style>
    </head>
    <body>
        <img src="images/home.jpg">
        <img src="images/home.jpg" style="position: absolute;clip:rect(50px 200px
150px 20px); ">
    </body>
</html>
```

图 6-18 clip 属性示例

6.3.5 元素显示方式属性 display

display 属性用于设置元素的显示方式。

语法： **display : none | block | inline | inline-block | table | inherit**

参数：none 设置该元素被隐藏起来，且隐藏的元素不会占用任何空间。也就是说，该元素不但被隐藏了，而且该元素原本占用的空间也会从页面布局中消失。

block 设置该元素显示为块级元素，元素前后会有换行符，可以设置它的宽度和上、右、下、左的内外边距。

inline 设置该元素被显示为行内元素，元素前后没有换行符，也无法设置宽、高和内外边距。

inline-block 设置该元素是行内元素，但具有 block 元素的某些特性，可以设置 width 和 height 属性，保留了 inline 元素不换行的特性。

table 设置该元素作为块级元素的表格显示。还有许多有关表格元素的显示方式属性。

inherit 继承父元素的 display 设置。

说明：在 CSS 中，利用 CSS 可以摆脱 HTML 元素归类（块级元素、内联元素）的限制，自由地在不同元素上应用需要的属性。CSS 样式主要有以下 3 个。

- display:block：显示为块级元素。
- display:inline：显示为行内元素。
- display:inline-block：显示为行内块元素。表现为同行显示并可修改宽高内外边距等属性。例如，将 ul 元素加上 display:inline-block 样式，原本垂直的列表就可以水平显示了。

示例：

```
img { disply: block; float:right; }
```

【例 6-12】　display 属性示例。本例文件 6-12.html 在浏览器中的显示效果如图 6-19 所示。

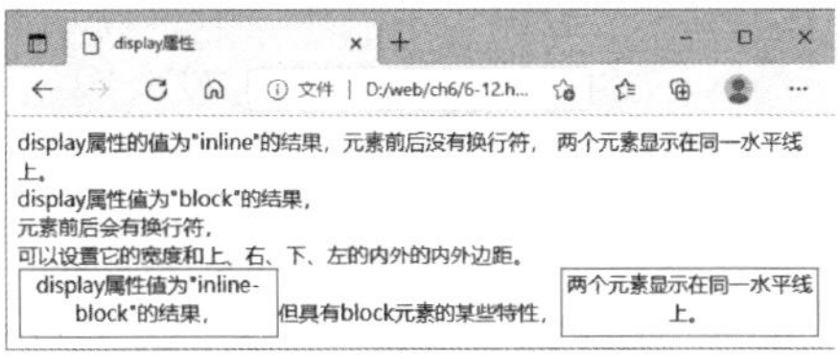

```
<!DOCTYPE html>
<html>
    <head>
        <meta charset="utf-8">
        <title>display 属性</title>
        <style type="text/css">
            p { display: inline; }
            span { display:block; }
          span.inline_box{ border: red solid 1px; display: inline-block; width: 200px;
              height: 50px; text-align: center; }
        </style>
    </head>
    <body>
        <p>display 属性的值为"inline"的结果，</p>元素前后没有换行符，
        <p>两个元素显示在同一水平线上。</p>
        <span>display 属性值为"block"的结果，</span>元素前后会有换行符，<span>可以设置它的宽度
和上、右、下、左的内外的内外边距。</span>
        <span class="inline_box">display 属性值为"inline-block"的结果，</span>但具有
block 元素的某些特性，<span class="inline_box">两个元素显示在同一水平线上。</span>
    </body>
</html>
```

图 6-19　display 属性示例

6.3.6　元素可见性属性 visibility

visibility 属性用于设置一个元素是否可见。此属性与 display:none 属性不同，visibility:hidden 属性设置为隐藏元素后，元素占据的空间仍然保留，但 display:none 不保留占用的空间，就像元素不存在一样。

语法：**visibility : hidden | visible | collapse | inherit**

参数：hidden 设置元素隐藏；visible 设置元素可见；collapse 主要用来隐藏表格的行或列，隐藏的行或列能够被其他内容使用，对于表格外的其他对象，其作用等同于 hidden；inherit 继承上一个父元素的可见性。

说明：如果希望元素为可见，那么其父元素也必须是可见的。visibility:hidden 可以隐藏某个元素，但隐藏的元素仍占用与未隐藏之前一样的空间。也就是说，该元素虽然被隐藏了，但仍然会影响布局。visibility 属性的值通常被设置成 visible 或 hidden。

当设置元素 visibility:collapse 后，一般元素的表现与 visibility:hidden 一样，会占用空间。但如果该元素是与 table 相关的元素，如 table row、table column、table column group、table column group 等，其表现却与 display:none 一样，即其占用的空间会释放。不同浏览器对 visibility:collapse 的处理方式不同。

示例：

```
img { visibility: hidden; float: right; }
```

【例 6-13】 visibility 属性示例。本例文件 6-13.html 在浏览器中的显示效果如图 6-20 所示。

```
<!DOCTYPE html>
<html>
    <head>
        <meta charset="utf-8">
        <title>visibility 属性示例</title>
        <style type="text/css">
            h1.hidden { visibility: hidden; }
            h2.display { display: none; }
        </style>
    </head>
    <body>
        <h1>这是一个可见标题</h1>
        <h1 class="hidden">这是一个隐藏标题</h1>
        <p>注意, 本例中的 visibility: hidden 隐藏标题仍然占用空间。</p>
        <h1 class="display">这个标题不被保留空间</h1>
        <p>注意, 本例中的 display: none 不显示标题不占用空间。</p>
    </body>
</html>
```

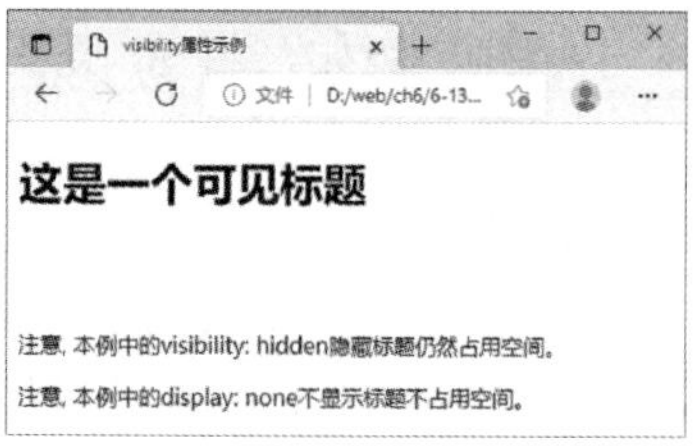

图 6-20   visibility 属性示例

6.4   CSS3 盒子定位属性

前面介绍了独立的盒模型，以及在标准流情况下盒子的相互关系。如果仅按照标准流的方式进行排版，就只能按照仅有的几种可能性进行，限制太多。CSS 的制定者也想到了排版限制的问题，因此又给出了若干不同的手段以实现各种排版需要。

定位（Positioning）的基本思想很简单，它允许用户定义元素框相对于其正常应该出现的位置，或者相对于父元素、另一个元素甚至浏览器窗口本身的位置。CSS 为定位提供了一些属性，利用这些属性，可以建立列式布局，将布局的一部分与另一部分重叠。

6.4.1   定位位置属性 top、right、bottom、left

这 4 个 CSS 属性样式用于定位元素的位置。

语法：

```
top:auto | length
right:auto | length
bottom:auto | length
left:auto | length
```

- top 用于设置定位元素相对的对象顶边偏移的距离，正数向下偏移，负数向上偏移。
- right 用于设置定位元素相对的对象右边偏移的距离，正数向左偏移，负数向右偏移。
- bottom 用于设置定位元素相对的对象底边偏移的距离，正数向上偏移，负数向下偏移。
- left 用于设置定位元素相对的对象左边偏移的距离，正数向右偏移，负数向左偏移。

参数：auto 无特殊定位，根据 HTML 定位规则在文件流中分配。length 是由数字和单位标识符组成的长度值或百分数。

说明：必须定义 position 属性值为 absolute 或 relative，此取值方可生效。用于设置对象与其最近一个定位的父对象左边相关的位置。

left 和 right 在一个样式中只能使用其一，不能将 left 和 right 都设置，一个元素设置了靠左边多少距离，右边的距离自然就有了，所以无须设置另外一边。相同的道理，top 和 bottom 对一个元素也只能使用其一。CSS 规定，如果水平方向同时设置了 left 和 right，则以 left 属性值为准。同样，如果垂直方向同时设置了 top 和 bottom，则以 top 属性值为准。

示例：

```
div{left:20px}
```

6.4.2　定位方式属性 position

position 属性用于设置元素的定位类型。

语法：**position: static | absolute | relative | sticky**

参数：static 是默认值，没有定位，元素出现在正常的文件流中（忽略 top、bottom、left、right 或 z-index 属性的声明）。

absolute 表示生成绝对定位的元素，绝对定位的元素位置相对于最近已定位的父元素，如果元素没有已定位的父元素，那么它的位置相对于页面定位。元素的位置通过 top、right、bottom、left 进行确定。此时元素不具有边距，但仍有边框和内边距。absolute 定位使元素的位置与文件流无关，因此不占据空间。absolute 定位的元素容易造成和其他元素重叠。

relative 表示生成相对定位的元素，相对于其正常位置进行定位，不脱离文件流，但将根据 top、right、bottom、left 等属性在正常文件流中偏移位置。移动相对定位元素的位置，它原本所占的空间不会改变。相对定位元素经常被用来作为绝对定位元素的容器块。

fixed 元素框的表现类似于将 position 设置为 absolute，不过其包含元素的位置相对于浏览器窗口是固定位置。fixed 定位使元素的位置与文件流无关，因此不占据空间。fixed 定位的元素和其他元素重叠。

sticky 定位，sticky 英文字面意思是黏、粘贴，所以可以把它称为黏性定位。position: sticky 基于用户的滚动位置来定位。黏性定位的元素可以被认为是相对定位和固定定位的混合。它的行为就像 position:relative，而当页面滚动超出目标区域时，它的表现就像 position:fixed，会固定在目标位置。元素定位表现为在跨越特定阈值前为相对定位，之后为固定定位。这个特定阈值指的是 top、right、bottom 或 left 之一，换言之，指定 top、right、 bottom 或 left 这 4 个阈值其中之一，才可使黏性定位生效。否则其行为与相对定位相同。注意，Internet Explorer、Edge 15 及更早 IE 版本不支持 sticky 定位。

【说明】 这个属性定义建立元素布局所用的定位机制。任何元素都可以定位，不过绝对或固定元素会生成一个块级框，而不论该元素本身是什么类型。相对定位元素会相对于它在正常流中的默认位置偏移。

1. 静态定位

静态定位（position:static）是 position 属性的默认值，盒子按照标准流（包括浮动方式）进行布局，即该元素出现在文件的常规位置，不会重新定位。

【例 6-14】 静态定位示例。本例文件 6-14.html 在浏览器中的显示效果如图 6-21 所示。

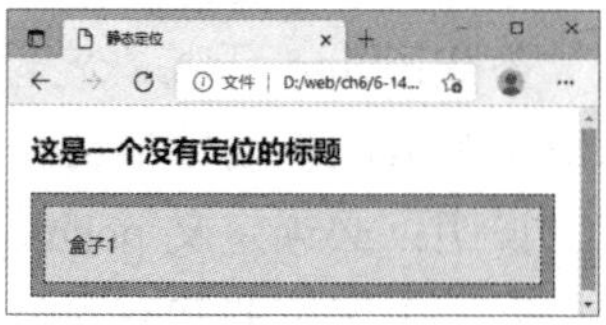

图 6-21　静态定位示例

```
<!DOCTYPE html>
<html>
    <head>
        <meta charset="utf-8">
        <title>静态定位</title>
        <style type="text/css">
            body { margin: 20px;}              /*整体外边距为20px*/
            #father {background-color: #a0c8ff;  /*父容器的背景为蓝色*/
                border: 1px dashed #000000;      /*父容器的边框为1px 黑色虚线*/
                padding: 10px;                   /*父容器内边距为10px*/   }
            #box1 {
                background-color: #fff0ac;       /*盒子的背景为黄色*/
                border: 1px dashed #000000;      /*盒子的边框为1px 黑色虚线*/
                padding: 20px;                   /*盒子的内边距为20px*/   }
        </style>
    </head>
    <body>
        <h2>这是一个没有定位的标题</h2>
        <div id="father">
            <div id="box1">盒子 1</div>
        </div>
    </body>
</html>
```

【说明】"盒子 1"没有设置任何 position 属性，相当于使用静态定位方式，页面布局也没有发生任何变化。

2. 相对定位

使用相对定位的盒子会相对于自身原本的位置，通过偏移指定的距离，到达新的位置。使用相对定位，除了要将 position 属性值设置为 relative，还需要指定一定的偏移量。其中，水平方向的偏移量由 left 和 right 属性指定；竖直方向的偏移量由 top 和 bottom 属性指定。

【例 6-15】 相对定位示例。本例文件 6-15.html 在浏览器中的显示效果如图 6-22 所示。

图 6-22　相对定位示例

```
<!DOCTYPE html>
<html>
    <head>
        <meta charset="utf-8">
        <title>相对定位</title>
        <style type="text/css">
            body { margin: 20px;              /*整体外边距为20px*/  }
            #father { background-color: #a0c8ff;  /*父容器的背景为蓝色*/
                border: 1px dashed #000000;       /*父容器的边框为1px 黑色虚线*/
```

```
                    padding: 10px;                    /*父容器内边距为10px*/ }
             #box1 { background-color: #fff0ac;       /*盒子背景为黄色*/
                    border: 1px dashed #000000;        /*边框为1px 黑色虚线*/
                    padding: 10px;                    /*盒子的内边距为10px*/
                    margin: 10px;                     /*盒子的外边距为10px*/
                    position: relative;               /*relative 相对定位*/
                    left: 30px;                       /*距离父容器左端30px*/
                    top: 30px;                        /*距离父容器顶端30px*/ }
             h2.right_top { position: relative;        /*relative 相对定位*/
                    top: -75px; left: 100px; }
       </style>
   </head>
   <body>
       <h2>这是一个没有定位的标题</h2>
       <h2 class="right_top">这个标题是根据其正常位置向右向上移动的</h2>
       <div id="father">
           <div id="box1">盒子 1</div>
       </div>
   </body>
</html>
```

【说明】

① id="box1"的盒子使用相对定位方式定位，因此向下且"相对于"初始位置向右各移动了 30px。

② 使用相对定位的盒子仍在标准流中，它对父容器没有影响。

③ 即使相对定位元素的内容移动了，但是预留空间的元素仍保留在正常文件流的位置。

3. 绝对定位

使用绝对定位的盒子以其"最近"的一个"已经定位"的"祖先元素"为基准进行偏移。如果没有已经定位的祖先元素，就以浏览器窗口为基准进行定位。

绝对定位的盒子从标准流中脱离，对其后的兄弟盒子的定位没有影响，其他的盒子就好像这个盒子不存在一样。原先在正常文件流中所占的空间会关闭，就好像元素原来不存在一样。元素定位后生成一个块级框，而不论原来它在正常流中生成何种类型的框。

【例 6-16】 绝对定位示例。本例中的父容器包含 3 个盒子，对"盒子 2"使用绝对定位后的显示效果如图 6-23a 所示；放大或缩小浏览器窗口时的显示效果如图 6-23b 所示。

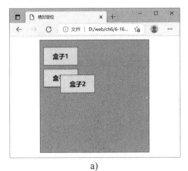
a)

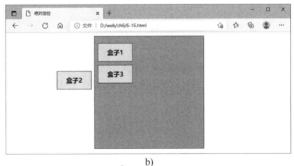
b)

图 6-23　绝对定位示例

```
<!DOCTYPE html>
<html>
   <head>
       <meta charset="utf-8">
       <title>绝对定位</title>
       <style type="text/css">
```

```
            body { margin: 0px; padding: 0px; font-size: 18px; font-weight: bold; }
            .father { margin: 10px auto; width: 300px; height: 300px; padding: 10px;
                background: #a0c8ff; border: 1px solid #000; }
            .child01, .child02, .child03 { width: 100px; height: 50px; line-height: 50px;
                background: #fff0ac; border: 1px solid #000; margin:10px 0px; text-
                align: center;}
            .child02 {
                position: absolute;          /*对盒子2使用绝对定位*/
                left: 150px;                 /*距左边线150px*/
                top: 100px;                  /*距顶部边线100px*/
            }
        </style>
    </head>
    <body>
        <div class="father">
            <div class="child01">盒子1</div>
            <div class="child02">盒子2</div>
            <div class="child03">盒子3</div>
        </div>
    </body>
</html>
```

【说明】

1）"盒子 2"采用绝对定位后从标准流中脱离，对其后的兄弟盒子（"盒子 3"）的定位没有影响。

2）"盒子 2"最近的"祖先元素"就是 id="father"的父容器，但由于该容器不是"已经定位"的"祖先元素"。因此，对"盒子 2"使用绝对定位后，"盒子 2"以浏览器窗口为基准进行定位，距离浏览器左端150px，距离浏览器上端100px。

4．固定定位

固定定位其实是绝对定位的子类别，一个设置了 position:fixed 的元素是相对于视窗固定的，就算页面文件发生了滚动，它也会一直保留在相同的地方。

【例 6-17】 固定定位示例。为了对固定定位演示得更加清楚，将"盒子 2"固定定位，并且调整页面高度使浏览器显示出滚动条。本例文件 6-17.html 在浏览器中的显示效果如图 6-24所示。

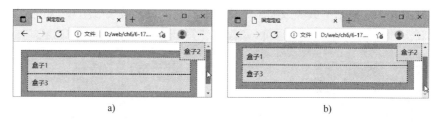

图 6-24 固定定位示例

a) 初始状态 b) 向下拖动滚动条时的状态

```
<!DOCTYPE html>
<html>
    <head>
        <meta charset="utf-8">
        <title>固定定位</title>
        <style type="text/css">
            body { margin: 20px;                    /*页面整体外边距为20px*/ }
            #father { background-color: #a0c8ff;     /*父容器的背景为蓝色*/
                border: 1px dashed #000000;          /*父容器的边框为1px 黑色虚线*/
                padding: 15px;                       /*父容器内边距为15px*/ }
```

```
            #box1 { background-color: #fff0ac;        /*盒子的背景为黄色*/
                border: 1px dashed #000000;           /*盒子的边框为1px 黑色虚线*/
                padding: 10px;                        /*盒子的内边距为10px*/
                position: relative;                   /*relative 相对定位 */ }
            #box2 { background-color: #fff0ac;        /*盒子的背景为黄色*/
                border: 1px dashed #000000;           /*盒子的边框为1px 黑色虚线*/
                padding: 10px;                        /*盒子的内边距为10px*/
                position: fixed;                      /*fixed 固定定位*/
                top: 0;                               /*向上偏移至浏览器窗口顶端*/
                right: 0;                             /*向右偏移至浏览器窗口右端 */ }
            #box3 {background-color: #fff0ac;         /*盒子的背景为黄色*/
                border: 1px dashed #000000;           /*盒子的边框为1px 黑色虚线*/
                padding: 10px;                        /*盒子的内边距为10px*/
                position: relative;                   /*relative 相对定位 */ }
        </style>
    </head>
    <body>
        <div id="father">
            <div id="box1">盒子1</div>
            <div id="box2">盒子2</div>
            <div id="box3">盒子3</div>
        </div>
    </body>
</html>
```

5. 黏性定位

对元素设置 position:sticky，浏览者滚动浏览器中的内容时，黏性定位的元素依赖于用户的滚动，在 position:relative 与 position:fixed 定位之间切换。

【例 6-18】 sticky 定位示例。本例文件 6-18.html 在浏览器中的显示效果如图 6-25 所示。

图 6-25　黏性定位示例

```
<!DOCTYPE html>
<html>
    <head>
        <meta charset="utf-8">
        <title>sticky 定位</title>
        <style type="text/css">
            div.sticky { position: -webkit-sticky; position: sticky; top: 0; padding: 5px;
                background-color: #cae8ca; border: 2px solid #4CAF50; }
        </style>
    </head>
    <body>
        <p>请滚动页面，才能看出效果! </p>
        <p>注意: IE/Edge 15 及更早 IE 版本不支持 sticky 属性。</p>
        <div class="sticky">我是黏性定位!</div>
        <div style="padding-bottom:2000px">
            <p>滚动我</p>
            <p>来回滚动我</p>
            <p>滚动我</p>
            <p>来回滚动我</p>
```

```
            <p>滚动我</p>
            <p>来回滚动我</p>
        </div>
    </body>
</html>
```

6.4.3 层叠顺序属性 z-index

z-index 属性设置对象的层叠顺序。

语法：z-index：auto | number

参数：默认值是 auto，即层叠顺序与其父元素相同；number 为无单位的整数值，可为负数，用于设置目标对象的定位程序，数值越大，所在的层级越高，覆盖在其他层级之上，该属性仅在 position:absolute 时有效。

说明：如果两个绝对定位对象的 z-index 属性具有同样的值，那么将依据它们在 HTML 文件中声明的顺序层叠。元素的定位与文件流无关，所以它们可以覆盖页面上的其他元素。z-index 属性指定了一个元素的层叠顺序（哪个元素应该放在前面或后面）。

示例：当定位多个要素并将其重叠时，可以使用 z-index 来设定哪一个要素应出现在最上层。由于<h2>文字的 z-index 参数值更高，所以它显示在<h1>文字的上面。

```
        h2{ position: relative; left: 10px; top: 0px; z-
index: 10}
        h1{ position: relative; left: 33px; top: -35px; z-
index: 1}
        div { position:absolute; z-index:3; width:6px }
```

【例 6-19】 z-index 属性示例。本例文件 6-19.html 在浏览器中的显示效果如图 6-26 所示。

图 6-26　z-index 属性示例

```
<!DOCTYPE html>
<html>
    <head>
        <meta charset="utf-8">
        <title>z-index 属性的应用</title>
        <style>
            div { width: 182px; height: 253px; position: absolute; }
            #ten { background: url(images/ten.jpg) no-repeat; z-index: 1; left: 20px;
top: 100px; }
            #jack { background: url(images/jack.jpg) no-repeat; z-index: 2; left:
100px; top: 100px;}
            #queen { background:url(images/queen.jpg) no-repeat;z-index:3;left: 180px;
top: 100px;}
            #king { background: url(images/king.jpg) no-repeat; z-index: 4; left:
260px;top: 100px;}
            #ace { background: url(images/ace.jpg) no-repeat; z-index: 5; left:
340px; top: 100px; }
        </style>
    </head>
    <body>
        <h3>z-index 属性的应用</h3>
        <hr />
        <div id="ten"></div>
        <div id="jack"></div>
        <div id="queen"></div>
        <div id="king"></div>
        <div id="ace"></div>
    </body>
</html>
```

6.5　CSS3 多列属性

CSS3 的多列属性可以将文本内容设计成像报纸一样的多列布局。

1．列数属性 column-count

column-count 属性用于设置元素被分割的列数。

语法：column-count: <integer> | auto

参数：默认值为 auto，列数根据 column-width 自动分配宽度。integer 用整数值来定义列数，不允许为负值。

示例：

```
<style type="text/css">
    .newspaper { column-count:3; }
</style>
<body>
    <div class="newspaper">
       文字…
    </div>
</body>
```

2．列宽属性 column-width

column-width 属性用于设置元素每列的宽度。

语法：column-width: <length> | auto

参数：默认值是 auto，表示根据 column-count 分配宽度。

示例：

```
    .newspaper {column-width:100px; column-count: 3; column-gap: 40px; column-rule-style:
outset; column-rule-width: 1px; }
```

3．列宽属性 column

column 属性设置元素的列数和每列的宽度，是复合属性。

语法：columns: [column-width] | [column-count]

参数：与每个独立属性的参数相同。column-width 设置元素每列的宽度。column-count 设置元素的列数。

示例：

```
    .newspaper { columns:100px 3; }
```

4．列与列的间隔属性 column-gap

column-gap 属性用于设置元素的列与列的间隔。

语法：column-gap: <length> | normal

参数：length 用长度值定义列与列的间隔，不允许为负值；normal 值与 font-size 值相同，假设该对象的 font-size 为 16px，则 normal 值为 16px。

示例：

```
    .newspaper { column-count:3; column-gap:40px; }
```

5．是否横跨所有列属性 column-span

column-span 属性用于设置元素是否横跨所有列。

语法：column-span: none | all

参数：none 表示不跨列；all 表示横跨所有列。

示例：

```
.newspaper { column-count:3; }
h2 { column-span:all; }
```

6．列与列的间隔样式属性 column-rule-style

column-rule-style 属性用于设置元素的列与列间隔的样式。

语法： **column-rule-style: none | hidden | dotted | dashed | solid | double | groove | ridge | inset | outset**

参数：none 表示无轮廓，column-rule-color 与 column-rule-width 将被忽略；hidden 表示隐藏边框；dotted 表示点状轮廓；dashed 表示虚线轮廓；solid 表示实线轮廓；double 表示双线轮廓，两条单线与其间隔的和等于指定的 column-rule-width 值；groove 表示 3D 凹槽轮廓；ridge 表示 3D 凸槽轮廓；inset 表示 3D 凹边轮廓；outset 表示 3D 凸边轮廓。

说明：如果 column-rule-width 值为 0px，则本属性失去作用。

示例：

```
.newspaper { column-count:3; column-gap:40px; column-rule-style:dotted; }
```

7．列与列的间隔颜色属性 column-rule-color

column-rule-color 属性用于设置列与列的间隔颜色。

语法： **column-rule-color: <color>**

默认值：采用文本颜色。

说明：如果 column-rule-width 值为 0px 或 column-rule-style 值为 none，则本属性被忽略。

示例：

```
.newspaper { column-count:3; column-gap:40px; column-rule-style:outset; column-rule-color:#ff0000; }
```

8．列与列的宽度属性 column-rule-width

column-rule-width 属性用于设置元素的列与列的宽度。

语法： **column-rule-width: <length> | thin | medium | thick**

默认值：<length>表示用长度值来定义边框的厚度，不允许为负值；thin 定义比默认厚度细的边框；medium 表示默认厚度的边框；thick 定义比默认厚度粗的边框。

说明：如果 column-rule-style 设置为 none，则本属性失去作用。

示例：

```
.newspaper { column-count: 3; column-gap: 40px; column-rule-style: outset; column-rule-width: 1px; }
```

9．列与列的间隔所有属性 column-rule

column-rule 属性用于设置元素的列与列的间隔宽度、样式、颜色，是复合属性。

语法： **column-rule: [column-rule-width] | [column-rule-style] | [column-rule-color]**

参数：与每个独立属性的参数相同。

示例：

```
.newspaper { column-count:3; column-gap:40px; column-rule:4px outset #ff00ff; }
```

【例 6-20】 多列属性示例。本例文件 6-20.html 在浏览器中的显示效果如图 6-27 所示。

图 6-27　多列属性示例

```
<!DOCTYPE html>
<html>
    <head>
        <meta charset="utf-8">
        <title>多列属性</title>
        <style type="text/css">
            .newspaper1{column-count:4;
                column-width: auto;
                column-rule-style: dashed;
                column-rule-width: thick;
                column-rule-color: green; }
            .newspaper2{column-count:5;
                column-width: auto;
                column-rule-style: none;
                column-gap: 10px; }
            .h3_span { column-span: all; }
            p { text-indent: 2em; margin: 0px; }
        </style>
    </head>
    <body>
        <div class="newspaper1">
            <h3>社会主义核心价值观</h3>
            <p>中共十八大强调，倡导富强、民主、文明、和谐……（此处省略文字）</p>
            <p>任何一个社会都存在多种多样的价值观念和价值……（此处省略文字）</p>
            <p>2012 年 11 月 8 日中国共产党第十八次全国代表大会……（此处省略文字）</p>
        </div>
        <hr />
        <div class="newspaper2">
            <h3 class="h3_span">概念内涵</h3>
            <p>社会主义核心价值观从国家、社会、公民三个层面……（此处省略文字）</p>
            <p>富强、民主、文明、和谐是中国社会主义现代化……（此处省略文字）</p>
            <p>爱国、敬业、诚信、友善的价值准则着眼于公民……（此处省略文字）</p>
            <p>培育和践行社会主义核心价值观的指导思想……（此处省略文字）</p>
        </div>
    </body>
</html>
```

6.6 综合案例——"馨美装修"登录页面整体布局

本节主要讲解"馨美装修"登录页面整体布局的方法，重点练习 CSS 定位与浮动实现页面布局的各种技巧。

【例 6-21】 "馨美装修"登录页面整体布局。本例文件 6-21.html 在未使用盒子浮动前的布局效果如图 6-28 所示，使用盒子浮动后的布局效果如图 6-29 所示。

例 6-21

图 6-28 盒子浮动前的布局效果

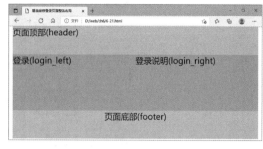

图 6-29 盒子浮动后的布局效果

在布局规划中，wrapper 是整个页面的容器，header 是页面的顶部区域，main 是页面的主体内容，其中又包含登录表单区域 login_left 和表单说明区域 login_right，footer 是页面的底部区域。

```
<!DOCTYPE html>
<html>
    <head>
        <meta charset="utf-8">
        <title>馨美装修登录页面整体布局</title>
    </head>
    <style type="text/css">
        body {                          /*body 容器的样式*/
            margin: 0px;                /*外边距为 0px*/
            padding: 0px;               /*内边距为 0px*/
        }
        div {                           /*设置各 div 块的字体和颜色*/
            font-size: 30px;
            font-family: 宋体;
        }
        #wrapper {                      /*整个页面容器 wrapper 的样式*/
            width: 900px;
            margin: 0px auto;           /*容器自动居中*/
        }
        #header {                       /*顶部区域的样式*/
            width: 100%;                /*宽度 100%*/
            height: 100px;              /*高度 100%*/
            background: #6ff;
        }
        #main {                         /*主体内容区域的样式*/
            width: 100%;                /*宽度 100%*/
            height: 200px;              /*高度 200px*/
            background: #f93;
        }
        .login_left {                   /*登录表单区域的样式*/
            width: 50%;                 /*宽度占 50%*/
            height: 100%;               /*高度 100%*/
            float: left;                /*向左浮动*/
        }
        .login_right {                  /*表单说明区域的样式*/
            width: 50%;                 /*宽度占 50%*/
            height: 100%;               /*高度 100%*/
            float: left;                /*向左浮动*/
```

```
        }
        #footer {                          /*底部区域的样式*/
            width: 100%;                   /*宽度100%*/
            height: 100px;                 /*高度100%*/
            background: #6ff;
            text-align: center;            /*文本居中对齐*/
        }
    </style>
    <body>
        <div id="wrapper">
            <div id="header">页面顶部(header)</div>
            <div id="main">
                <div class="login_left">登录(login_left)</div>
                <div class="login_right">登录说明(login_right)</div>
            </div>
            <div id="footer">页面底部(footer)</div>
        </div>
    </body>
</html>
```

【说明】在定义 login_left 和 login_right 的样式时，如果没有设置"float:left;"向左浮动，则登录说明区域将另起一行显示（见图 6-28），显然是不符合布局要求的。

习题 6

1. 使用相对定位的方法制作图 6-30 所示的页面布局。
2. 使用盒模型技术制作图 6-31 所示的商城结算页面的局部内容。

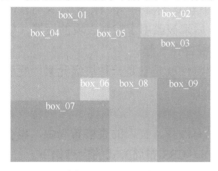

图 6-30　题 1 图　　　　　　　　　图 6-31　题 2 图

3. 使用盒模型技术制作图 6-32 所示的页面。

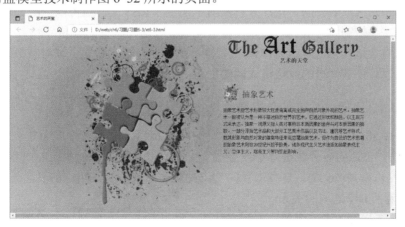

图 6-32　题 3 图

第 7 章 Div+CSS 布局页面

前面的章节介绍了 CSS 的基本概念及盒模型的基础知识,从本章开始将深入讲解 CSS 的核心原理。传统网站是采用表格进行布局的,但这种方式已经逐渐淡出设计舞台,取而代之的是符合 Web 标准的 Div+CSS 布局方式。随着 Web 标准在国内的逐渐普及,许多网站已经开始重构。Web 标准提出将网页的内容与表现分离,同时要求 HTML 文档具有良好的结构。

7.1 Div+CSS 布局技术简介

使用 Div+CSS 布局页面是当前制作网站流行的技术。网页设计师必须按照设计要求,首先搭建一个可视的排版框架,这个框架有自己在页面中显示的位置、浮动方式,然后向框架中填充排版的细节,这就是 Div+CSS 布局页面的基本理念。

7.1.1 Div+CSS 布局的优点

传统的 HTML 标签中,既有控制结构的标签(如<title>标签和<p>标签),又有控制表现的标签(如<font>标签和<b>标签),还有本意用于结构后来被滥用于控制表现的标签(如<h1>标签和<table>标签)。页面的整个结构标签与表现标签混合在一起。

相对于其他 HTML 继承而来的元素,Div 元素的特性就是它是一种块级元素,更容易被 CSS 代码控制样式。

Div+CSS 的页面布局不仅是设计方式的转变,而且是设计思想的转变,这一转变为网页设计带来了许多便利。虽然在设计中使用的元素依然没有改变,在旧的表格布局中,也会使用到 Div 和 CSS,但它们却没有被用于页面布局。采用 Div+CSS 布局方式的优点如下。

- Div 用于搭建网站结构,CSS 用于创建网站表现,将表现与内容分离,便于大型网站的协作开发和维护。
- 缩短了网站的改版时间,设计者只要简单地修改 CSS 文件就可以轻松地改版网站。
- 强大的字体控制和排版能力,使设计者能够更好地控制页面布局。
- 使用只包含结构化内容的 HTML 代替嵌套的标签,提高搜索引擎对网页的索引效率。
- 用户可以将许多网页的风格格式同时更新。

7.1.2 使用嵌套的 Div 实现页面排版

使用 Div+CSS 布局页面完全有别于传统的网页布局习惯,它将页面首先在整体上进行 Div 元素的分块,然后对各个块进行 CSS 定位,最后在各个块中添加相应的内容。

Div 元素是可以被嵌套的,这种嵌套的 Div 主要用于实现更为复杂的页面排版。下面以两个示例说明嵌套的 Div 之间的关系。

【例 7-1】 未嵌套的 Div 容器。本例文件 7-1.html 的 Div 布局效果如图 7-1 所示。

```
<body>
```

```
        <div id="top">此处显示 id "top" 的内容</div>
        <div id="main">此处显示 id "main" 的内容</div>
        <div id="footer">此处显示 id "footer" 的内容</div>
    </body>
```

以上代码中分别定义了 id="top"、id="main"和 id="footer"的 3 个 Div 元素，它们之间是并列关系，没有嵌套。在页面布局结构中以垂直方向顺序排列。而在实际的工作中，这种布局方式并不能满足需要，经常会遇到 Div 之间的嵌套。

【例 7-2】　嵌套的 Div 容器。本例文件 7-2.html 的 Div 布局效果如图 7-2 所示。

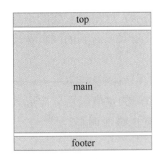
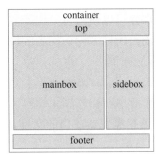

图 7-1　未嵌套的 Div　　　　图 7-2　嵌套的 Div

```
<body>
    <div id="container">
        <div id="top">此处显示  id "top" 的内容</div>
        <div id="main">
            <div id="mainbox">此处显示  id "mainbox" 的内容</div>
            <div id="sidebox">此处显示  id "sidebox" 的内容</div>
        </div>
        <div id="footer">此处显示  id "footer" 的内容</div>
    </div>
</body>
```

本例中，id="container"的 Div 作为盛放其他元素的容器，它所包含的所有元素对于 id="container"的 Div 来说都是嵌套关系。对于 id="main"的 Div 容器，则根据实际情况进行布局，这里分别定义 id="mainbox"和 id="sidebox"两个 Div 元素，虽然新定义的 Div 元素之间是并列的关系，但都处于 id="main"的 Div 元素内部，因此它们与 id="main"的 Div 形成一种嵌套关系。

7.2　典型的 Div+CSS 整体页面布局

以前网站采用的表格布局，现在已经不再使用。Web 标准提出将网页的内容与表现分离，同时要求 HTML 文件具有良好的结构，所以现在采用的是符合 Web 标准的 Div+CSS 布局方式。CSS 布局就是 HTML 网页通过 Div 元素+CSS 样式表代码设计制作的 HTML 网页的统称。使用 Div+CSS 布局的优点是便于维护，有利于 SEO（Search Engine Optimization，搜索引擎优化），网页打开速度快，符合 Web 标准等。

网页设计的第一步是设计版面布局，就像传统的报刊编辑一样，将网页看作一张报纸或一本期刊来进行排版布局。本节先介绍 CSS 布局类型，然后介绍常用的 CSS 布局样式。

7.2.1　CSS 布局类型

基本的 CSS 布局类型主要有固定布局和弹性伸缩布局两大类，弹性伸缩布局又分为宽度自适应布局、自适应式布局、响应式布局。

1. 固定布局（Fixed Layout）

固定布局是指页面的宽度固定，宽度使用绝对长度单位（px、pt、mm、cm、in），页面元素的位置不变，所以无论访问者的屏幕分辨率有多大、浏览器的尺寸是多少，都会和其他访问者看到的尺寸相同，网页布局始终按照最初写代码时的布局显示。常规的 PC 端网站都采用固定布局，如果小于这个宽度就会出现滚动条，如果大于这个宽度则内容居中，内容外加背景。固定布局也称为静态布局（Static Layout）。固定布局使用固定宽度的包裹层（Wrapper）或容器，内部的各个部分可以使用百分比或固定的宽度来表示。这里最重要的是外面所谓包裹层的宽度是固定不变的，所以无论访问者的浏览器是什么分辨率，看到的网页宽度都相同。

2. 宽度自适应布局

宽度自适应布局（也称液态布局）是指在不同分辨率或浏览器宽度下依然保持满屏，不会出现滚动条，就像液体一样充满了屏幕。宽度自适应布局的宽度以百分比形式指定，文字使用em。如果访问者调整浏览器窗口的宽度，则网页的列宽也跟着调整。

3. 自适应式布局

自适应布局是指使网页自适应地显示在大小不同的终端设备上，而且需要开发多套界面，通过检测视口分辨率来判断当前访问的设备是 PC 端还是平板、手机，从而请求服务层，返回不同的页面。自适应对页面做的屏幕适配是在一定范围内的，如 PC 端一般要大于 1024px，手机端要小于 768px。

4. 响应式布局（Responsive Layout）

响应式布局是指同一页面在不同屏幕尺寸的终端上（PC、手机、平板、手表等 Web 浏览器）有不同的布局。响应式布局是指开发一套界面，通过检测视口分辨率，针对不同客户端在客户端做代码处理，来展现不同的布局和内容。响应式布局几乎已经成为优秀页面布局的标准。

7.2.2 CSS 布局样式

1. 一栏（列）布局样式

常见的一栏布局有两种，如图 7-3 所示。

● 一栏等宽布局：header、content 和 footer 等宽的一栏布局。

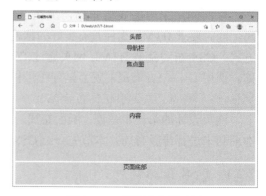

一栏等宽布局　　一栏通栏布局

图 7-3　一栏布局

● 一栏通栏布局：header 与 footer 等宽，content 略窄的一栏布局。

【例 7-3】 一栏等宽布局示例。页面从上到下分别是头部（header）、导航栏（nav）、焦点图（banner）、内容（content）和页面底部（footer），如图 7-4 所示。

```
<!DOCTYPE html>
<html>
    <head>
        <meta charset="utf-8">
        <title>一栏等宽布局</title>
        <style type="text/css">
            body { margin: 0px;
                   padding: 0px;
                   font-size: 24px;
```

图 7-4　一栏等宽布局示例

```
                    text-align: center;}
                div {
                    width: 980px;
                    margin: 5px auto;
                    background: #D2EBFF; }
                /*分别设置各个模块的高度*/
                #header { height: 40px; }
                #nav { height: 60px; }
                #banner { height: 200px; }
                #content { height: 200px; }
                #footer { height: 90px; }
            </style>
        </head>
        <body>
            <div id="header">头部</div>
            <div id="nav">导航栏</div>
            <div id="banner">焦点图</div>
            <div id="content">内容</div>
            <div id="footer">页面底部</div>
        </body>
    </html>
```

【例 7-4】　一栏通栏布局示例。对于一栏通栏布局样式，头部（header）、页面底部（footer）的宽度不设置，块级元素充满整个屏幕，但导航栏（nav）、焦点图（banner）和内容（content）的宽度设置同一个 width，如图 7-5 所示。

图 7-5　一栏通栏布局示例

```
<!DOCTYPE html>
<html>
    <head>
        <meta charset="utf-8">
        <title>一栏通栏布局</title>
        <style type="text/css">
            body { margin: 0px;
                padding: 0px;
                font-size: 24px;
                text-align: center;}
            div {
                width: 980px;          /*设置所有模块的宽度为980px、居中显示*/
                margin: 5px auto; background: #D2EBFF; }
            /*头部只设置高度*/
            #header { height: 40px; }
            /*设置导航栏（nav）、焦点图（banner）和内容（content）的宽度一样*/
            #nav { width: 800px; height: 60px; }
            #banner { width: 800px; height: 200px; }
            #content { width: 800px; height: 200px; }
            /*底部只设置高度*/
            #footer { height: 90px; }
        </style>
    </head>
    <body>
        <div id="header">头部</div>
        <div id="nav">导航栏</div>
        <div id="banner">焦点图</div>
        <div id="content">内容</div>
        <div id="footer">页面底部</div>
    </body>
</html>
```

2．两栏布局样式

两栏布局样式的网页一般一边是主体内容，另一边是目录的网页，两栏布局有多种实现方法。两栏布局通常一栏定宽，另一栏自适应宽度，这种方法称为 float+margin。这样做的好处是定宽的一栏可以放置目录或广告，自适应的一栏可以放置主体内容。

【例 7-5】 两栏自适应布局示例。本例文件 7-5.html 在浏览器中的显示效果如图 7-6 所示。

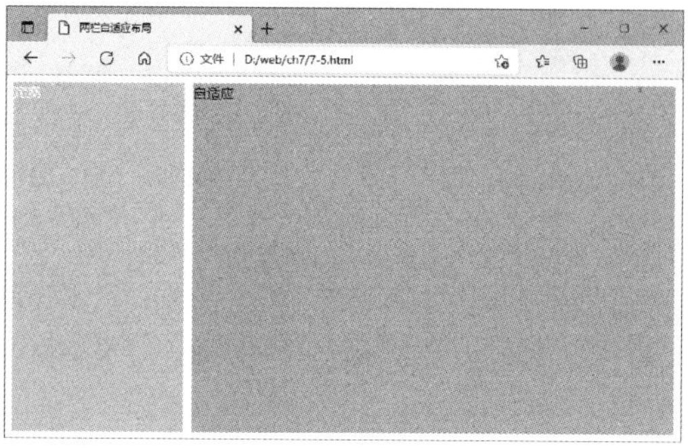

```html
<!DOCTYPE html>
<html>
    <head>
        <meta charset="utf-8">
        <title>两栏自适应布局</title>
        <style type="text/css">
            .left { width: 200px;
                height: 400px;background: lightblue;
                float: left; display: table;color: #fff; }
            .right { margin-left: 210px; height: 400px; background: #FFAAFF; }
        </style>
    </head>
    <body>
        <div class="left">定宽</div>
        <div class="right">自适应</div>
    </body>
</html>
```

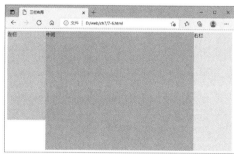

图 7-6　两栏自适应布局示例

3. 三栏布局样式

三栏布局样式通常两侧栏固定宽度，中间栏自适应宽度。实现三栏布局有多种方式。三栏布局使用较为广泛，不过也是基础的布局方式。对于 PC 端的网页来说，三栏布局样式使用较多，但是移动端由于本身宽度的限制，很难实现三栏布局样式。

【例 7-6】 三栏布局示例。本例文件 7-6.html 在浏览器中的显示效果如图 7-7 所示。

```html
<!DOCTYPE html>
<html>
    <head>
        <meta charset="utf-8">
        <title>三栏布局</title>
        <style type="text/css">
            .wrapper { display: flex; }
            .left { width: 200px; height: 300px;
                background: lightblue; }
            .middle { width: 100%;
                background: #FFAAFF; margin: 0px 20px; }
            .right { width: 200px; height: 400px; background: yellow; }
        </style>
    </head>
    <body>
        <div class="wrapper">
            <div class="left">左栏</div>
            <div class="middle">中间</div>
            <div class="right">右栏</div>
        </div>
    </body>
</html>
```

图 7-7　三栏布局示例

4．整体布局样式

典型的网页整体布局要求有广告区、导航区、主体区和版权信息区。

【例 7-7】　整体布局示例。页面包含广告区、导航区、主体区和版权信息区。

其中，主体区又分为左右两个区，左区域用于文章列表，右区域则作为 4 个内容区。本例文件 7-7.html 在浏览器中的显示效果如图 7-8 所示。

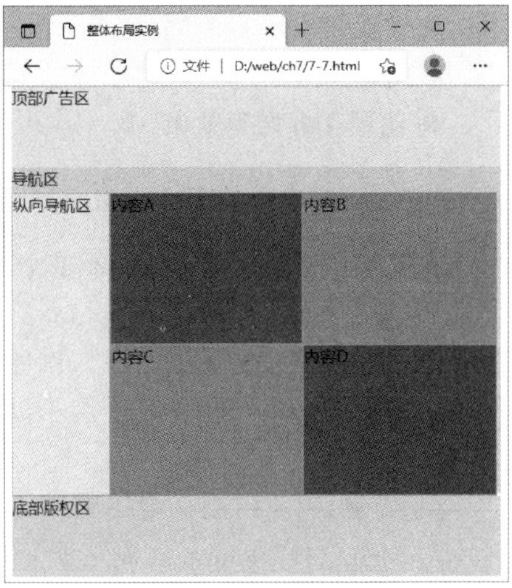

图 7-8　整体布局示例

```html
<!DOCTYPE html>
<html>
    <head>
        <meta charset="utf-8">
        <title>整体布局实例</title>
        <style type="text/css">
            * {margin:0px; padding:0px;}
            #top,#nav,#mid,#footer{width:500px;
                margin:0px auto;}
            #top{height:80px; background-color:#ddd;}
            #nav{height:25px; background-color:#fc0;}
            #mid{height:300px;}
            #left{width:98px;height:298px;border:1px solid #999; background-
color:#ddd;}
            #right{height:298px; background-color:#ccc;}
            .content{width:196px; height:148px;background-color:#c00;
                border:1px solid #999; float:left;}
            #content2{background-color:#f60;}
            #footer{height:80px;background-color:#fc0;}
        </style>
    </head>
    <body>
        <div id="top">顶部广告区</div>
        <div id="nav">导航区</div>
        <div id="mid">
            <div id="left">纵向导航区</div>
            <div id="right">
                <div class="content">内容 A</div>
                <div class="content" id="content2">内容 B</div>
                <div class="content" id="content2">内容 C</div>
                <div class="content" >内容 D</div>
            </div>
        </div>
        <div id="footer">底部版权区</div>
    </body>
</html>
```

7.3　典型的局部布局

典型的局部布局主要应用于分类导航、菜单、图文混排等场合。

7.3.1　\<div\>-\<ul\>-\<li\>局部布局

在第 5 章讲解使用 CSS 修饰导航和菜单的小节中，已经讲述了使用\<div\>-\<ul\>-\<li\>布局导航及菜单的方法，这里不再赘述，只做小结。\<div\>-\<ul\>-\<li\>局部布局方式，一般在如下场合使用。

- 产品的分类导航栏。
- 导航菜单。
- 实现 Tab 切换效果。

7.3.2 <div>-<dl>-<dt>-<dd>局部布局

在第 2 章讲解定义列表的小节中，主要讲述的是使用定义列表显示数据。本节将在此基础上进一步讲解<div>-<dl>-<dt>-<dd>局部布局的方法，该方法常用于图文混排的场合。

图文混排的应用无处不在，例如，当当网、淘宝网和迅雷看看等诸多门户，其中用于显示产品或电影的列表都是图文混排。

【例 7-8】 使用图文混排制作"馨美装修"二维码名片。本例文件 7-8.html 在浏览器中的显示效果如图 7-9 所示。

图 7-9 图文混排制作示例

```html
<!DOCTYPE html>
<html>
    <head>
        <meta charset="utf-8">
        <title>馨美装修二维码名片</title>
        <style>
            body { font-size: 14px;}
            /*清除浏览器的默认样式*/
            body,dl,dt,dd { padding: 0; margin: 0; border: 0;}
            dl { width: 170px; height: 240px; border: 10px solid #f1e9e9;
                padding: 10px; margin: 10px;}
            dt { width: 170px; height: 162px;
                background: url(images/webchat.jpg) no-repeat -17px center;
                margin-bottom: 5px;}
            dd { width: 170px; height: 26px; line-height: 26px; color: #666;
            padding-left: 5px;}
            .poo1 { font-weight: bold; font-size: 16px;}
            .poo2 { font-size: 18px;}
        </style>
    </head>
    <body>
        <dl>
            <dt></dt>
            <dd><span class="poo1">公司</span> <span class="poo2">馨美装修</span>
</dd>
            <dd>电话: 13512345678</dd>
            <dd>联系人：海阔天空</dd>
        </dl>
    </body>
</html>
```

7.4 综合案例——制作"馨美装修"商务服务中心页面

本节主要讲解"馨美装修"商务服务中心页面的制作，重点讲解使用 Div+CSS 布局页面的相关知识。

7.4.1 商务服务中心页面布局规划

"馨美装修"商务服务中心页面采用的是典型的三行两列宽度固定的布局模式，页面显示效果如图 7-10 所示，页面布局示意图如图 7-11 所示。页面中的主要内容包括网站 Logo、广告条、横向导航菜单、纵向导航菜单、图文混排及版权区域。

图 7-10 "馨美装修"商务服务中心页面的效果

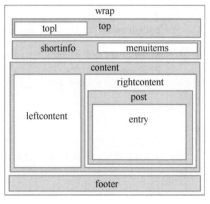

图 7-11 商务服务中心页面布局示意图

7.4.2 商务服务中心页面的制作过程

1．前期准备

（1）栏目目录结构

在栏目文件夹下创建文件夹 images 和 css，分别用来存放图像素材和外部样式表文件。

（2）页面素材

将本页面需要使用的图像素材存放在文件夹 images 下。

（3）外部样式表

在文件夹 css 下新建一个名为 div.css 的样式表文件。

2．制作页面

（1）页面整体的制作

页面整体 body、整体容器 wrap 和图片样式的 CSS 定义代码如下。

```
body {                              /*设置页面整体样式*/
    margin: 0pt; padding: 0pt;
    font-family: Tahoma, Arial, Helvetica, sans-serif; font-size: 11px;
    color: rgb(102, 102, 102);      /*设置默认文字颜色为灰色*/
}
.wrap {                             /*设置页面容器样式*/
    margin: 0pt auto;               /*自动水平居中*/
    background: url('../images/main_bg.gif') repeat-y center top; /*背景图像垂直重复顶端
中央对齐*/
    width: 762px;
}
img {                               /*设置图片样式*/
    border: 0px none;               /*图片无边框*/
    margin: 0pt; padding: 0pt;
}
```

（2）页面顶部的制作

页面顶部的内容被放置在名为 **top** 的 Div 容器中，主要用来显示网站标志，布局效果如图 7-12 所示。

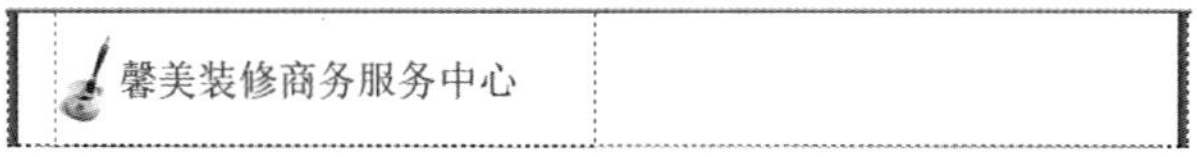

馨美装修商务服务中心

图 7-12　页面顶部的布局效果

CSS 代码如下。

```
.top {                                          /*设置页面顶部容器样式*/
    background: url('../images/main_bg.gif') repeat-y center top;/*背景图像垂直重复顶端居
中对齐*/
    height: 83px; clear: both; width: 702px;
    padding-left: 30px;                         /*容器左内边距 30px*/
    padding-right: 30px;                        /*容器右内边距 30px*/
}
.topl {                                         /*设置页面顶部容器左端区域样式*/
    background: url('../images/top_paint.gif') no-repeat left center;/*背景图像无重复左
端居中对齐*/
    float: left;                                /*向左浮动*/
    width: 350px; height: 83px;
}
.topl h1 {                                      /*设置左端区域 h1 标题样式*/
    margin: 0px 40px; padding: 25px 0pt 0pt;
    background-color: rgb(255, 255, 255);
    font-size: 26px;                            /*设置文字大小为 26px*/
    font-weight: normal;                        /*字体正常粗细*/
}
.topl h1 a {                                    /*设置左端区域 h1 标题超链接样式*/
    color: #08519C;                             /*文字颜色为青色*/
    text-decoration: none;                      /*链接无修饰*/
}
```

（3）页面广告条及菜单的制作

页面广告条及菜单被放置在名为 shortinfo 的 Div 容器中，主要用来显示页面的主题图片和主导航菜单，如图 7-13 所示。

图 7-13　页面广告条及菜单的布局效果

CSS 代码如下。

```
.shortinfo {                                    /*设置广告条及菜单容器样式*/
    background: url('../images/header.jpg') no-repeat center top; /*背景图像无重复顶端居
中对齐*/
    height: 225px; font-family: Tahoma, Arial, Helvetica, sans-serif; font-size:12px;
}
.shortinfo .menuitems {                         /*设置广告条容器中菜单区域样式*/
    padding: 12px 34px 30px 30px;
    text-align: right;                          /*文字右对齐*/
}
.shortinfo ul {                                 /*设置菜单区域中无序列表样式*/
    margin: 0px;
    list-style-type: none;                      /*列表项无样式类型*/
    list-style-image: none;
    list-style-position: outside;
}
```

```
.shortinfo li {                               /*列表项样式*/
    padding: 0pt 9px;                         /*上、右、下、左的内边距依次为 0px,9px,0px,9px*/
    display: inline;                          /*内联元素*/
}
.shortinfo li a:link, .shortinfo li a:visited {  /*列表项正常链接和访问过链接样式*/
    margin: 0px;
    color:#08519C;                            /*文字颜色为青色*/
    text-decoration: none;
}
.shortinfo li a:hover {                       /*列表项悬停链接样式*/
    margin: 0px; color: rgb(176, 0, 0);
    text-decoration: underline;              /*加下划线*/
}
```

（4）页面中部的制作

页面中部的内容被放置在名为 content 的 Div 容器中，包括左侧区域和右侧区域。左侧区域主要用来显示服务中心市场营销和项目合作菜单的内容，右侧区域主要用来显示服务中心图文混排的简介信息，如图 7-14 所示。

图 7-14　页面中部的布局效果

CSS 代码如下。

```
.content {                                    /*设置主体内容容器样式*/
    clear: both;                              /*清除所有浮动*/
    width: 762px;
}
.content .leftColumn {                        /*设置主体内容左侧区域样式*/
    margin: 0pt;
    padding: 10px 8px 10px 25px; /*上、右、下、左的内边距依次为 10px,8px,10px,25px*/
    float: left;                              /*向左浮动*/
    width: 225px;
}
.leftColumn h2, .leftColumn h2 a {           /*设置左侧区域 h2 标题及标题内链接的样式*/
    font-size: 20px;
}
.leftColumn ul {                             /*设置左侧区域无序列表样式*/
    margin: 0pt; padding: 0pt 0pt 5px;
    font-size: 12px; font-family: "宋体";
    list-style-type: none;                   /*列表项无样式类型*/
}
.leftColumn li {                             /*设置列表项样式*/
    margin: 7px 0px;
    padding-left:30px;                       /*左内边距 30px*/
}
.leftColumn a:link, .leftColumn a:visited {  /*左侧区域正常链接和访问过链接样式*/
    color: rgb(102, 102, 102);
    font-weight: normal;                     /*字体正常粗细*/
```

```
        text-decoration: none;
    }
    .leftColumn a:hover {                              /*左侧区域悬停链接样式*/
        color: rgb(176, 0, 0);
        font-weight: bold;                             /*字体加粗*/
        text-decoration: none;
    }
    .content .rightColumn {                            /*设置主体内容左侧区域样式*/
        padding: 15px 0px 10px 8px;
        float: left;                                   /*向左浮动*/
        width: 470px;
    }
    .rightColumn h2, .rightColumn h2 a {              /*设置右侧区域h2标题及标题内链接的样式*/
        margin: 0pt; padding: 0pt; font-size: 18px;
        color: rgb(85, 85, 85);                        /*文字深灰色*/
        letter-spacing: 0px;
        font-weight: normal;                           /*字体正常粗细*/
        text-decoration: none;
    }
    .rightColumn h2 a:hover {                          /*设置右侧区域h2标题悬停链接的样式*/
        margin: 0pt; padding: 0pt; font-size: 18px;
        color: rgb(180, 0, 0);                         /*文字红色*/
        letter-spacing: 0px;
        font-weight: normal;                           /*字体正常粗细*/
        text-decoration: none;
    }
    .post {                                            /*设置右侧区域内容容器样式*/
        margin: 0pt 0pt 20px;
    }
    .entry {                                           /*设置内容容器中不包含欢迎信息区域的样式*/
        padding:5px;                                   /*内边距5px*/
    }
    .center p {                                        /*设置内容容器段落样式*/
        margin: 5px 0px;
        font-size:12px;
        line-height:1.5;                               /*设置行高是字符的1.5倍*/
        text-indent:2em;                               /*首行缩进*/
    }
    .post img {                                        /*设置内容容器中图片样式*/
        margin-right:10px;          /*图片右外边距10px，以便和右侧的文字留有一定的空隙*/
    }
```

（5）页面底部的制作

页面底部的内容被放置在名为 footer 的 Div 容器中，用来显示版权信息，如图 7-15 所示。

Copyright © 2022 馨美装修商务服务中心

图 7-15　页面底部的布局效果

CSS 代码如下。

```
    .footer {                                          /*设置页面底部容器样式*/
        width: 702px;
        height: 40px;
        margin-left:12px;
        padding-top: 10px;
        padding-left: 34px;
        border-top:1px solid #999;                     /*容器上边框为1px灰色实线*/
        clear: both;
        font-family: Verdana, Geneva, Arial, Helvetica, sans-serif;
        font-size: 12px;
        color: #08519C;
    }
```

```
.footer p {                                    /*设置页面底部容器中段落的样式*/
    text-align:center;                         /*文字居中对齐*/
    margin: 0pt;
    padding: 0pt;
}
```

（6）页面结构代码

为了使读者对页面的样式与结构有一个全面的认识，最后说明整个页面（index.html）的结构代码，代码如下。

```
<!doctype html>
<html>
<head>
<meta charset="utf-8">
<title>馨美装修商务服务中心</title>
<link href="css/div.css" rel="stylesheet" type="text/css" />
</head>
<body>
<div class="wrap">
  <div class="top">
    <div class="topl">
      <h1><a href="#">馨美装修商务服务中心</a></h1>
    </div>
  </div>
  <div class="shortinfo">
    <div class="menuitems">
      <ul>
        <li><a href="#"><strong>首页</strong></a></li>
        <li><a href="#"><strong>关于</strong></a></li>
        <li><a href="#"><strong>产品展示</strong></a></li>
        <li><a href="#"><strong>技术服务</strong></a></li>
        <li><a href="#"><strong>联系我们</strong></a></li>
      </ul>
    </div>
  </div>
  <div class="content">
    <div class="leftColumn">
      <h2>市场营销</h2>
      <ul>
        <li><a href="#">营销网络</a></li>
        <li><a href="#">营销管理</a></li>
        <li><a href="#">营销方案</a></li>
        <li><a href="#">营销策略</a></li>
      </ul>
      <h2>项目合作</h2>
      <ul>
        <li><a href="#">项目加盟</a></li>
        <li><a href="#">技术开发</a></li>
        <li><a href="#">项目培训</a></li>
        <li><a href="#">团队建设</a></li>
        <li><a href="#">项目融资</a></li>
        <li><a href="#">服务指南</a></li>
      </ul>
    </div>
    <div class="rightColumn">
      <div class="center">
        <div class="post">
          <h2><a href="#" rel="bookmark">欢迎走进馨美装修商务服务中心</a></h2>
          <div class="entry"> <img src="images/yuze2.jpg" alt="fotos" align="left" />
            <p>馨美装修商务服务中心成立于 2020 年 1 月，……（此处省略文字）</p>
            <p>中心组建商务产业研究脑库机构和产业联盟，……（此处省略文字）</p>
            <p>中心举办电子商务产业培训、国内外电子商务……（此处省略文字）</p>
          </div>
        </div>
      </div>
    </div>
```

```
    </div>
  </div>
  <div class="footer">
    <p>Copyright &copy; 2022 馨美装修商务服务中心</p>
  </div>
</div>
</body>
</html>
```

【说明】由于样式表目录 style 和图像目录 images 是同级目录，因此，样式中访问图像时使用的是相对路径 "../images/图像文件名" 的写法。

习题 7

1. 制作图 7-16 所示的 2 列固定宽度型布局。
2. 制作图 7-17 所示的 3 列固定宽度居中型布局。

图 7-16 题 1 图   图 7-17 题 2 图

3. 使用 Div+CSS 布局技术制作图 7-18 所示的页面。

图 7-18 题 3 图

4. 使用 Div+CSS 布局技术制作图 7-19 所示的页面。

图 7-19　题 4 图

第 8 章　JavaScript 基础

使用 HTML 可以搭建网页的结构，使用 CSS 可以控制和美化网页的外观，但是对网页的交互行为和特效却无能为力，此时 JavaScript 脚本语言提供了解决方案。JavaScript 是制作网页的行为标准之一，本章主要讲解 JavaScript 语言的基本知识。

8.1　JavaScript 概述

脚本（Script）实际上就是一段程序，用来完成某些特殊的功能。脚本程序既可以在服务器端运行（称为服务器脚本，例如 ASP 脚本、PHP 脚本等），也可以直接在浏览器端运行（称为客户端脚本）。

客户端脚本常用来响应用户动作、验证表单数据，以及显示各种自定义内容，如对话框、动画等。使用客户端脚本时，由于脚本程序随网页同时下载到客户机上，因此在对网页进行验证或响应用户动作时，无须通过网络与 Web 服务器进行通信，从而降低了网络的传输量和服务器的负荷，改善了系统的整体性能。

JavaScript 是一种基于对象（Object）和事件驱动（Event Driven），并具有安全性能的脚本语言。它可与 HTML、CSS 一起实现在一个 Web 页面中链接多个对象，与 Web 客户交互的功能，从而开发出客户端的应用程序。JavaScript 通过嵌入或调入到 HTML 文档中实现其功能，它弥补了 HTML 语言的不足，是 Java 与 HTML 折中的选择。JavaScript 的开发环境很简单，不需要 Java 编译器，而是直接运行在浏览器中，因而倍受网页设计者的喜爱。

JavaScript 语言的前身叫作 LiveScript，自从 Sun 公司推出著名的 Java 语言后，Netscape 公司引进了 Sun 公司有关 Java 的程序概念，将 LiveScript 重新设计，并改名为 JavaScript。

1997 年，以 JavaScript 1.1 为蓝本提交给欧洲计算机制造商协会（European Computer Manufactures Asociation，ECMA）。该协会将其标准化，定义了一种名为 ECMAScript 的新脚本语言的标准 ECMA-262。

虽然通常人们认为 JavaScript 和 ECMAScript 表达相同的意思，但 JavaScript 的含义比 ECMA-262 中规定的多得多。一个完整的 JavaScript 实现由 3 个部分组成：核心（ECMAScript）、文件对象模型（DOM）和浏览器对象模型（BOM）。

8.2　在 HTML 文件中使用 JavaScript

在网页中插入 JavaScript 有 3 种方法：在 HTML 文档中嵌入脚本程序、链接脚本文件和在 HTML 标签内添加脚本。

可以使用任何编辑 HTML 文件的软件编辑 JavaScript，本章和后续各章仍然使用 HBuilder X编辑器。所有流行浏览器都可以运行 JavaScript，本书使用 Edge 浏览器。

8.2.1　在 HTML 文档中嵌入脚本程序

JavaScript 的脚本程序包括在 HTML 中，使之成为 HTML 文档的一部分，其格式如下。

```
<script type="text/javascript">
    JavaScript 语言代码；
    JavaScript 语言代码；
    …
</script>
```

script（脚本标记）：必须以<script type="text/javascript">开头，以<script>结束，界定程序开始的位置和结束的位置。

script 在页面中的位置决定了什么时候装载脚本，如果希望在其他所有内容之前装载脚本，就要确保脚本在页面的<head>…</head>之间。

JavaScript 脚本本身不能独立存在，它是依附于某个 HTML 页面，在浏览器端运行的。在编写 JavaScript 脚本时，可以像编辑 HTML 文档一样，在文本编辑器中输入脚本的代码。

【例 8-1】　在 HTML 文档中嵌入 JavaScript 脚本。本例文件 8-1.html 在浏览器中的显示效果如图 8-1 所示。

```
<!DOCTYPE html>
<html>
    <head>
        <meta charset="utf-8">
        <title>JavaScript 示例</title>
        <script language="JavaScript">
            document.write("欢迎进入 JavaScript 世界！");
        </script>
    </head>
    <body>
    </body>
</html>
```

图 8-1　嵌入 JavaScript 脚本

【说明】

① document.write()是文档对象的输出函数，其功能是将括号中的字符或变量值输出到窗口，图 8-1 所示为浏览器加载时的显示结果。从本例中可以看出，在用浏览器加载 HTML 文件时，是从文件头向后解释并处理 HTML 文件的。

② 在<script language ="JavaScript">…</script>中的程序代码有大、小写之分，例如，将document.write()写成 Document.write()，程序将无法正确执行。

8.2.2　链接脚本文件

如果已经存在一个脚本文件（以 js 为扩展名），则可以使用 script 标记的 src 属性引用外部脚本文件的 URL。采用引用脚本文件的方式，可以提高程序代码的利用率，其格式如下。

```
<head>
    …
    <script type="text/javascript" src="脚本文件名.js"></script>
    …
</head>
```

type="text/javascript"属性定义文件的类型是 javascript。src 属性定义.js 文件的 URL。

如果使用 src 属性，则浏览器只使用外部文件中的脚本，并忽略任何位于<script>…</script>之间的脚本。脚本文件可以用任何文本编辑器（如记事本）打开并编辑，一般脚本文件的扩展名为.js，内容是脚本，不包含 HTML 标记，其格式如下。

```
JavaScript 语言代码;        // 注释
   ...
JavaScript 语言代码;
```

【例 8-2】 将例 8-1 改为链接脚本文件。本例文件 8-2.html 的运行结果与例 8-1 相同。

```
<!DOCTYPE html>
<html>
    <head>
        <meta charset="utf-8">
        <title>JavaScript 示例</title>
        <script type="text/javascript" src="welcome.js"> </script> <!-- URL 为welcome.js -->
    </head>
    <body>
    </body>
</html>
```

脚本文件 welcome.js 的内容如下。

```
document.write("欢迎进入 JavaScript 世界! ");
```

8.2.3 在 HTML 标签内添加脚本

可以在 HTML 表单的输入标签内添加脚本，以响应输入的事件。

【例 8-3】 在标签内添加 JavaScript 的脚本。
本例文件 8-3.html 在浏览器中的显示效果如图 8-2
所示。

图 8-2 在标签内添加 JavaScript 脚本

```
<!DOCTYPE html>
<html>
    <head>
        <meta charset="utf-8">
        <title>在 HTML 标签内添加脚本</title>
    </head>
    <body>
        <form>
            <input type="Button" onClick="JavaScript:alert('欢迎进入 JavaScript 世界! ');"
value="单击">
        </form>
    </body>
</html>
```

8.3 数据类型

数据是指能输入到计算机中并被计算机处理和加工的对象。数据类型是编程语言中为了对数据进行描述的定义，不同的数据类型有不同的运算规则和处理方式。JavaScript 脚本语言同其他计算机语言一样，有它自身的数据类型。

8.3.1 数据类型的分类

JavaScript 语言中的每个值都属于某一种数据类型。JavaScript 的数据主要分为以下两类。
1. 值类型
值类型也称简单数据类型、基本数据类型、原始类型，JavaScript 有 6 种原始数据类型，即字符串（string）、数字（number）、布尔（boolean）、未定义（undefined）、空（null），以及

symbol（ES6 引入一种新的原始数据类型，表示独一无二的值）。

2．引用数据类型

引用数据类型包括对象（object）、数组（array）和函数（function）。

8.3.2　基本数据类型

1．string 类型

string（字符串）类型是用双引号（"）或单引号（'）括起来的 0 个或多个字符组成的一串序列（也称字符串），可以包括 0 个或多个 Unicode 字符，用 16 位整数表示。string 类型是唯一没有固定大小的基本数据类型。

字符串中每个字符都有特定的位置，首字符的位置是 0，第二个字符的位置是 1，以此类推。字符串中最后一个字符的位置是字符串的长度减 1。使用内置属性 length 计算字符串的长度。

通过转义字符"\"可以在字符串中添加不可显示的特殊字符，如\n（换行）、\f（换页）、\t（Tab 符）、\'（单引号）、\"（双引号）、\\（反斜线）等。

2．number 类型

JavaScript 与其他编程语言不同，在 JavaScript 中，数字不分为整数类型和浮点数类型，所有的数字都用 64 位浮点格式表示，即 JavaScript 只有一种数字类型，无论什么样的数字，统一用 number 表示，都是数字型（也称数值型）。

数字可以使用也可以不使用小数点来表示，如 32、23.16。对于较大或较小的数字可用科学（指数）计数法表示，如 132e5 表示 13200000，132e-5 表示 0.00132。对于精度，整数最多为 15 位，小数（使用小数点或指数计数法）的最大位数是 17 位。

默认情况下，数字用十进制显示，可以使用 toString()方法显示为十六进制、八进制或二进制。如果前缀为 0，则会把数值常量解释为八进制数，如 0325；如果前缀为 0 和"x"，则解释为十六进制数，如 0x3f。所以，绝对不要在数字前面写 0，除非需要进行八进制转换。

NaN（Not a Number）是代表非数字值的特殊值，用于指示某个值不是数字。一般来说，这种情况发生在类型（string、boolean 等）转换失败时。例如，将字符串转换成数值就会失败，因为没有与之等价的数值。NaN 也不能用于算术计算。可以把 number 对象设置为该值，来指示其不是数字值。使用 isNaN()全局函数来判断一个值是否是 NaN 值。

3．boolean 类型

boolean（布尔、逻辑）类型只能有两个值，true 或 false。也可以用 0 表示 false，非 0 表示 true。boolean 类型常用在条件测试中，例如，下面定义一个值为 true 的 boolean 类型的变量。

```
var bFlag = true;
if bFlag
    fFlag = false;
```

4．undefined 类型

undefined 的意思是未定义的，undefined 类型只有一个值，即 undefined。以下几种情况下会返回 undefined。

- 在引用一个定义过但没有赋值的变量时，返回 undefined。
- 在引用一个不存在的数组元素时，返回 undefined。

● 在引用一个不存在的对象属性时，返回 undefined。

由于 undefined 是一个返回值，所以可以对该值进行操作，如输出该值或将它与其他值比较。

5．null 类型

null 的意思是空，表示没有任何值，null 类型只有一个值 null。可以通过将变量赋值为 null 来清空变量。

8.3.3 数据类型的转换

可以把数据从一种数据类型转换为另一种数据类型，有两种转换方法。

● 使用 JavaScript 函数转换数据类型。

● 通过 JavaScript 自身自动转换数据类型。

1．将数字类型转换为字符串类型

1）全局方法 String()可以将数字类型转换为字符串类型，其格式如下。

```
String(表达式)
```

该方法可用于任何类型的数字、字母、变量、表达式。

2）number 方法 toString()也有同样的效果。

number 方法 toString()的语法格式如下。

```
表达式.toString()
```

在 number 方法中，还有多个数字转换为字符串的方法。

2．将布尔值转换为字符串

全局方法 String()和布尔方法 toString()都可以将布尔值转换为字符串。例如：

```
String(true)              //返回"true"
false.toString()          //返回"false"
```

3．将字符串转换为数字

全局方法 Number()可以将字符串转换为数字，其格式如下。

```
Number(字符串)
```

字符串如果是数字则转换为数字类型，空字符串转换为 0，其他字符串转换为 NaN。例如：

```
Number("12.35")           //返回 12.35
Number(" ")               //返回 0
Number("")                //返回 0
Number("10 20")           //返回 NaN
Number("12.35a")          //返回 NaN
```

4．一元运算符+

运算符"+"可用于将变量转换为数字。例如：

```
var x = "3";              //x 是一个字符串
var y = + x;              //y 是一个数字
```

如果变量不能转换，它仍然是一个数字，但值为 NaN（不是一个数字）。例如：

```
var x = "abc";            //x 是一个字符串
var y = + x;              //y 是一个数字（NaN）
```

5．将布尔值转换为数字

全局方法 Number()可将布尔值转换为数字。

```
Number(false)             //返回 0
```

```
        Number(true)                          //返回 1
```

6．自动转换类型

当 JavaScript 尝试操作一个"错误"的数据类型时，会自动转换为"正确"的数据类型，输出的结果可能不是所期望的。例如：

```
        3 + null                        //返回 3，null 转换为 0
        "3" + null                      //返回"3null"，null 转换为"null"
        "3" + 1                         //返回"31"，1 转换为"1"
        "3" - 1                         //返回 2，"3"转换为 3
```

7．自动转换为字符串

当尝试输出一个对象或一个变量时，JavaScript 会自动调用变量的 toString()方法。

```
        document.write(123);            //toString 转换为"123"
```

8.4　常量和变量

本节主要讲解常量和变量的概念、分类、作用域等。

8.4.1　常量

常量通常又称为字面常量，是在程序运行过程中保持不变的量。

1．基本常量

JavaScript 基本常量主要有以下 3 种。

（1）字符型常量

使用单引号"'"或双引号"""括起来的一个或几个字符，如 "123"、'abcABC123'、"This is a book of JavaScript"等。

（2）数值型常量

整型常量：整型常量可以使用十进制、十六进制、八进制表示其值。

实型常量：实型常量由整数部分加小数部分表示，如 12.32、193.98。可以使用科学或标准方法表示，如 6E8、2.6e5 等。

（3）布尔型常量

布尔常量只有两个值：true 或 false。它主要用来说明或代表一种状态或标志，以说明操作流程。JavaScript 只能用 true 或 false 表示其状态，不能用 1 或 0 表示。

2．特殊常量

JavaScript 除上面 3 种基本常量外，还有以下两种特殊的常量值。

（1）空值

JavaScript 中有一个空值 null，表示什么也没有。例如，试图引用没有定义的变量，则返回一个 null 值。

（2）控制字符

与 C/C++语言一样，JavaScript 中同样有以反斜杠"\"开头的不可显示的特殊字符。

通常称为控制字符（这些字符前的"\"叫转义字符）。例如：

```
    \b：表示退格      \f：表示换页      \n：表示换行      \r：表示回车
    \t：表示 Tab 符号    \'：表示单引号本身    \"：表示双引号本身
```

8.4.2 变量

程序运行过程中，其值可以改变的量叫变量。变量用来存放程序运行过程中的临时值，这样在需要用这个值的地方就可以用变量来代表。变量必须明确变量的命名、类型、声明及其作用域。

1. 变量的命名

JavaScript 中的变量命名同其他计算机语言非常相似，变量名称的长度是任意的，但要区分大小写。另外，还必须遵循以下规则。

1）第一个字符必须是字母（大小写均可）、下划线 "_"，或美元符 "$"。

2）后续字符可以是字母、数字、下划线或美元符。除下划线 "_" 字符外，变量名中不能有空格、"+" "-" ","或其他特殊符号。

3）不能使用 JavaScript 中的关键字作为变量。在 JavaScript 中定义了 40 多个类键字，这些关键字是 JavaScript 内部使用的，如 var、int、double、true，它们不能作为变量。

在对变量命名时，最好把变量的意义与其代表的意思对应起来，以方便记忆。

2. 变量的类型

JavaScript 是一种对数据类型变量要求不太严格的语言，所以不必声明每一个变量的类型，但在使用变量之前先进行声明是一种好的习惯。

变量的类型是在赋值时根据数据的类型来确定的，变量的类型有字符型、数值型和布尔型。

3. 变量的声明

JavaScript 变量可以在使用前先作声明，并可赋值。通过使用 var 关键字对变量作声明。对变量作声明的最大好处就是能及时发现代码中的错误，因为 JavaScript 是采用动态编译的，而动态编译不易发现代码中的错误，特别是变量命名方面。

变量的声明和赋值语句 var 的语法如下。

```
var  变量名称 1 [= 初始值 1]，变量名称 2 [= 初始值 2]… ;
```

一个 var 可以声明多个变量，各个变量间用 ","分隔。如果加上 var 声明，则表示全局变量；如果省略 var，则表示局部变量。

例如，下面的赋值语句：

```
var username,age;              //全局变量
username="Brendan Eich";
age=35;
salary=39999;                 //局部变量
```

4. 变量的作用域

变量的作用域又称变量的作用范围，是指可以访问该变量的代码区域。JavaScript 中变量的作用域有全局变量和局部变量。全局变量是可以在整个 HTML 文件范围中使用的变量，全局变量定义在所有函数体之外，其作用范围是全部函数；局部变量是只能在局部范围内使用的变量，局部变量通常定义在函数体之内，只对该函数可见，对其他函数不可见。

变量的声明原则要求前面加上 var，表示全局变量，而在方法或循环等代码段中声明不需要加上 var。

8.5　运算符和表达式

在定义完变量后，可以对变量进行赋值、计算等一系列操作，这一过程通常由运算符和表

达式来完成。

8.5.1　基本概念

运算是对数据进行加工的过程，描述各种不同运算的符号称为运算符，而参与运算的数据称为操作数。表达式用来表示某个求值规则，它由运算符和配对的圆括号将变量、函数等对象，用操作数以合理的形式组合而成。

表达式可用来执行运算、操作字符串或测试数据，每个表达式都产生唯一的值。表达式的类型由运算符的类型决定。

8.5.2　运算符和表达式的分类

在 JavaScript 中有算术运算符、字符串运算符、比较运算符、布尔运算符、位运算符和条件运算符，因此表达式可以分为算术表述式、字符串表达式、比较表达式、布尔表达式、位表达式和条件表达式。

1．算术运算符和算术表达式

JavaScript 中的算术运算符有一元运算符和二元运算符。

二元运算符有：＋（两值相加）、－（两值相减）、＊（两值相乘）、/（两值相除）、%（两值取余数）。

一元运算符有：++（递加 1）、--（递减 1）。

算术表达式是由算术运算符和操作数组成的表达式，算术表达式的结合性为自左向右。例如，2+3，2-3，2*3-5，2/3，3%2，i++，++i，--i。

2．字符串运算符和字符串表达式

字符串运算符是"+"，用于连接两个字符串，形成字符串表达式。例如，"abc"+"123"。

3．比较运算符和比较表达式

比较（关系）运算符首先对操作数进行比较，然后返回一个 true 或 false 值。有 8 个比较运算符，如表 8-1 所示。

表 8-1　比较（关系）运算符

运　算　符	描　　述	运　算　符	描　　述
<	小于	==	等于
<=	小于或等于	===	绝对等于，值和类型均相等
>	大于	!=	不等于
>=	大于或等于	!==	不绝对等于，值和类型有一个不相等，或者两个都不相等

关系表达式是由关系运算符和操作数构成的表达式。关系表达式中的操作数可以是数字型、布尔型、枚举型、字符型、引用型等。对于数字型和字符型，上述 8 种比较运算符都可以适用；对于布尔型和字符串的比较运算符实际上只能使用==和!=。例如，2>3，2==3，2!=3，2+3<=2-3。

两个字符串值只有都为 null，或者两个字符串长度相同且对应的字符序列也相同的非空字符串比较的结果才为 true。

4．布尔（逻辑）运算符和布尔表达式

布尔运算符有：&&（与）、||（或）、!（非、取反）、?:（条件）。

逻辑表达式是由逻辑运算符组成的表达式。逻辑表达式的结果只能是布尔值，即 true 或 false。逻辑运算符通常和关系运算符配合使用，以实现判断语句。例如，2>3 && 2==3。

5. 位运算符和位表达式

位运算符分为位逻辑运算符和位移动运算符。

位逻辑运算符有：&（位与）、|（位或）、^（位异或）、-（位取反）、~（位取补）。

位移动运算符有：<<（左移）、>>（右移）、>>>（右移，零填充）。

位运算表达式是由位运算符和操作数构成的表达式。在位运算表达式中，首先将操作数转换为二进制数，然后进行位运算，计算完毕后，将其转换为十进制整数。

6. 条件运算符和条件表达式

条件运算符是三元运算符，其格式如下。

条件表达式 ? 表达式 1 ：表达式 2

由条件运算符组成条件表达式。其功能是先计算条件表达式，如果条件表达式的结果为 true，则计算表达式 1 的值，表达式 1 为整个条件表达式的值；否则，计算表达式 2，表达式 2 为整个条件表达式的值。

条件表达式必须是一个可以隐式转换成布尔型的常量、变量或表达式，如果不是，则运行时发生错误。

表达式 1、表达式 2 就是条件表达式的类型，可以是任意数据类型的表达式。

例如，求 a 和 b 中最大数的表达式 a>b ?a：b。

7. 运算符的优先顺序

通常不同的运算符构成了不同的表达式，甚至一个表达中包含多种运算符，JavaScript 语言规定了各类运算符的运算顺序及结合性等，表达式的运算是按运算符的优先级进行的。下列运算符按其优先顺序由高到低排列。

1）圆括号，从左到右。

2）自加、自减运算符：++、--，从右到左。

3）乘法运算符、除法运算符、取余数运算符：*、/、%，从左到右。

4）加法运算符、减法运算符：+、-，从左到右。

5）字符串运算符：+，从左到右。

6）位移动运算符：<<、>>、>>>，从左到右。

7）位逻辑运算符：&、|、^、-、~，从左到右。

8）比较运算符，小于、小于或等于、大于、大于或等于：<、<=、>、>=，从左到右。

9）比较运算符，等于、绝对等于、不等于、不绝对等于：==、===、!=、!==，从左到右。

10）布尔运算符：!、&&、?:、||，从左到右。

11）赋值运算符：=、+=、*=、/=、%=、-=，从右到左。

可以用括号改变优先顺序，强令表达式的某些部分优先运行。括号内的运算总是优先于括号外的运算，在括号之内，运算符的优先顺序不变。

8.6 流程控制语句

在任何编程语言中，程序都是通过语句来实现的。在 JavaScript 中包含完整的一组编程语句，用于实现基本的程序控制和操作功能。

在 JavaScript 中，每条语句后面以一个分号结尾。但是，JavaScript 的要求并不严格，语句后面也可以不加分号。不过，建议加上分号，这是一种良好的编程习惯。

JavaScript 脚本程序语言的基本程序结构是顺序结构、条件选择结构和循环结构。

8.6.1　顺序结构语句

顺序结构一般由定义变量/常量的语句、赋值语句、输入/输出语句、注释语句等构成。

1．注释语句

在 JavaScript 的程序代码中，可以插入注释语句以增加程序的可读性。注释语句有单行注释和多行注释之分。

单行注释语句的格式如下。

```
// 注释内容
```

多行注释语句的格式如下。

```
/* 注释内容
   注释内容 */
```

2．赋值语句

赋值语句的功能是把右边表达式赋值给左边的变量，其格式如下。

```
变量名 = 表达式;
```

像 C 语言一样，JavaScript 也可以采用变形的赋值运算符，如 x+=y 等同于 x=x+y，其他运算符也一样。

3．输出字符串

在 JavaScript 中常用的输出字符串的方法是利用 document 对象的 write()方法、window 对象的 alert()方法。

（1）用 document 对象的 write()方法输出字符串

document 对象的 write()方法的功能是向页面内写文本，其格式如下。

```
document.write(字符串1, 字符串2, …);
```

（2）用 window 对象的 alert()方法输出字符串

window 对象的 alert()方法的功能是弹出提示对话框，其格式如下。

```
alert(字符串);
```

可省略 window，直接使用 alert()。

（3）使用 innerHTML 写入 HTML 元素

使用 document 对象的 getElementById('id').innerHTML 向页面上有 id 的元素插入内容，其格式如下。

```
document.getElementById('id').innerHTML="被插入到页面元素的内容";
```

【例 8-4】 使用 innerHTML 写入 HTML 元素示例。
本例文件 8-4.html 在浏览器中的显示效果如图 8-3 所示。

```
<!DOCTYPE html>
<html>
    <head>
        <meta charset="utf-8">
        <title>使用 innerHTML 写入到 HTML 元素</title>
```

图 8-3　使用 innerHTML 写入
HTML 元素示例

```
    </head>
    <body>
        <p id="p1"></p>
        <script type="text/javascript">
            document.getElementById("p1").innerHTML = "社会主义核心价值观";
        </script>
    </body>
</html>
```

4．输入字符串

在 JavaScript 中常用的输入字符串的方法是利用 window 对象的 prompt()方法以及表单的文本框。

（1）用 window 对象的 prompt()方法输入字符串

window 对象的 prompt()方法的功能是弹出对话框，让用户输入文本，其格式如下。

```
prompt(提示字符串, 默认值字符串);
```

例如，下面代码用 prompt()方法得到字符串，然后赋值给变量 name。

```
<!DOCTYPE html>
<html>
    <head>
        <meta charset="utf-8">
    </head>
    <body>
        <script language="JavaScript">
            var name=prompt("请输入您的姓名：", "");
            document.write("您好! "+name);
        </script>
    </body>
</html>
```

（2）利用 getElementById('id').value 获取 HTML 元素的值

利用 document 对象的 getElementById('id').value 获取页面上有 id 的元素的 value 属性中的值，并赋值给变量 x，其格式如下。

```
var x=document.getElementById('id1').value;
```

【例 8-5】 编写代码使用 getElementById().value 获取 input 元素的 value，如图 8-4 所示；单击"连接字符串"按钮后把 value 赋值给 p 元素，显示在网页中，如图 8-5 所示。

图 8-4　在文本框中输入字符串

图 8-5　单击"连接字符串"按钮后赋值

```
<!DOCTYPE html>

<html>
    <head>
        <meta charset="utf-8">
        <title>getElementById 获取 HTML 元素的值</title>
    </head>
    <body>
        <p id="demo">连接字符串</p>
        <input id="i1" type="text">
        <input id="i2" type="text">
        <script type="text/javascript">
            function mm() {
```

```
                var x = document.getElementById("i1").value;
                var y = document.getElementById("i2").value;
                x = x + y;
                document.getElementById('demo').innerHTML = x;
            }
        </script>
        <button onclick="mm()">连接字符串</button>
    </body>
</html>
```

（3）用文本框输入字符串

使用 Blur 事件和 onBlur 事件处理程序，可以得到在文本框中输入的字符串。Blur 事件和 onBlur 事件的具体解释可参考后续章节中事件处理程序的相关内容。

【例 8-6】　下面代码执行时，在文本框中输入文本，当光标移出文本框时，输入的内容将在对话框中输出。本例文件 8-6.html 在浏览器中的显示效果如图 8-6 所示。

图 8-6　用文本框输入文本示例

```
<!DOCTYPE html>
<html>
    <head>
        <meta charset="utf-8">
        <title>用文本框输入</title>
        <script language="JavaScript">
            function test(str) {
                alert("您输入的内容是: " + str);
            }
        </script>
    </head>
    <body>
        <form name="chform" method="post">
            <p>请输入: <input type="text" name="textname" onBlur="test(this.value)"></p>
        </form>
    </body>
</html>
```

8.6.2　条件选择结构语句

条件选择结构语句用于基于不同的条件来执行不同的操作。JavaScript 提供了 if、if clsc 和 switch 这 3 种条件语句，条件语句也可以嵌套。

1. if 语句

if 语句是最基本的条件语句，它的格式与 C++一样，格式如下。

```
if (条件)
    { 语句块 1;
      语句块 2;
      …;
    }
```

"条件"是一个关系表达式，用来实现判断，"条件"要用( )括起来。如果"条件"的值为 true，则执行{ }里面的语句，否则跳过 if 语句执行后面的语句。如果语句块只有一句，可以省略{ }，如：

```
if (x==1)   y=6;
```

【例 8-7】 本例弹出一个确认框，如果用户单击"确定"按钮，则网页中显示"OK!"；如果单击"取消"按钮，则网页中显示"Cancel!"，本例文件 8-7.html 在浏览器中的显示效果如图 8-7 和图 8-8 所示。

图 8-7 单击"确定"按钮

图 8-8 网页中显示"OK!"

```
<!DOCTYPE html>
<html>
    <head>
        <meta charset="utf-8">
        <title>确认框</title>
    </head>
    <body>
        <script>
            var userChoice = window.confirm("请选择"确定"或"取消"");
            if(userChoice == true) {
                document.write("OK!");
            }
            if(userChoice == false) {
                document.write("Cancel!");
            }
        </script>
    </body>
</html>
```

【说明】其中的 window.confirm("提示文本")是 window 对象的 confirm 方法，其功能是弹出确认框，如果单击"确定"按钮，其函数值为 true；单击"取消"按钮，其函数值为 false。

2．if else 语句

if else 语句的格式如下。

```
if (条件)
    语句块 1;
else
    语句块 2;
```

若"条件"为 true，则执行语句块 1；否则执行语句块 2。"条件"要用( )括起来。语句块就是把一个语句或多个语句用一对花括号组成的一个语句序列。例如：

```
if (x >= 0) {
    y = 6 * x;
} else {
    y = 1 - x;
}
```

3．switch 语句

分支语句 switch 根据变量的取值不同采取不同的处理方法。switch 语句的格式如下。

```
switch (变量)
{ case 特定数值 1:
    语句块 1;
```

```
        break;
case 特定数值 2:
    语句块 2；
        break；
    ...
default:
    语句块 3；}
```

"变量"要用( )括起来，还必须用{ }把 case 括起来。而语句块即使是由多个语句组成的，也不能用{ }括起来。

当 switch 中变量的值等于第一个 case 语句中的特定数值时，执行其后的语句段，执行到 break 语句时，直接跳离 switch 语句；如果变量的值不等于第一个 case 语句中的特定数值，则判断第二个 case 语句中的特定数值。如果所有的 case 都不符合，则执行 default 中的语句。如果省略 default 语句，当所有 case 都不符合时，则跳离 switch，什么都不执行。每条 case 语句中的 break 是必需的，如果没有 break 语句，将继续执行下一个 case 语句的判断。

switch 语句适合枚举值，不能直接表示某个范围。

【例 8-8】 if 语句和 switch 语句的用法。要求输入年份和月份，判断该年是否为闰年及该月的天数。本例文件 8-8.html 在浏览器中的显示效果如图 8-9 所示。

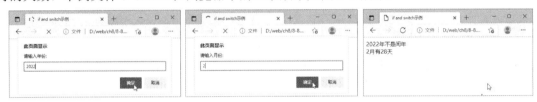

图 8-9　判断输入年份和月份是否为闰年及该月的天数

案例分析：符合下列条件之一的年份即为闰年。

1）该年能被 4 整除但不能被 100 整除。

2）该年能被 400 整除。

例 8-8

```
<!DOCTYPE html>
<html>
    <head>
        <meta charset="utf-8">
        <title>if and switch 示例</title>
    </head>
<body>
    <script language="JavaScript">
        var year = prompt("请输入年份:");
        var m = prompt("请输入月份:");
        var d;
        var flag;
        if ((year % 4 == 0 && year % 100 != 0) || year % 400 == 0) {
            flag = true;                    //设置闰年标志为 true
            document.write(year + "年是闰年");
        } else {
            flag = false;                   //设置闰年标志为 false
            document.write(year + "年不是闰年");
        }
        document.write("<br>");
        switch (m) {
            case "1":
            case "3":
            case "5":
            case "7":
```

```
                        case "8":
                        case "10":
                        case "12":
                            d = 31;
                            break;
                        case "4":
                        case "6":
                        case "9":
                        case "11":
                            d = 30;
                            break;
                        case "2":
                            if (flag) {                    //如果是闰年
                                d = 29;
                            } else {                       //如果不是闰年
                                d = 28;
                            }
                            break;
                    }
                    document.write(m + "月有" + d + "天");
            </script>
        </body>
    </html>
```

8.6.3 循环结构语句

JavaScript 中提供了多种循环语句，包括 for、while 和 do while 语句，还提供用于跳出循环的 break 语句，用于终止当前循环并继续执行下一轮循环的 continue 语句，以及用于标记语句的 label。

1．for 循环语句

for 循环语句的格式如下。

```
for (初始化；条件；增量)
  {
    语句块；
  }
```

for 实现条件循环，当"条件"成立时，执行语句段，否则跳出循环体。

for 循环语句的执行步骤如下。

1）执行"初始化"部分，给计数器变量赋初值。

2）判断"条件"是否为真，如果为真则执行循环体，否则就退出循环体。

3）执行循环体语句之后，执行"增量"部分。

4）重复步骤2）和3），直到退出循环。

JavaScript 也允许循环的嵌套，从而实现更加复杂的应用。

【例 8-9】 使用嵌套的 for 循环在网页中输出九九乘法表，本例文件 8-9.html 在浏览器中的显示效果如图 8-10 所示。

```
<!DOCTYPE html>
<html>
    <head>
        <meta charset="utf-8">
        <title>九九乘法表</title>
    </head>
    <body>
        <script language="JavaScript">
```

图 8-10　九九乘法表

```
            for (i = 1; i <= 9; i++){          //外循环（行的循环）
                for (j = 1; j <= i; j++){      //内循环（乘积的循环）
                    m = i * j;
                    document.write(i + "*" + j + "=" + m + " ");//内循环输出本行结果
                }
                document.write("<br>");         //内循环结束后，输出另起一行
            }
        </script>
    </body>
</html>
```

2. while 循环语句

while 循环语句的格式如下。

```
while (条件)
  {
     语句块；
  }
```

当条件表达式为真时就执行循环体中的语句。而且"条件"要用( )括起来。

while 语句的执行步骤如下。

1）计算"条件"表达式的值。

2）如果"条件"表达式的值为真，则执行循环体，否则跳出循环。

3）重复步骤 1）和 2），直到跳出循环。

while 语句适合条件复杂的循环，for 语句适合已知循环次数的循环。

【例 8-10】　使用 while 循环求 1+2+3+…+100 的和。本例文件 8-10.html 在浏览器中的显示效果如图 8-11 所示。

```
<!DOCTYPE html>
<html>
    <head>
        <meta charset="utf-8">
        <title>while 循环求和</title>
    </head>
    <body>
        <script language="JavaScript">
            var i = 1;
            var sum = 0;
            while (i <= 100) {
                sum = sum + i;
                i++;
            }
            document.write("1+2+3+…+100=" + sum);
        </script>
    </body>
</html>
```

图 8-11　使用 while 循环求和

3. do while 语句

do while 语句是 while 的变体，其格式如下。

```
do
  {
     语句块；
  }
while (条件)
```

do while 语句的执行步骤如下。

1）执行循环体中的语句。

2）计算条件表达式的值。

3）如果条件表达式的值为真，则继续执行循环体中的语句，否则退出循环。

4）重复步骤 2）和 3），直到退出循环。

do while 语句的循环体至少要执行一次，而 while 语句的循环体可以一次也不执行。

不论使用哪一种循环语句，都要注意控制循环的结束标志，避免出现死循环。

4．标号语句

label 语句用于为语句添加标号。在任意语句前放上标号，都可为该语句指定一个标号。其格式如下。

标号名称：语句；

label 语句常常用于标记一个循环、switch 或 if 语句，且与 break 或 continue 语句联合使用。

5．break 语句

break 语句的功能是无条件跳出循环结构或 switch 语句。一般 break 语句是单独使用的，有时也可在其后面加一个语句标号，以表明跳出该标号所指定的循环体，然后执行循环体后面的代码。

6．continue 语句

continue 语句的功能是结束本轮循环，跳转到循环的开始处，从而开始下一轮循环；而 break 则是结束整个循环。continue 可以单独使用，也可以与语句标号一起使用。

【例 8-11】 continue 和 break 语句的用法，在网页上输出 1～10 的数字后跳出循环。本例文件 8-11.html 在浏览器中的显示效果如图 8-12 所示。

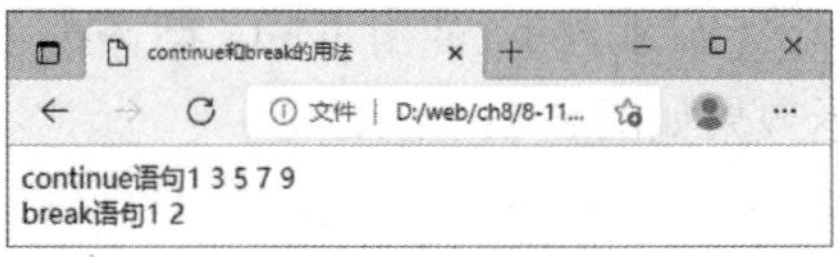

```
<!DOCTYPE html>
<html>
    <head>
        <meta charset="utf-8">
        <title>continue 和 break 的用法</title>
    </head>
    <body>
        <script language='javascript' type='text/javascript'>
            var x;
            document.write('continue 语句');
            for (x = 1; x < 10; x++) {
                if (x % 2 == 0) continue;          //遇到偶数则跳出此次循环，进入下次循环
                document.write(x + ' ');
            }
            document.write('<br>');
            document.write('break 语句');
            for (x = 1; x <= 10; x++) {
                if (x % 3 == 0) break;             //遇到能被 3 整除，结束整个循环
                document.write(x + ' ');
            }
        </script>
    </body>
</html>
```

图 8-12 continue 和 break 语句的用法

【说明】break 语句使得循环从 for 或 while 中跳出，continue 使得跳过循环内剩余的语句而进入下一次循环。

8.7 函数

在 JavaScript 中，函数是能够完成一定功能的代码块，它可以在脚本中被事件和其他语句调用。一般在编写脚本时，当有一段能够实现特定功能的代码需要经常使用时，就要考虑编写

一个函数来实现这个功能以代替这段代码。当要用到这个功能时，即可直接调用这个函数，而不必再写这一段代码。JavaScript 提供了许多内置函数，程序员也可以自己创建函数，叫作自定义函数。

8.7.1　函数的声明

JavaScript 遵循先声明函数，后调用函数的规则。函数的定义通常放在 HTML 文档头中，也可以放在其他位置，但最好放在文档头，这样就可以确保先声明后使用。函数可以使用参数来传递数据，也可以不使用参数。声明函数的格式如下。

```
function 函数名(参数1, 参数2, … )
  {
    语句段;
    …
    return 表达式;          // return 语句指明被返回的值
  }
```

函数名是调用函数时引用的名称，一般用能够描述函数实现功能的单词来命名，也可以用多个单词组合命名。参数是调用函数时接收传入数据的变量名，可以是常量、变量或表达式，是可选的；可以使用参数列表，向函数传递多个参数，使得在函数中可以使用这些参数。{}中的语句是函数的执行语句，当函数被调用时执行。

函数在完成功能后可以有返回值，也可以不返回任何值。如果返回一个值给调用函数的语句，应该在代码块中使用 return 语句。

例 8-12

【例 8-12】　在 JavaScript 中使用函数的例子。本例文件 8-12.html 在浏览器中的显示效果如图 8-13 所示。

图 8-13　使用函数

```html
<!DOCTYPE html>
<html>
    <head>
        <meta charset="utf-8">
        <title>使用函数</title>
        <script language="javascript">
            function hello()                    //声明没有参数的函数
            {
                document.write("Hello,");
            }                                   //本函数没有返回值
            function message(message)           //声明有一个参数的函数
            {
                document.write(message);
            }                                   //本函数没有返回值
            function multiple(number1,number2) {
                var result = number1 * number2;
                return result;                  //本函数有返回值
            }
        </script>
    </head>
    <body>
        <script language="javascript">
            hello();                            //调用无参数的函数，本函数没有返回值
            message("JavaScript");              //调用有参数的函数，本函数没有返回值
            var result = multiple(20,30);       //调用有参数和返回值的函数
            document.write(result);
        </script>
    </body>
</html>
```

8.7.2 函数的调用

1．无返回值的调用

如果函数没有返回值或调用程序不关心函数的返回值，可以用下面的格式调用函数。

> 函数名(传递给函数的参数 1，传递给函数的参数 2，…)；

例如，在例 8-12 代码中的 "hello();" 和 "message("JavaScript");" 语句，由于 hello()函数没有返回值，所以可以使用这种方式。

2．有返回值的调用

如果调用程序需要函数的返回结果，则要用下面的格式调用定义的函数。

> 变量名=函数名(传递给函数的参数 1，传递给函数的参数 2，…)；

例如，"result = multiple(10,20);"。

对于有返回值的函数调用，也可以在程序中直接利用其返回的值。例如，"document.write(multiple(10,20));"。

3．在事件中调用函数

JavaScript 是基于事件模型的程序语言，页面加载、用户单击、移动鼠标等行为都会产生事件。当事件产生时就可以调用某个函数来响应这个事件，在事件中调用函数的方法如下。

> <标签　属性="属性值"… 　事件="函数名(参数表)"></标签>

例如，使用<a>标签的单击事件 onClick 调用函数，其格式如下。

> <a href="#" onClick="函数名(参数表)"> 热点文本 </a>

当单击超链接时，可以触发调用函数。也可以使用<a>标签的 href 属性来调用函数，其格式如下。

> <a href="javascript:函数名(参数表)"> 热点文本 </a>

【例 8-13】　本例分别用两种方法从超链接中调用函数，函数的功能是显示一个 alert 对话框。本例文件 8-13.html 在浏览器中的显示效果如图 8-14 和图 8-15 所示。

图 8-14　通过 onClick 属性调用函数　　　　图 8-15　通过 href 属性调用函数

```
<!DOCTYPE html>
<html>
    <head>
        <meta charset="utf-8">
        <script language="JavaScript">
            function hello() {
                window.alert("Hello!");
            }
        </script>
    </head>
    <body>
        <a href="#" onClick="hello();">onClick 属性调用函数</a><br>
        <a href="javascript:hello();">href 属性调用函数</a>
    </body>
</html>
```

8.7.3　变量的作用域

根据变量的作用范围，变量又可分为全局变量和局部变量。全局变量是在所有函数之外的脚本中定义的变量，其作用范围是这个变量定义之后的所有语句，包括其后定义的函数中的程序代码和其他<script>…</script>标记中的程序代码。局部变量是定义在函数代码之内的变量，只有在该函数中且位于这个变量定义之后的程序代码可以使用这个变量。局部变量对其后的其他函数和脚本代码来说都是不可见的。

如果在函数中定义了与全局变量同名的局部变量，则在该函数中且位于这个变量定义之后的程序代码使用的是局部变量，而不是全局变量。

【例 8-14】　变量作用域示例。本例文件 8-14.html 在浏览器中的显示效果如图 8-16 所示。

```html
<!DOCTYPE html>
<html>
    <head>
        <meta charset="utf-8">
        <title>变量的作用域</title>
    </head>
    <body>
        <script language="JavaScript">
            var a = 20;                           //定义全局变量
            function setNumber() {
                var a = 10;                       //定义局部变量
                document.write("局部变量:"+a);    //输出局部变量 a
            }
            setNumber();
            document.write("<br>");
            document.write("全局变量:"+a);        //输出全局变量 a
        </script>
    </body>
</html>
```

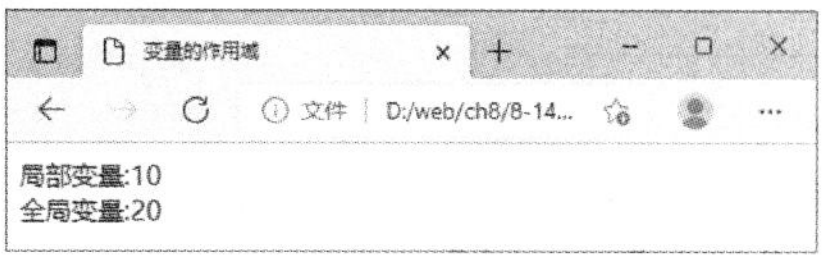

图 8-16　变量作用域示例

8.7.4　内置函数

在 JavaScript 中，除了允许用户创建和使用自定义函数外，还提供丰富的内置函数，这些函数可以直接调用。常用的内置函数（系统函数）如表 8-2 所示。

表 8-2　常用的内置函数

函　　　数	描　　　述
escape(字符串)	对字符串进行编码，所有的空格、标点、重音符号以及任何其他 ASCII 字符都用%xx 编码替换。escape("My book")，返回 My%20book
eval(字符串)	计算 JavaScript 字符串，并把它作为脚本代码来执行。eval("10+3")，返回 13
isFinite(数字)	检查某个值是否为有穷大的数。isFinite(-135)，返回 true；isFinite("abc")，返回 false
isNaN(参数)	检查某个值是否是数字。isNaN(13)，返回 false；isNaN("13")，返回 true
Boolean(参数)	将参数转换成布尔值。Boolean(-10)，返回 true；Boolean(0)，返回 false
Number(参数)	将参数转换成数值。Number("13")，返回 13；Number("abc13")，返回 NaN
String(参数)	将参数转换成字符串。String(-1230.45)，返回-1230.45
Object(参数)	将参数转换成对象
parseInt(字符串)	将数字字符串转换成整数。parseInt(12ab35")，返回 12；parseInt("a123")，返回 NaN
parseFloat(字符串)	将数字字符串转换成浮点数。parseFloat("2.13")，返回 2.13；parseFloat("12ab")，返回 12

【例8-15】 parseInt()函数和parseFloat()函数示例。本例文件8-15.html在浏览器中的显示效果如图8-17所示。

```
<!DOCTYPE html>
<html>
    <head>
        <meta charset="utf-8">
        <title>parseInt()函数和parseFloat()函数
</title>
    </head>
    <body>
        <script language="JavaScript">
            document.write(parseInt("5"));              //输出十进制5，显示5
            document.write(",");
            document.write(parseInt("f", 15));          //输出十六进制f，显示15
            document.write(",");
            document.write(parseInt("111", 2));         //输出二进制111，显示7
            document.write(",");
            document.write(parseFloat("98.9") + 1);
        </script>
    </body>
</html>
```

图8-17 parse Int()函数和
parse Float()函数示例

习题8

1. 已知圆的半径是10，计算圆的周长和面积，如图8-18所示。
2. 使用多重循环在网页中输出"*"号组成一个三角形，如图8-19所示。

图8-18 题1图

图8-19 题2图

3. 在页面中用中文显示当天的日期和星期，如图8-20所示。
4. 输出20以内的素数（只能被1和它本身整除的正整数），如图8-21所示。

图8-20 题3图

图8-21 题4图

5. 创建自定义函数在网页中输出自定义行列的表格，如图8-22所示。

图8-22 题5图

第9章 JavaScript DOM 编程

JavaScript 将浏览器本身、网页文档以及网页文档中的 HTML 元素等都用相应的内置对象来表示，其中一些对象是作为另外一些对象的属性而存在的，这些对象及对象之间的层次关系统称为 DOM（Document Object Model，文档对象模型）。在脚本程序中访问 DOM 对象，就可以实现对浏览器本身、网页文档以及网页文档中的 HTML 元素的操作，从而控制浏览器和网页元素的行为和外观。

9.1 DOM 概述

DOM 是一种与平台、语言无关的接口，允许程序和脚本动态地访问或更新 HTML 或 XML 文档的内容、结构和样式，且提供了一系列的函数和对象来实现访问、添加、修改及删除操作。HTML 文档中的 DOM 模型如图 9-1 所示。

DOM 对象的一个特点是，它的各种对象有明确的从属关系。也就是说，一个对象可能是从属于另一个对象的，而它又可能包含了其他的对象。

在从属关系中，window 对象的从属地位最高，它反映的是一个完整的浏览器窗口。window 对象的下级还包含 frame、document、location、history 对象，这些对象都是作为 window 对象的属性而存在的。网页文件中的各种元素对象又是 document 对象的直接或间接属性。

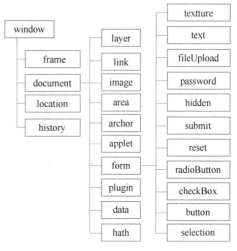

图 9-1　HTML 文档中的 DOM 模型

在 JavaScript 中，window 对象为默认的最高级对象，其他对象都直接或间接地从属于 window 对象，因此在引用其他对象时，不必再写"window."。

DOM 除了定义各种对象外，还定义了各个对象所支持的事件，以及各个事件所对应的用户的具体操作。

CSS、脚本编程语言和 DOM 的结合使用，能够使 HTML 文档与用户具有交互性和动态变换性。下面介绍几个重要的浏览器对象，以及运用 JavaScript 实现用户与 Web 页面交互。

9.2 window 对象

窗口（window）对象处于整个从属关系的最高级，它提供了处理窗口的方法和属性。每一个 window 对象代表一个浏览器窗口。

9.2.1 window 对象的属性

window 对象的属性见表 9-1。

表 9-1 window 对象的属性

属 性	描 述
closed	只读，返回窗口是否已被关闭
opener	可返回对创建该窗口的 window 对象的引用
defaultStatus	可返回或设置窗口状态栏中的默认内容
status	可返回或设置窗口状态栏中显示的内容
innerWidth	只读，窗口的文档显示区的宽度（单位像素）
innerHeight	只读，窗口的文档显示区的高度（单位像素）
parent	如果当前窗口有父窗口，表示当前窗口的父窗口对象
self	只读，对窗口自身的引用
top	当前窗口的最顶层窗口对象
name	当前窗口的名称

9.2.2 window 对象的方法

在前面的章节已经使用了 prompt()、alert()和 confirm()等预定义函数，这些函数在本质上是 window 对象的方法。除此之外，window 对象还提供了一些其他方法，见表 9-2。

表 9-2 window 对象的常用方法

方 法	描 述
open()	打开一个新的浏览器窗口或查找一个已命名的窗口
close()	关闭浏览器窗口
alert()	显示带有一段消息和一个"确认"按钮的对话框
prompt()	显示可提示用户输入的对话框
confirm()	显示带有一段消息以及"确认"按钮和"取消"按钮的对话框
moveBy(x,y)	可相对窗口的当前坐标将它移动指定的像素
moveTo(x,y)	可把窗口的左上角移动到一个指定的坐标(x,y)，但不能将窗口移出屏幕
setTimeout(code,millisec)	在指定的毫秒数后调用函数或计算表达式，仅执行一次
setInterval(code,millisec)	按照指定的周期（以毫秒计）来调用函数或计算表达式
clearTimeout()	取消由 setTimeout()方法设置的计时器
clearInterval()	取消由 setInterval()设置的计时器
focus()	可把键盘焦点给予一个窗口
blur()	可把键盘焦点从顶层窗口移开

【例 9-1】 显示窗口的宽、高和设置计时器。页面初次加载时依次显示两个提示框，延时 5000ms 后再调用 hello()，显示欢迎信息的对话框。本例文件 9-1.html 在浏览器中的显示效果如图 9-2 所示。

图 9-2 延时 5000ms 后显示欢迎信息的对话框

```
<!DOCTYPE html>
<html>
    <head>
        <meta charset="utf-8">
        <title>设置计时器</title>
        <script type="text/javascript">
            function hello() {
                window.alert("欢迎您！");
            }
            window.setTimeout("hello()", 5000);        //延时 5000ms 后再调用 hello()
            window.alert("窗口的宽="+window.innerWidth);    //获得窗口的宽度
            window.alert("窗口的高="+window.innerHeight);    //获得窗口的高度
        </script>
    </head>
    <body>
    </body>
</html>
```

9.3　document 对象

document 对象是指每个载入到浏览器窗口中的 HTML 文件，它们都会成为 document 对象，包含当前网页的各种特征，显示的内容部分，如标题、背景、使用的语言等。document 对象是 window 对象的子对象，可以通过 window.document 属性对其进行访问，此对象可以从 JavaScript 脚本中对 HTML 页面内的所有元素进行访问。

9.3.1　document 对象的属性

document 对象的属性见表 9-3。

表 9-3　document 对象的属性

属　　性	描　　述
body	提供对 body 元素的直接访问
cookie	设置或查询与当前文档相关的所有 cookie
referrer	返回载入当前文档的文档 URL
URL	返回当前文档的 URL
lastModified	返回文档最后被修改的日期和时间
domain	返回下载当前文档的服务器域名
all[]	返回对文档中所有 HTML 元素的引用，all[]已经被 document 对象的 getElementById()等方法替代
forms[]	返回文档中所有的 form 对象集合
images[]	返回文档中所有的 image 对象集合，但不包括由<object>标签内定义的图像

9.3.2　document 对象的方法

document 对象的方法从整体上分为两大类。
- 对文档流的操作。
- 对文档元素的操作。

document 对象的方法见表 9-4。

表 9-4 document 对象的方法

方　法	描　述
open()	打开一个新文档，并擦除当前文档的内容
write()	向文档写入 HTML 或 JavaScript 代码
writeln()	与 write()方法的作用基本相同，但在每次内容输出后额外加一个换行符（\n），在使用<pre>标签时比较有用
close()	关闭一个由 document.open()方法打开的输出流，并显示选定的数据
getElementById()	返回拥有指定 ID 的第一个对象
getElementsByName()	返回带有指定名称的对象的集合
getElementsByTagName()	返回带有指定标签名的对象的集合
getElementsByClassName()	返回带有指定 class 属性的对象集合，该方法属于 HTML5 DOM

在 document 对象的方法中，open()、write()、writeln()和 close()方法可以实现文档流的打开、写入、关闭等操作；而 getElementById()、getElementsByName()、getElementsByTagName()等方法用于操作文档中的元素。

【例 9-2】 使用 getElementById()、getElementsByName()、getElementsByTagName()方法操作文档中的元素。浏览者填写表单中的选项后，单击"统计结果"按钮，弹出消息框显示统计结果。本例文件 9-2.html 在浏览器中显示的效果如图 9-3 所示。

图 9-3 使用 document 对象的方法操作文档中的元素

```html
<!DOCTYPE html>
<html>
    <head>
        <meta charset="utf-8">
        <title>document 对象的方法</title>
        <script type="text/javascript">
            function count() {
                var userName = document.getElementById("userName");
                var hobby = document.getElementsByName("hobby");
                var inputs = document.getElementsByTagName("input");
                var result = "ID 为 userName 的元素的值：" + userName.value +"\nname 为
hobby 的元素的个数：" + hobby.length + "\n\t 个人爱好：";
                for(var i = 0; i < hobby.length; i++) {
                    if(hobby[i].checked) {
                        result += hobby[i].value + " ";
                    }
                }
                result += "\n 标签为 input 的元素的个数：" + inputs.length
                alert(result);
            }
        </script>
    </head>
    <body>
        <form name="myform">
            用户名：<input type="text" name="userName" id="userName" /><br/> 爱　好：
            <input type="checkbox" name="hobby" value="听音乐" />听音乐
            <input type="checkbox" name="hobby" value="足球" />足球
            <input type="checkbox" name="hobby" value="旅游" />旅游<br/>
            <input type="button" value="统计结果" onclick="count()" />
        </form>
    </body>
</html>
```

9.4　location 对象

location（位置）对象是 window 对象的子对象，存储在 window 对象的 location 属性中。location 对象包含当前页面的 URL 地址的各种信息，如协议、主机服务器和端口号等，并且把浏览器重新定向到新的页面。

9.4.1　location 对象的属性

location 对象中包含当前页面的 URL 地址的各种信息，例如，协议、主机服务器和端口号等。location 对象的属性见表 9-5。

表 9-5　location 对象的属性

属　　性	描　　述
protocol	设置或返回当前 URL 的协议
host	设置或返回当前 URL 的主机名称和端口号
hostname	设置或返回当前 URL 的主机名
port	设置或返回当前 URL 的端口部分
pathname	设置或返回当前 URL 的路径部分
href	设置或返回当前显示的文档的完整 URL
hash	URL 的锚部分（从#号开始的部分）
search	设置或返回当前 URL 的查询部分（从问号?开始的参数部分）

9.4.2　location 对象的方法

location 对象提供了以下 3 个方法，用于加载或重新加载页面中的内容。location 对象的方法见表 9-6。

表 9-6　location 对象的方法

方　　法	描　　述
assign(url)	可加载一个新的文档，与 location.href 实现的页面导航效果相同
reload(force)	用于重新加载当前文档；参数 force 默认为 false；当参数 force 为 false 且文档内容发生改变时，从服务器端重新加载该文档；当参数 force 为 false 但文档内容没有改变时，从缓存区中装载文档；当参数 force 为 true 时，每次都从服务器端重新加载该文档
replace(url)	使用一个新文档取代当前文档，且不会在 history 对象中生成新的记录

9.5　history 对象

历史（history）对象用于保存用户在浏览网页时所访问过的 URL 地址，history 对象的 length 属性表示浏览器访问历史记录的数量。由于隐私方面的原因，JavaScript 不允许通过 history 对象获取已经访问过的 URL 地址。

history 对象的常用属性是 history.length 属性，保存着历史记录的 URL 数量。初始时，该值为 1。如果当前窗口先后访问了 3 个网址，则 history.length 属性等于 3。

history 对象提供了 back()、forward()和 go()方法来实现针对历史访问的前进与后退功能，见表 9-7。

表 9-7　history 对象的方法

方　　法	描　　述
back()	加载 history 列表中的前一个 URL
forward()	加载 history 列表中的下一个 URL
go()	加载 history 列表中的某个具体页面

例如，下面代码在网页中显示网页链接的数量，请输入几个网站后，再返回这个例子，链接数量将改变。

```
document.write(history.length + "<br />");    //初始时，该值为 1
history.back();                               //后退一页
history.forward();                            //前进一页
history.go(-1);                               //后退一页
history.go(1);                                //前进一页
history.go(2);                                //前进两页
```

9.6　screen 对象

每个 window 对象的 screen 属性都引用一个 screen 对象，screen 对象中存放着有关客户端显示屏幕的信息，包括浏览器屏幕的信息与显示器屏幕的信息。JavaScript 将利用这些信息来优化它们的输出，以达到用户的显示要求。另外，JavaScript 还能根据有关屏幕尺寸的信息将新的浏览器窗口定位在屏幕中间。

screen 对象的属性见表 9-8。

表 9-8　screen 对象的属性

属　　性	描　　述
width，height	分别返回屏幕的宽度、高度，以像素为单位（下同）
availWidth	返回屏幕的可用宽度
availHeight	返回屏幕的可用高度（除 Windows 任务栏之外）
colorDepth	返回屏幕的颜色深度，即用户在"显示属性"对话框"设置"选项中的颜色位置

例如，下面的代码返回浏览器显示屏幕的宽度和高度、显示器屏幕的宽度和高度。可以看到浏览器屏幕的高度与显示器屏幕的高度相差一个 Windows 任务栏的高度。

```
document.write(screen.availHeight + "<br />");   //返回浏览器显示屏幕的高度
document.write(screen.availWidth + "<br />");    //返回浏览器显示屏幕的宽度
document.write(screen.height+ "<br />");         //返回显示器屏幕的高度
document.write(screen.width + "<br />");         //返回显示器屏幕的宽度
```

9.7　navigator 对象

navigator 对象中包含浏览器的相关信息，如浏览器名称、版本号和脱机状态等。在编写时可不使用 window 这个前缀。navigator 对象的属性见表 9-9。

表 9-9 navigator 对象的属性

属 性	描 述
appCodeName	返回浏览器的代码名
appMinorVersion	返回浏览器的次级版本
appName	返回浏览器的名称
appVersion	返回浏览器的平台和版本信息
browserLanguage	返回当前浏览器的语言
cookieEnabled	返回指明浏览器中是否启用 cookie 的布尔值
cpuClass	返回浏览器系统的 CPU 等级
onLine	返回指明系统是否处于脱机模式的布尔值
platform	返回运行浏览器的操作系统平台
systemLanguage	返回操作系统使用的默认语言
userAgent	返回由客户端发送给服务器的 user-agent 头部的值
userLanguage	返回用户设置的操作系统的语言

例如，navigator.userAgent 是常用的属性，用来完成浏览器判断；然后返回客户端浏览器的各种信息。

```
if (window.navigator.userAgent.indexOf('MSIE') != -1) {
    alert('我是 IE');
} else {
    alert('我不是 IE');
}
document.write(navigator.appName+"<br />");        //返回浏览器的名称
document.write(navigator.appVersion+"<br />");     //返回浏览器的平台和版本信息
document.write(navigator.cookieEnabled+"<br />"); //返回指明浏览器中是否启用 cookie 的布尔值
document.write(navigator.platform+"<br />");        //返回运行浏览器的操作系统平台
```

9.8 form 对象

form 对象是 document 对象的子对象，通过 form 对象可以实现表单验证等效果。通过 form 对象可以访问表单对象的属性及方法。form 对象的语法格式如下。

document.表单名称.属性
document.表单名称.方法**(参数)**
document.**forms**[索引].属性
document.**forms**[索引].方法**(参数)**

9.8.1 form 对象的属性

form 对象的属性见表 9-10。

表 9-10 form 对象的属性

属 性	描 述
elements[]	返回包含表单中所有元素的数组；元素在数组中出现的顺序与在表单中出现的顺序相同
enctype	设置或返回用于编码表单内容的 MIME 类型，默认值是"application/x-www-form-urlencoded"；当上传文件时，enctype 属性应设为"multipart/form-data"
target	可设置或返回在何处打开表单中的 action-URL，可以是_blank、_self、_parent、_top

（续）

属 性	描 述
method	设置或返回用于表单提交的 HTTP 方法
length	返回表单中元素的数量
action	设置或返回表单的 action 属性
name	返回表单的名称

9.8.2 form 对象的方法

form 对象的方法见表 9-11。

表 9-11　form 对象的方法

方 法	描 述
submit()	表单数据提交到 Web 服务器
reset()	对表单中的元素进行重置

提交表单有两种方式：submit 提交按钮和 submit()提交方法。

在<form>标签中，onsubmit 属性用于指定在表单提交时调用的事件处理函数；在 onsubmit 属性中使用 return 关键字表示根据被调用函数的返回值来决定是否提交表单，当函数返回值为 true 时则提交表单，否则不提交表单。

9.9　DOM 节点

HTML 文件是一种树状结构，HTML 中的标签和属性可以看作 DOM 树中的节点。节点又分为元素节点、属性节点、文本节点、注释节点、文件节点和文件类型节点，各种节点统称为 node 对象，通过 node 对象的属性和方法可以遍历整个文件树。

9.9.1　node 对象

node 对象的属性用于获得该节点的类型，见表 9-12。

表 9-12　DOM 节点的类型

属 性	nodeType 值	描 述	示 例
元素（element）	1	HTML 标签	<div></div>
属性（attribute）	2	HTML 标签的属性	type="text"
文本（text）	3	文本内容	Hello JavaScript！
注释（comment）	8	HTML 注释段	<!--注释-->
文件（document）	9	HTML 文件根节点	<html>
文件类型（documentType）	10	文件类型	<!DOCTYPE html>

9.9.2　element 对象

element 对象继承了 node 对象，是 node 对象中的一种，常用的属性见表 9-13。

表 9-13　element 对象的属性

属　　性	描　　述
attributes	返回指定节点的属性集合
childNodes	标准属性，返回直接后代的元素节点和文本节点的集合，类型为 NodeList
children	非标准属性，返回直接后代的元素节点的集合，类型为 Array
innerHTML	设置或返回元素的内部 HTML
className	设置或返回元素的 class 属性
firstChild	返回指定节点的首个子节点
lastChild	返回指定节点的最后一个子节点
nextSibling	返回同一父节点的指定节点之后紧跟的节点
previousSibling	返回同一父节点的指定节点的前一个节点
parentNode	返回指定节点的父节点；没有父节点时，返回 null
nodeType	返回指定节点的节点类型（数值）
nodeValue	设置或返回指定节点的节点值
tagName	返回元素的标签名（始终是大写形式）

9.9.3　nodeList 对象

nodeList 对象是一个节点集合，其 item(index)方法用于从节点集合中返回指定索引的节点，length 属性用于返回集合中的节点数量。

【例 9-3】　DOM 节点示例。单击"统计"按钮前，合计销量为 0；单击"统计"按钮后，计算出所有商品的合计销量。本例文件 9-3.html 在浏览器中的显示效果如图 9-4 所示。

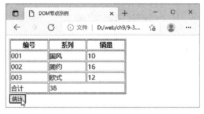

图 9-4　DOM 节点示例

```
<!DOCTYPE html>
<html>
    <head>
        <meta charset="utf-8">
        <title>DOM 节点示例</title>
        <script type="text/javascript">
            var dataArray = new Array();
            function amount() {
                var sum = 0;
                var myTable = document.getElementById("myTable");
                //table 中包含的节点集合（包括 tbody 元素节点和文本节点）
                var tbodyList = myTable.childNodes;
                //alert("tbody 集合的长度: "+tbodyList.length);
                for (var i = 0; i < tbodyList.length; i++) {
                    var tbody = tbodyList.item(i);
                    //只对 tbody 元素节点进行操作，不对文本节点进行操作
                    if (tbody.nodeType == 1) {
                        //tbody 中包含的节点的集合（包括 tr 元素节点和文本节点）
                        var rowList = tbody.childNodes;
                        //第一行为标题栏，不需要统计
```

```
                                  for (var j = 1; j < rowList.length; j++) {
                                      var row = rowList.item(j);
                                      //只对 tr 元素节点进行操作，不对文本节点进行操作
                                      if (row.nodeType == 1) {
                                        //当前行中包含的节点的集合（包括 td 节点和文本节点）
                                          var cellList = row.childNodes;
                                          //alert("当前行元素内容的个数: "+cellList.length);
                                          //获得最后一个单元格的内容
                                          var lastCell = cellList.item(5);
                                          if (lastCell != null) {
                                          var salesAmount =parseInt(cellList.item(5).inner-
HTML);
                                                sum += salesAmount;
                                          }
                                      }
                                  }
                              }
                              //改变统计结果
                              var tableRows = myTable.getElementsByTagName("tr");
                              var lastRow = tableRows.item(tableRows.length - 1);
                              lastRow.lastChild.previousSibling.innerHTML = sum;
                              //也可以通过 children 方式进行显示
                              //myTable.children[0].children[3].children[1].innerHTML=sum;
                      }
              </script>
      </head>
      <body>
          <table id="myTable" border="1" width="300">
              <tr><th>编号</th><th>系列</th><th>销量</th></tr>
              <tr><td>001</td><td>国风</td><td>10</td></tr>
              <tr><td>002</td><td>简约</td><td>16</td></tr>
              <tr><td>003</td><td>欧式</td><td>12</td></tr>
              <tr><td>合计</td><td colspan="3">0</td></tr>
          </table>
          <input type="button" value="统计" onclick="amount()" />
      </body>
</html>
```

9.10 对象事件处理程序

每种对象能识别一组预先定义好的事件，但并非每一种事件都会产生结果，因为 JavaScript 只是识别事件的发生。为了使对象能够对某一事件做出响应（Respond），必须编写事件处理函数。事件处理函数是一段独立的程序代码，它在对象检测到某个特定事件时执行（响应该事件）。

9.10.1 对象的事件

一个对象可以响应一个或多个事件，因此可以使用一个和多个事件过程对用户或系统的事件做出响应。

对象事件有以下 3 类。

● 用户引起的事件，如网页装载、表单提交等。
● 引起页面之间跳转的事件，主要是超链接。
● 表单内部与界面对象的交互，包括界面对象的改变等。这类事件可以按照应用程序的具体功能自由设计。

9.10.2 常用的事件及处理

1．浏览器事件

浏览器事件主要由 Load、Unload、DragDrop 以及 Submit 等事件组成。

（1）Load 事件

Load 事件发生在浏览器完成一个窗口或一组帧的装载之后。onLoad 句柄在 Load 事件发生后由 JavaScript 自动调用执行。因为这个事件处理函数可在其他所有的 JavaScript 程序和网页之前被执行，可以用来完成网页中所用数据的初始化，如弹出一个提示窗口，显示版权或欢迎信息，弹出密码认证窗口等。例如：

```
<body onLoad="window.alert(Please input password!")>
```

网页开始显示时并不触发 Load 事件，只有当所有元素〔包含图像、声音等〕被加载完成后才触发 Load 事件。

（2）Unload 事件

Unload 事件发生在用户在浏览器的地址栏中输入一个新的 URL，或者使用浏览器工具栏中的导航按钮，从而使浏览器试图载入新的网页。在浏览器载入新的网页之前，自动产生一个 Unload 事件，通知原有网页中的 JavaScript 脚本程序。

onUnload 事件句柄与 onLoad 事件句柄构成一对功能相反的事件处理模式。使用 onLoad 事件句柄可以初始化网页，而使用 onUnload 事件句柄则可以结束网页。

下面例子在打开 HTML 文件时显示"欢迎"，在关闭浏览器窗口时显示"再见"。

```
<html>
    <body onLoad="alert('欢迎')" onUnload="alert('再见')" >
        网页内容
    </body>
</html>
```

（3）Submit 事件

Submit 事件在完成信息的输入，准备将信息提交给服务器处理时发生。onSubmit 句柄在 Submit 事件发生时由 JavaScript 自动调用执行。onSubmit 句柄通常在<form>标记中声明。

为了减少服务器的负担，可在 Submit 事件处理函数中实现最后的数据校验。如果所有的数据验证都能通过，则返回一个 true 值，让 JavaScript 向服务器提交表单，把数据发送给服务器；否则，返回一个 false 值，禁止发送数据，且给用户相关的提示，让用户重新输入数据。

2．鼠标事件

常用的鼠标事件有 MouseDown、MouseMove、MouseUp、MouseOver、MouseOut、Click、Blur 以及 Focus 等事件。

（1）MouseDown 事件

当按下鼠标的某一个键时发生 MouseDowm 事件。在这个事件发生后，JavaScript 自动调用 MouseDown 句柄。在 JavaScript 中，如果发现一个事件处理函数返回 false 值，就中止事件的继续处理。如果 MouseDown 事件处理函数返回 false 值，与鼠标操作有关的其他一些操作，例如，拖放、激活超链接等都会无效，因为这些操作首先都必须产生 MouseDown 事件。

（2）MouseMove 事件

移动鼠标时，发生 MouseMove 事件。这个事件发生后，JavaScript 自动调用 onMouseMove 句柄。MouseMove 事件不从属于任何界面元素。只有当一个对象（浏览器对象

window 或者 document）要求捕获事件时，这个事件才在每次鼠标移动时产生。

（3）MouseUp 事件

释放鼠标键时，发生 MouseUp 事件。在 Mouse Up 事件发生后，JavaScript 自动调用 onMouseUp 句柄。Mouse Up 事件同样适用于普通按钮、网页以及超链接。

（4）MouseOver 事件

当鼠标指针移动到一个对象上面时，发生 MouseOver 事件。在 MouseOver 事件发生后，JavaScript 自动调用执行 onMouseOver 句柄。

在通常情况下，当鼠标指针扫过一个超链接时，超链接的目标会在浏览器的状态栏中显示；也可通过编程在状态栏中显示提示信息或特殊的效果，使网页更具有变化性。在下面的示例代码中，第 1 行代码当鼠标指针在超链接上时可在状态栏中显示指定的内容，第 2、3、4 行代码是当鼠标指针在文字或图像上时，弹出相应的对话框。

```
<a href="http://www.sohu.com/" onMouseOver="window.status='你好吗'; return true">请单击</a>
<a href onMouseOver="alert('弹出信息! ')">显示的链接文字</a>
<img src="image1.jpg" onMouseOver="alert('在图像之上');"><br>
<a href="#" onMouseOver="window.alert('在链接之上');"><img src="image2.jpg"></a><hr>
```

（5）MouseOut 事件

MouseOut 事件发生在鼠标指针离开一个对象时。在 Mouse Out 事件发生后，JavaScript 自动调用 onMouseOut 句柄。Mouse Out 事件适用于区域、层及超链接对象。

（6）Click 事件

Click 事件可在两种情况下发生。首先，在一个表单上的某个对象被单击时发生；其次，在单击一个超链接时发生。onClick 事件句柄在 Click 事件发生后由 JavaScript 自动调用执行。onClick 事件句柄适用于普通按钮、提交按钮、单选按钮、复选框以及超链接。下面代码用于单击图像后弹出一个对话框。

```
<img src="image1.jpg" onClick="window.alert('单击图像');"><br>
```

（7）on Blur 事件

on Blur 事件是在一个表单中的选择框、文本输入框中失去焦点时，即在表单其他区域单击鼠标时发生。即使此时当前对象的值没有改变，仍会触发 onBlur 事件。onBlur 事件句柄在 Click 事件发生后，由 JavaScript 自动调用执行。

（8）on Focus 事件

在一个选择框、文本框或者文本输入区域得到焦点时发生 on Focus 事件。onFocus 事件句柄在 Click 事件发生时由 JavaScript 自动调用执行。用户可以通过单击对象，也可通过键盘上的〈Tab〉键使一个区域得到焦点。

onFocus 句柄与 onBlur 句柄功能相反。

3. 键盘事件

常用的键盘事件有 KeyDown、KeyPress、KeyUp、Change、Select、Move 和 Resize 事件。

（1）KeyDown 事件

在键盘上按下一个键时，发生 KeyDown 事件。在 KeyDown 事件发生后，由 JavaScript 自动调用 onKeyDown 句柄。该句柄适用于浏览器对象 document、图像、超链接以及文本区域。

（2）KeyPress 事件

在键盘上按下一个键时，发生 KeyDown 事件。在 KeyPress 事件发生后，由 JavaScript 自动调用 onKeyPress 句柄。该句柄适用于浏览器对象 Document、图像、超链接以及文本区域。

KeyDown 事件总是发生在 KeyPress 事件之前，如果 KeyDown 事件处理函数返回 false 值，就不会产生 KeyPress 事件。

（3）KeyUp 事件

在键盘上按下一个键，再释放这个键时发生 KeyUp 事件。在这个事件发生后由 JavaScript 自动调用 onKeyUp 句柄。这个句柄适用于浏览器对象 document、图像、超链接以及文本区域。

（4）Change 事件

在一个选择框、文本输入框或者文本输入区域失去焦点，其中的值又发生改变时，就会发生 Change 事件。在 Change 事件发生时，由 JavaScript 自动调用 onChange 句柄。Change 事件是个非常有用的事件，它的典型应用是验证一个输入的数据。

（5）Select 事件

选定文本输入框或文本输入区域的一段文本后，发生 Select 事件。在 Select 事件发生后，由 JavaScript 自动调用 onSelect 句柄。onSelect 句柄适用于文本输入框以及文本输入区。

（6）Move 事件

在用户或标本程序移动一个窗口或者一个帧时，发生 Move 事件。在 Move 事件发生后，由 JavaScript 自动调用 onMove 句柄。Move 事件适用于窗口以及帧。

（7）Resize 事件

在用户或者脚本程序移动窗口或帧时发生 Resize 事件，在事件发生后由 JavaScript 自动调用 onResize 句柄。Resize 事件适用于浏览器对象 document 以及帧。

9.10.3　表单对象与交互性

form 对象（称表单对象或窗体对象）提供一个让客户端输入文字或选择的功能，例如：单选按钮、复选框、选择列表等，由<form>标记组构成。JavaScript 自动为每一个表单建立一个表单对象，并可以将用户提供的信息送至服务器进行处理，当然也可以在 JavaScript 脚本中编写程序对数据进行处理。

表单中的基本元素（子对象）有按钮、单选按钮、复选按钮、提交按钮、重置按钮、文本框等。在 JavaScript 中要访问这些基本元素，必须通过对应特定的表单元素的表单元素名来实现。每一个元素主要是通过该元素的属性或方法来引用。

调用 form 对象的一般格式如下。

```
<form name="表单名" action="URL" …>
    <input type="表项类型" name="表项名" value="缺省值" 事件="方法函数"…>
    …
</form>
```

1. Text 单行单列输入元素

功能：对 Text 标识中的元素实施有效的控制。

属性：name：设定提交信息时的信息名称，对应 HTML 文档中的 name。

　　　value：用以设定出现在窗口中对应 HTML 文档中 value 的信息。

　　　defaultvalue：包括 Text 元素的默认值。

方法：blur()：将当前焦点移到后台。

　　　select()：加亮文字。

事件：onFocus：当 Text 获得焦点时，产生该事件。

onBlur：当元素失去焦点时，产生该事件。

onSelect：当文字被加亮显示后，产生该事件。

onChange：当 Text 元素值改变时，产生该事件。

2．Textarea 多行多列输入元素

功能：对 Textarea 中的元素进行控制。

属性：name：设定提交信息时的信息名称，对应 HTML 文档 Textarea 的 name。

value：设定出现在窗口中对应 HTML 文档中 value 的信息。

defaultvalue：元素的默认值。

方法：blur()：将输入焦点失去。

select()：加亮文字。

事件：onBlur：当失去输入焦点后产生该事件。

onFocus：当输入获得焦点后，产生该事件。

onChange：当文字值改变时，产生该事件。

onSelect：加亮文字，产生该事件。

3．Select 选择元素

功能：实施对滚动选择元素的控制。

属性：name：设定提交信息时的信息名称，对应 HTML 文档中 select 的 name。

value：用以设定出现在窗口中对应 HTML 文档中 value 的信息。

length：对应 HTML 文档 select 中的 length。

options：组成多个选项的数组。

selectIndex：指明一个选项。

text：选项对应的文字。

selected：指明当前选项是否被选中。

index：指明当前选项的位置。

defaultselected：默认选项。

事件：onBlur：当 select 选项失去焦点时，产生该事件。

onFocas：当 select 获得焦点时，产生该事件。

onChange：选项状态改变后，产生该事件。

4．Button 按钮

功能：对 Button 按钮的控制。

属性：name：设定提交信息时的信息名称，对应 HTML 文档中 button 的 name。

value：设定出现在窗口中对应 HTML 文档中 value 的信息。

方法：click()：该方法类似于单击一个按钮。

事件：onClick：当单击 button 按钮时，产生该事件。

5．Checkbox 复选框

功能：实施对一个具有复选框中元素的控制。

属性：name：设定提交信息时的信息名称。

value：用以设定出现在窗口中对应 HTML 文档中 value 的信息。

checked：该属性指明复选框的状态 true/false。

defaultchecked：默认状态。

方法：click()：使得复选框的某一个项被选中。

事件：onClick：当复选框被选中时，产生该事件。

6．Password 口令

功能：对具有口令输入的元素的控制。

属性：name：设定提交信息时的信息名称，对应 HTML 文档中 password 的 name。

　　　value：设定出现在窗口中对应 HTML 文档中 value 的信息。

　　　defaultvalue：默认值。

方法：select()：加亮输入口令域。

　　　blur()：失去 password 输入焦点。

　　　focus()：获得 password 输入焦点。

7．submit 提交元素

功能：对一个具有提交功能按钮的控制。

属性：name：设定提交信息时的信息名称，对应 HTML 文档中 submit 的 name。

　　　value：用以设定出现在窗口中对应 HTML 文档中 value 的信息。

方法：click()：相当于单击 submit 按钮。

事件：onClick：当单击该按钮时，产生该事件。

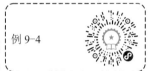

【例 9-4】　本例是一个在提交时检查条件是否满足要求的简单程序。首先定义了一个文本输入框，要求用户在此文本框中输入一个 1～9 的数字。在用户提交表单时，就用 check() 函数对文本框中的内容进行校验。本例文件 9-4.html 在浏览器中的显示效果如图 9-5 所示。

图 9-5　检查表单

```html
<!DOCTYPE html>
<html>
    <head>
        <meta charset="utf-8">
        <title>检查表单</title>
        <script language="JavaScript">
            function check() {
                var val = document.chform.textname.value;  //表单名.文本框名.value
                if (1<val && val<9)
                    alert("输入值" + val + "在允许的范围内!");
                else {
                    alert("输入值" + val + "超出了允许的范围!");
                }
            }
        </script>
    </head>
    <body>
        <form name="chform" method="post" onSubmit="check()">
            <p>输入一个 1 到 9 之间的数字(1,9 除外)：
                <input type="text" name="textname" value=" " size="10">
            </p>
            <input type="submit">
        </form>
    </body>
</html>
```

9.11　综合案例——"馨美装修"工程复选框全选效果

在讲解了 DOM 模型的基础知识后，本节讲解使用 JavaScript 实现工程复选框的全选效果。

【例 9-5】 使用 JavaScript 实现"馨美装修"工程复选框的全选效果。当用户单击"全选"复选框时，所有工程前面的复选框都被选中；再次单击"全选"复选框，所有工程前面的复选框都被取消选中。本例文件 9-5.html 在浏览器中的显示效果如图 9-6 所示。

图 9-6 工程复选框的全选效果

```html
<!DOCTYPE html>
<html>
    <head>
        <meta charset="utf-8">
        <title>馨美装修工程复选框的全选效果</title>
        <style type="text/css">
            table {margin: 0px auto; width: 300px;border-width: 0px;}
            td {text-align: center;}
            td img {width: 107px; height: 123px; }
            hr {border: 1px #cccccc dashed;}
        </style>
        <script language="javascript">
            function checkAll(boolValue) {
                var allCheckBoxs = document.getElementsByName("isBuy");
                for (var i = 0; i < allCheckBoxs.length; i++) {
                    if (allCheckBoxs[i].type == "checkbox")  //可能有重名的其他类型元素
                        allCheckBoxs[i].checked = boolValue; //检查是否选中用 checked
                }
            }
            function change() {
                var initmmAll = document.getElementsByName("mmall");
                if (initmmAll[0].checked == true)
                    checkAll(true);
                else
                    checkAll(false);
            }
        </script>
    </head>
    <body>
        <h3 align="center">馨美装修工程选择</h3>
        <form action="" name="buyForm" method="post">
            <table>
                <tr>
                    <td style="width:50px; text-align:right;">
                        <input name="mmall" type="checkbox" onclick="change()" />
                    </td>
                    <td style="width:50px; text-align:left;">全选</td>
```

```
            </tr>
            <tr>
                <td colspan="2" align="center">
                    <input name="isBuy" type="checkbox" id="isBuy" value="prod1" />
                </td>
                <td><img src="images/01.jpg" /></td>
            </tr>
            <tr>
                <td colspan="3"><hr noshade="noshade" /></td>
            </tr>
            <tr>
                <td colspan="2">
                    <input name="isBuy" type="checkbox" id="isBuy" value="prod2" />
                </td>
                <td><img src="images/02.jpg"></td>
            </tr>
            <tr>
                <td colspan="3"><hr noshade="noshade" /></td>
            </tr>
            <tr>
                <td colspan="2">
                    <input name="isBuy" type="checkbox" id="isBuy" value="prod3" />
                </td>
                <td><img src="images/03.jpg"></td>
            </tr>
            <tr>
                <td colspan="3"><hr noshade="noshade" /></td>
            </tr>
        </table>
    </form>
</body>
</html>
```

【说明】

① 判断"全选"复选框的状态。欲设置复选框的全选或全不选，首先需要判断"全选"复选框是选中状态还是未选中状态，再调用设置函数对其他复选框进行整体设置。

② 编写设置全选或全不选的函数 checkAll()并调用该函数。由于复选框的状态发生变化时会触发 change 事件，所以在"全选"复选框的 onChange 事件下调用 judge()函数。

习题 9

1. 编写程序实现年月日的联动功能，当改变"年""月"菜单的值时，"日"菜单的值的范围也会相应地改变，如图 9-7 所示。

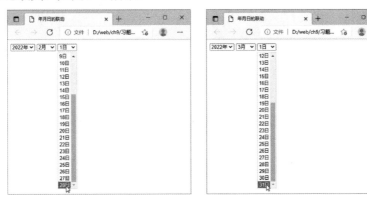

图 9-7　题 1 图

2．使用 window 对象的 setTimeout()方法和 clearTimeout()方法设计一个简单的计时器。当单击"开始计时"按钮后启动计时器，文本框从 0 开始进行计时；单击"暂停计时"按钮后暂停计时，如图 9-8 所示。

图 9-8　题 2 图

3．DOM 编程综合练习，验证表单提交的注册信息，当用户输入的内容不符合要求时，弹出对话框进行提示，如图 9-9 所示。

图 9-9　题 3 图

第 10 章 HTML5 的高级应用

本章将实际工作中经常出现，但理解稍难的知识加以汇总整理，着重向读者介绍一些 HTML5 的主流应用。HTML5 提供了强大的 HTML API（Application Programming Interface，应用程序编程接口），用来帮助开发者构建精彩的 Web 应用程序，包括拖放、画布、多媒体、地理定位等，这些新特性都需要使用 JavaScript 编程才能实现其功能。**通过本章的学习，掌握拖放 API 和绘图 API 的使用。**

10.1 拖放 API

拖放是 HTML5 标准中非常重要的部分，通过拖放 API 可以让 HTML 页面中的任意元素都变成可拖动的，也可以把本地文件拖放到网页中，使用拖放机制可以开发出更友好的人机交互界面。

拖放（drag 和 drop）操作可以分为两个动作：在某个元素上按下鼠标移动鼠标（没有松开鼠标），此时开始拖动，在拖动的过程中，只要没有松开鼠标，就会不断产生事件，这个过程称为"拖"；把被拖动的元素拖动到另外一个元素上并松开鼠标，这个过程被称为"放"。

10.1.1 draggable 属性

draggable 属性用来定义元素是否可以拖动，该属性有两个值：true 和 false，默认为 false。当值为 true 时表示元素选中之后可以进行拖动操作，否则不能拖动。

例如，设置一张图片可以被拖放，代码如下。

```
<img src="images/logo.jpg" border="1" draggable="true">
```

draggable 属性设置为 true 时仅仅表示当前元素允许拖放，但是并不能真正实现拖放，必须与 JavaScript 脚本结合使用才能实现该功能。

10.1.2 拖放事件

设置元素的 draggable 属性为 true 后，该元素允许拖放。拖放元素时的一系列操作会触发相关元素的拖放事件 DragEvent。

1. 拖放元素事件

事件对象为被拖放元素，拖放元素事件见表 10-1。

表 10-1 拖放元素事件

事 件	事 件 对 象	描 述
dragstart	被拖放的 HTML 元素	开始拖放元素时触发该事件（按下鼠标左键不算，拖动才算）
drag	被拖放的 HTML 元素	拖放元素过程中连续触发该事件
dragend	被拖放的 HTML 元素	拖放元素结束时触发该事件

2. 目标元素事件

事件对象为目标元素，目标元素事件见表 10-2。

表 10-2　目标元素事件

事 件	事 件 对 象	描 述
dragenter	拖放时鼠标所进入的目标元素	被拖放的元素进入目标元素的范围内时触发该事件，相当于 mouseover
dragover	拖放时鼠标所经过的元素	在所经过的元素范围内，拖放元素时会连续触发该事件
dragleave	拖放时鼠标所离开的元素	被拖放的元素离开当前元素的范围内时触发该事件，相当于 mouseout
drop	停止拖放时鼠标所释放的目标元素	被拖放的元素在目标元素上释放鼠标时触发该事件

3. 拖放事件的生命周期和执行过程

从用户在元素上单击鼠标左键开始拖放行为，到将该元素放置到指定的目标区域中，每个事件的生命周期见表 10-3。

表 10-3　拖放各个事件的生命周期

生 命 周 期	属 性	值	描 述
拖放开始	dragstart	script	在拖放操作开始时执行脚本（对象是被拖放元素）
拖放过程中	drag	script	只要脚本在被拖动时就允许执行脚本（对象是被拖放元素）
拖放过程中	dragenter	script	当元素被拖动到一个合法的放置目标时，执行脚本（对象是目标元素）
拖放过程中	dragover	script	只要元素正在合法的放置目标上拖动时，就执行脚本（对象是目标元素）
拖放过程中	dragleave	script	当元素离开合法的放置目标时，执行脚本（对象是目标元素）
拖放结束	drop	script	将被拖放元素放在目标元素内时执行脚本（对象是目标元素）
拖放结束	dragend	script	在拖放操作结束时运行脚本（对象是被拖放元素）

整个拖放过程触发的事件顺序如下。

拖放事件时根据是否释放了被拖放的元素，执行的顺序分为两种情况。

（1）没有触发 drop 事件

在拖放过程中，没有释放被拖放的元素（即没有触发 drop 事件），事件的执行顺序如下。

dragstart→drag→dragenter→dragover→dragleave→dragend

（2）触发 drop 事件

在拖放过程中，释放了被拖放的元素（即触发了 drop 事件），事件的执行顺序如下。

dragstart→drag→dragenter→dragover→drop→dragend

在拖放操作时注意观察鼠标指针，不能释放的指针和能释放的指针是不一样的。

10.1.3　数据传递对象 dataTransfer

dataTransfer 对象用于从被拖动元素向目标元素传递数据，其中提供了许多实用的属性和方法。因为它是事件对象的属性，所以只能在拖放事件的事件处理程序中访问 dataTransfer 对象。在事件处理程序中，可以使用这个对象的属性和方法来完善拖放功能。例如，通过 dropEffect 与 effectAllowed 属性相结合可以自定义拖放的效果，使用 setData()和 getData()方法可以将拖放元素的数据传递给目标元素。

dataTransfer 对象的属性见表 10-4。

表 10-4　dataTransfer 对象的属性

属　　性	描　　述
dropEffect	设置或返回允许的操作类型，可以是 none、copy、link 或 move
effectAllowed	设置或返回被拖放元素的操作效果类别，可以是 none、copy、copyLink、copyMove、link、linkMove、move、all 或 uninitialized
items	返回一个包含拖拽数据的 dataTransferItemList 对象
types	返回一个 DOMStringList 对象，包括了存入 dataTransfer 对象中数据的所有类型
files	返回一个拖拽文件的集合，如果没有拖拽文件该属性为空

dataTransfer 对象的方法见表 10-5。

表 10-5　dataTransfer 对象的方法

方　　法	描　　述
setData(format,data)	向 dataTransfer 对象中添加数据
getData(format)	从 dataTransfer 对象读取数据
clearData(format)	清除 dataTransfer 对象中指定格式的数据
setDragImage(icon,x,y)	设置拖放过程中的图标，参数 x、y 表示图标的相对坐标

在 dataTransfer 对象所提供的方法中，参数 format 用于表示在读取、添加或清空数据时的数据格式，该格式包括 text/plain（文本文字格式）、text/html（HTML 页面代码格式）、text/xml（XML 字符格式）和 text/url-list（URL 格式列表）。

需要注意的是，部分浏览器并不完全支持 text/plain、text/html、text/xml 和 text/url-list 格式，可以通过 text 简写方式进行兼容。

【例 10-1】　HTML5 拖放示例，用户可以拖动页面中的图片放置到目标矩形中。本例文件 10-1.html 在浏览器中的显示效果如图 10-1 所示。

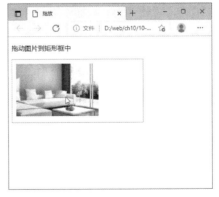

图 10-1　HTML5 拖放示例

```
<!DOCTYPE html>
<html>
    <head>
        <meta charset="utf-8">
        <title>拖放</title>
        <style type="text/css">
            #div1 {  /*目标矩形的样式*/
```

```
                width: 300px; height: 130px; padding: 10px;
                border: 1px solid #aaaaaa; /*边框为1px 浅灰色实线*/
            }
        </style>
        <script type="text/javascript">
            function allowDrop(ev) {
                ev.preventDefault(); //设置允许将元素放置到其他元素中
            }
            function drag(ev) {
                ev.dataTransfer.setData("Text", ev.target.id); //设置被拖放元素的数据类型和值
            }
            function drop(ev) { //当放置被拖放元素时发生 drop 事件
                ev.preventDefault(); //设置允许将元素放置到其他元素中
                var data = ev.dataTransfer.getData("Text"); //读取被拖放元素的数据
                ev.target.appendChild(document.getElementById(data));
            }
        </script>
    </head>
    <body>
        <p>拖动图片到矩形框中</p>
        <div id="div1" ondrop="drop(event)" ondragover="allowDrop(event)"></div><br>
        <img  id="drag1"  src="images/home.jpg"  draggable="true"  ondragstart="drag
(event)" width="200" height="125">
    </body>
</html>
```

【说明】

① 开始拖动元素时触发 ondragstart 事件，在事件的代码中使用 dataTransfer.setData()方法设置被拖动元素的数据类型和值。本例中，被拖动元素的数据类型是"Text"，值是被拖动元素的 id（即"drag1"）。

② ondragover 事件规定放置被拖动元素的位置，默认为无法将元素放置到其他元素中。如果需要设置允许放置，必须阻止对元素的默认处理方式，需要通过调用 ondragover 事件的 event.preventDefault()方法来实现这一功能。

③ 当放置被拖动元素时将触发 drop 事件。本例中，div 元素的 ondrop 属性调用了一个函数 drop(event)来实现放置被拖动元素的功能。

10.2 绘图 API

HTML5 的 canvas 元素有一个基于 JavaScript 的绘图 API，在页面上放置一个 canvas 元素就相当于在页面上放置了一块"画布"，可以在其中进行图形的描绘。canvas 元素拥有多种绘制路径、矩形、圆形、字符以及添加图像的方法，设计者可以控制其每一像素。

10.2.1 创建 canvas 元素

canvas 元素的主要属性是画布宽度属性 width 和高度属性 height，单位是像素。向页面中添加 canvas 元素的语法格式如下。

```
<canvas id="画布标识" width="画布宽度" height="画布高度">
    …
</canvas>
```

<canvas>看起来很像<img>，唯一不同就是它不含 src 和 alt 属性。如果不指定 width 和 height 属性值，默认的画布大小是宽 300 像素，高 150 像素。

例如，创建一个标识为 myCanvas，宽度为 200 像素，高度为 100 像素的 canvas 元素，代

码如下。

```
<canvas id="myCanvas" width="200" height="100"></canvas>
```

10.2.2　构建绘图环境

大多数使用 canvas 元素的绘图 API 都没有定义在 canvas 元素本身上，而是定义在通过画布的 getContext()方法获得的一个"绘图环境"对象上。getContext()方法返回一个用于在画布上绘图的环境，其语法如下：

canvas.getContext(contextID)

参数 contextID 指定了用户想要在画布上绘制的类型。

10.2.3　通过 JavaScript 绘制图形

canvas 元素只是图形容器，其本身是没有绘图能力的，所有的绘制工作必须在 JavaScript 内部完成。

在画布上绘图的核心是上下文对象 CanvasRenderingContext2D，用户可以在 JavaScript 代码中使用 getContext()方法渲染上下文进而在画布上显示形状和文本。

JavaScript 使用 getElementById()方法通过 canvas 的 id 定位 canvas 元素，例如：

```
var myCanvas = document.getElementById('myCanvas');
```

然后，创建 context 对象，例如：

```
var myContext = myCanvas.getContext("2d");
```

getContext()方法使用一个上下文作为其参数，一旦渲染上下文可用，程序就可以调用各种绘图方法。"2d"，即二维绘图，这个方法返回一个上下文对象 CanvasRenderingContext2D，该对象导出一个二维绘图 API。表 10-6 列出了渲染上下文对象的常用方法。

表 10-6　渲染上下文对象的常用方法

方　　法	描　　述
fillRect()	绘制一个填充的矩形
strokeRect()	绘制一个矩形轮廓
clearRect()	清除画布的矩形区域
lineTo()	绘制一条直线
arc()	绘制圆弧或圆
moveTo()	当前绘图点移动到指定位置
beginPath()	开始绘制路径
closePath()	标记路径绘制操作结束
stroke()	绘制当前路径的边框
fill()	填充路径的内部区域
fillText()	在画布上绘制一个字符串
createLinearGradient()	创建一条线性颜色渐变
drawImage()	把一幅图像放置到画布上

需要说明的是，canvas 画布的左上角为坐标原点（0,0）。

1．绘制矩形

（1）绘制填充的矩形

fillRect()方法用来绘制填充的矩形，语法格式如下。

```
fillRect(x, y, weight, height)
```

其中，x, y 为矩形左上角的坐标；weight, height 为矩形的宽度和高度。

说明：fillRect()方法使用 fillStyle 属性所指定的颜色、渐变和模式来填充指定的矩形。

（2）绘制矩形轮廓

strokeRect()方法用来绘制矩形的轮廓，语法格式如下。

```
strokeRect(x, y, weight, height)
```

其中，x, y 为矩形左上角的坐标；weight, height 为矩形的宽度和高度。

说明：strokeRect()方法按照指定的位置和大小绘制一个矩形的边框（但并不填充矩形的内部），线条颜色和线条宽度由 strokeStyle 和 lineWidth 属性指定。

【例 10-2】 绘制填充的矩形和矩形轮廓。本例文件 10-2.html 在浏览器中的显示效果如图 10-2 所示。

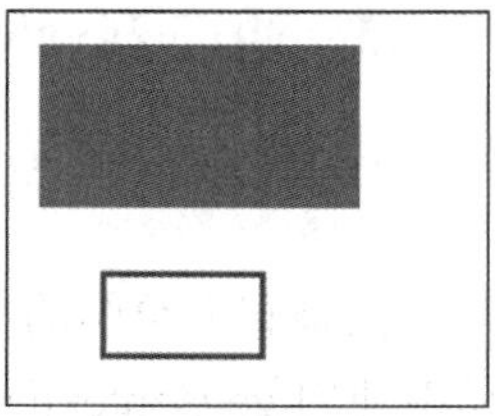

图 10-2 绘制矩形

```
<!DOCTYPE html>
<html>
  <head>
    <meta charset="utf-8">
    <title>绘制矩形</title>
  </head>
  <body>
    <canvas id="myCanvas" width="300" height="240" style="border:1px solid #c3c3c3;">
    您的浏览器不支持 canvas 元素.
    </canvas>
    <script type="text/javascript">
      var c=document.getElementById("myCanvas");    //获取画布对象
      var cxt=c.getContext("2d");                   //获取画布上绘图的环境
      cxt.fillStyle="#ff0000";                      //设置填充颜色
      cxt.fillRect(20,20,200,100);                  //绘制填充矩形
      cxt.strokeStyle="#0000ff";                    //设置轮廓颜色
      cxt.lineWidth="3";                            //设置轮廓线条宽度
      cxt.strokeRect(60,160,100,50);                //绘制矩形轮廓
    </script>
  </body>
</html>
```

2. 绘制路径

（1）lineTo()方法

lineTo()方法用来绘制一条直线，语法格式如下。

```
lineTo(x, y)
```

其中，x, y 为直线终点的坐标。

说明：lineTo()方法为当前子路径添加一条直线。这条直线从当前点开始，到(x,y)结束。当方法返回时，当前点是(x,y)。

（2）moveTo()方法

在绘制直线时，通常配合 moveTo()方法设置绘制直线的当前位置并开始一条新的子路径，其语法格式如下。

```
moveTo(x, y)
```

其中，x, y 为新的当前点的坐标。

说明：moveTo()方法将当前位置设置为(x, y)并用它作为第一点创建一条新的子路径。如果之前有一条子路径并且它包含刚才的那一点，那么从路径中删除该子路径。

当用户需要绘制一个路径封闭的图形时，需要使用 beginPath()方法初始化绘制路径和 closePath()方法标记路径绘制操作结束。

● beginPath()方法的语法格式如下。

```
beginPath()
```

说明：beginPath()方法丢弃任何当前定义的路径并且开始一条新的路径，并把当前的点设置为(0,0)。当第一次创建画布的环境时，beginPath()方法会被显式地调用。

● closePath()方法的语法格式如下。

```
closePath()
```

【说明】closePath()方法用来关闭一条打开的子路径。如果画布的子路径是打开的，closePath()方法通过添加一条线条连接当前点和子路径起始点来关闭它；如果子路径已经闭合了，这个方法不做任何事情。一旦子路径闭合，就不能再为其添加更多的直线或曲线了；如果要继续向该路径添加直线或曲线，需要调用 moveTo()方法开始一条新的子路径。

【例 10-3】 绘制路径。本例文件 10-3.html 在浏览器中的显示效果如图 10-3 所示。

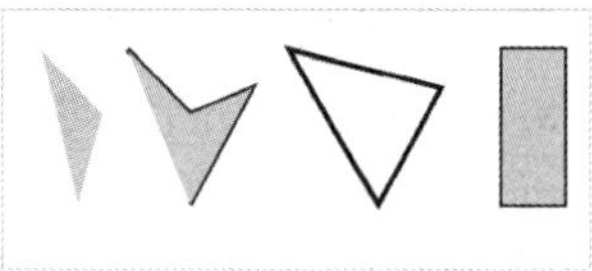

图 10-3　绘制路径

```html
<!DOCTYPE html>
<html>
  <head>
    <meta charset="utf-8">
    <title>绘制路径</title>
  </head>
  <body>
    <canvas id="myCanvas" width="470" height="200" style="border:1px solid #c3c3c3;">
    您的浏览器不支持 canvas 元素.
    </canvas>
    <script type="text/javascript">
     var c=document.getElementById("myCanvas");
     var cxt=c.getContext("2d");
         cxt.beginPath();                    //设定起始点
         cxt.moveTo(30,30);
         cxt.lineTo(80,80);                  //从(30,30)到(80,80)绘制直线
         cxt.lineTo(60,150);                 //从(80,80)到(60,150)绘制直线
         cxt.closePath();                    //关闭路径
         cxt.fillStyle="lightgrey";          //设定绘制样式
         cxt.fill();                         //进行填充
         cxt.beginPath();                    //开始创建路径
         cxt.moveTo(100,30);                 //设定起始点
         cxt.lineTo(150,80);                 //绘制折线
         cxt.lineTo(200,60);
         cxt.lineTo(150,150);
         cxt.lineWidth=4;
         cxt.strokeStyle="black";
         cxt.stroke();                       //沿着当前路径绘制或画一条直线
         cxt.fill();                         //进行填充
         cxt.beginPath();                    //开始创建路径
         cxt.moveTo(230,30);                 //设定起始点
         cxt.lineTo(300,150);               //绘制折线
         cxt.lineTo(350,60);
         cxt.closePath();
         cxt.stroke();                       //沿着当前路径绘制或画一条直线
         cxt.beginPath();
         cxt.rect(400,30,50,120);            //绘制矩形路径
         cxt.stroke();
         cxt.fill();
    </script>
```

```
        </body>
    </html>
```

【说明】

① 本例中使用了 moveTo()方法指定了绘制直线的起点位置，lineTo()方法接受直线的终点坐标，最后 stroke()方法完成绘图操作。

② 本例中使用 beginPath()方法初始化路径，第一次使用 moveTo()方法改变当前绘画位置到(50,20)，接着使用两次 lineTo()方法绘制三角形的两边，最后使用 closePath()关闭路径形成三角形的第三边。

3. 绘制圆弧或圆

在 HTML5 中提供了两个绘制圆弧的方法。

（1）arc()方法

arc()方法使用一个中心点和半径，为一个画布的当前子路径添加一条弧，语法格式如下。

arc(x, y, radius, startAngle, endAngle, counterclockwise)

其中的参数含义如下：

x, y：描述弧的圆形的圆心坐标。

radius：描述弧的圆形的半径。

startAngle, endAngle：沿着圆指定弧的开始点和结束点的一个角度，这个角度用弧度来衡量，沿着 x 轴正半轴的三点钟方向的角度为 0，角度沿着逆时针方向而增加。

counterclockwise：弧沿着圆周的逆时针方向（true）还是顺时针方向（false）遍历，如图 10-4 所示。

说明：这个方法的前 5 个参数指定了圆周的一个起始点和结束点。调用这个方法会在当前点和当前子路径的起始点之间添加一条直线。接下来，它沿着圆周在子路径的起始点和结束点之间添加弧。最后一个参数 counterclockwise 指定了圆应该沿着哪个方向遍历来连接起始点和结束点。

（2）arcTo()方法

arcTo()方法使用切点和半径的方式绘制一条圆弧路径，语法格式如下。

arcTo(x1, y1, x2, y2, radius)

arcTo()方法的绘图原理如图 10-5 所示。

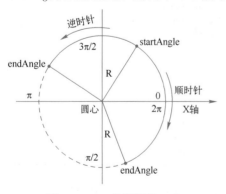
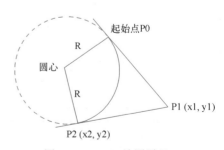

图 10-4　arc 绘图原理　　　　　　　图 10-5　arcTo 绘图原理

其中的参数含义如下。

x1、y1：分别是点 P1 的 x、y 坐标，P0P1 为圆弧的切线，P0 为切点。

x2、y2：分别是点 P2 的 x、y 坐标，P1P2 为圆弧的切线，P2 为切点。

radius：表示圆弧的对应半径(R)。

【例 10-4】　绘制圆饼图。本例文件 10-4.html 在浏览器中的显示效果如图 10-6 所示。

图 10-6　绘制圆饼图

```html
<!DOCTYPE html>
<html>
  <head>
    <meta charset="utf-8">
    <title>绘制圆饼图</title>
  </head>
  <body>
    <canvas id="myCanvas" width="300" height="200" style="border:1px solid #c3c3c3;">
    您的浏览器不支持 canvas 元素.
    </canvas>
    <script type="text/javascript">
      var c=document.getElementById("myCanvas");
      var cxt=c.getContext("2d");
      var color = ["#27255F","#77D1F6","#2F368F","#3666B0","#2CA8E0"];
      var data = [15,30,15,20,20];
      drawCircle();                            //调用函数
      function drawCircle(){                   //函数的声明
        var startPoint = 1.5 * Math.PI;
        for(var i=0;i<data.length;i++){
          cxt.fillStyle = color[i];
          cxt.strokeStyle = color[i];
          cxt.beginPath();                     //开始创建路径
          cxt.moveTo(150,100);
          cxt.arc(150,100,90,startPoint,startPoint-Math.PI*2*(data[i]/100),true);
          cxt.fill();
          cxt.stroke();
          startPoint -= Math.PI*2*(data[i]/100);
        }
      }
    </script>
  </body>
</html>
```

【说明】本例中使用 fill()方法绘制、填充圆饼图，如果只是绘制圆弧的轮廓而不填充的话，则使用 stroke()方法完成绘制。

4. 绘制文字

（1）绘制填充文字

fillText()方法采用填充方式绘制字符串，语法格式如下。

```
fillText(text, x, y, [maxWidth])
```

其中，text 表示绘制文字的内容。x, y 为绘制文字的起点坐标。MaxWidth 为可选参数，表示显示文字的最大宽度，可以防止溢出。

（2）绘制轮廓文字

strokeText()方法采用轮廓方式绘制字符串，语法格式如下。

```
strokeText(text, x, y, [maxWidth])
```

该方法的参数部分的解释与 fillText()方法相同。

fillText()方法和 strokeText()方法的文字属性设置如下。

● font：字体。
● textAlign：水平对齐方式。

● textBaseline：垂直对齐方式。

【例 10-5】 绘制填充文字和轮廓文字。本例文件 10-5.html 在浏览器中的显示效果如图 10-7 所示。

图 10-7　绘制填充文字和
轮廓文字

```html
<!DOCTYPE html>
<html>
  <head>
    <meta charset="utf-8">
    <title>绘制文字</title>
  </head>
  <body>
    <canvas id="myCanvas" width="200" height="100" style="border:1px solid #c3c3c3;">
    您的浏览器不支持 canvas 元素.
    </canvas>
    <script type="text/javascript">
      var c=document.getElementById("myCanvas");      //获取画布对象
      var cxt=c.getContext("2d");                      //获取画布上绘图的环境
      cxt.fillStyle="#0000ff ";                        //设置填充颜色
      cxt.font = '26pt 黑体';
      cxt.fillText('馨美装修', 10, 30);               //绘制填充文字
      cxt.strokeStyle="#00ff00";                       //设置线条颜色
      cxt.shadowOffsetX = 5;                           //设置阴影向右偏移 5 像素
      cxt.shadowOffsetY = 5;                           //设置阴影向下偏移 5 像素
      cxt.shadowBlur = 10;                             //设置阴影模糊范围
      cxt.shadowColor = 'black';                       //设置阴影的颜色
      cxt.lineWidth="1";                               //设置线条宽度
      cxt.font = '40pt 黑体';
      cxt.strokeText('天然', 40, 80);                 //绘制轮廓文字
    </script>
  </body>
</html>
```

【说明】本例中的填充文字使用的是默认的渲染属性，轮廓文字使用了阴影渲染属性，这些属性同样适用于其他图形。

5. 绘制图像

canvas 元素相当有趣的一项功能就是可以引入图像，它可以用于图片合成或者制作背景等。只要是 Gecko 排版引擎支持的图像（如 PNG、GIF、JPEG 等）都可以引入到 canvas 元素中，并且其他的 canvas 元素也可以作为图像的来源。

用户可以使用 drawImage()方法在一个画布上绘制图像，也可以将源图像的任意矩形区域缩放或绘制到画布上，语法格式如下。

1）把整个图像复制到画布，将其放置到指定点的左上角，并且将每个图像像素映射成画布坐标系统的一个单元。

drawImage(image, x, y)

2）把整个图像复制到画布，但是允许用户用画布单位来指定想要的图像的宽度和高度。

drawImage(image, x, y, width, height)

3）完全通用格式，允许用户指定图像的任何矩形区域并复制它，对画布中的任何位置都可进行任何的缩放。

drawImage(image,sourceX,sourceY,sourceWidth,sourceHeight,destX,destY,destWidth,destHeight)

其中的参数含义如下。

image：所要绘制的图像。

x, y：要绘制图像左上角的坐标。

width, height：图像实际绘制的尺寸，指定这些参数使得图像可以缩放。

sourceX, sourceY：图像所要绘制区域的左上角。

sourceWidth, sourceHeight：图像所要绘制区域的大小。

destX, destY：所要绘制的图像区域的左上角的画布坐标。

destWidth, destHeight：图像所要绘制区域的画布大小。

例 10-6

【例 10-6】　在画布上进行图像缩放、切割与绘制。图像素材的原始尺寸为 2125×1062 像素，首先在画布的左侧绘制被缩放的图像，然后在原图上切割局部图像缩放后绘制在画布的右侧。本例文件 10-6.html 在浏览器中的显示效果如图 10-8 所示。

图 10-8　图像缩放、切割与绘制

```html
<!DOCTYPE HTML>
<html>
    <head>
        <meta charset="utf-8">
        <title>绘制图像</title>
    </head>
    <body>
        <h3>绘制图像</h3>
        <hr />
        <canvas id="myCanvas" width="650" height="240" style="border:1px solid">
            对不起，您的浏览器不支持 HTML5 画布 API。
        </canvas>
        <script>
            var c = document.getElementById("myCanvas");
            var ctx = c.getContext("2d");
            //装载图片
            var img = new Image();
            img.src = "images/guilin.jpg";
            img.onload = function() {
                //缩放图片为350x200 像素的比例，从画布的(20,20)坐标作为起点绘制
                ctx.drawImage(img, 20, 20, 350, 200);
                //从图片上的(960,730)坐标开始进行切割，切割的尺寸为330x330 像素
                //并且将其绘制在画布的(380,20)坐标开始，缩放为250x200 像素
                ctx.drawImage(img, 960, 730, 330, 330, 380, 20, 250, 200);
            }
        </script>
    </body>
</html>
```

canvas 绘画功能非常强大，除了以上所讲的基本绘画方法之外，还包括设置 canvas 绘图样式、canvas 画布处理、canvas 中图形图像的组合和 canvas 动画等功能。由于篇幅所限，本书未能涵盖所有的知识点，读者可以自学其他相关的内容。

习题 10

1. 使用 HTML5 拖放 API 实现购物车拖放效果，如图 10-9 所示。

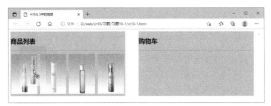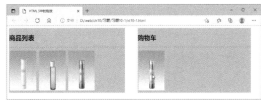

图 10-9　题 1 图

2. 使用 canvas 元素绘制一个火柴棒小人，如图 10-10 所示。

3．使用 canvas 元素绘制一个图形组合，如图 10-11 所示。

图 10-10　题 2 图　　　　　　　　　　　　图 10-11　题 3 图

4．使用 canvas 元素绘制填充文字和轮廓文字，如图 10-12 所示。

图 10-12　题 4 图

第11章 "馨美装修"网站的制作

本章主要运用前面章节讲解的各种网页制作技术介绍网站的开发流程,从而进一步巩固网页设计与制作的基本知识。

11.1 网站的开发流程

在讲解具体页面的制作之前,首先简单介绍一下网站的开发流程。典型的网站开发流程包括以下几个阶段。

1)规划站点:包括确立站点的策略或目标、确定所面向的用户以及站点的数据需求。

2)网站制作:包括设置网站的开发环境、规划页面设计和布局、创建内容资源等。

3)测试站点:测试页面的链接及网站的兼容性。

4)发布站点:将站点发布到服务器上。

1. 规划站点

建设网站首先要对站点进行规划,规划的范围包括确定网站的服务职能、服务对象、所要表达的内容等,还要考虑站点文件的结构等。在着手开发站点之前认真进行规划,能够在以后节省大量的时间。

(1)确定建站的目的

建立网站的目的通常是宣传推广企业,增加企业利润。创建"馨美装修"网站的目的是宣传推广企业,提高企业的知名度,增加企业之间的合作,"馨美装修"网站正是在这样的业务背景下建立的。

(2)确定网站的内容

内容决定一切,内容价值决定了浏览者是否有兴趣继续关注网站。"馨美装修"网站的主要功能模块包括合作案例、新闻中心、人才招聘、关于我们等。

(3)使用合理的文件夹保存文档

若要有效地规划和组织站点,除了规划站点的内容外,就是规划站点的基本结构和文件的位置,可以使用文件夹来合理构建文档结构。首先为站点建立一个根文件夹(根目录),在其中创建多个子文件夹,然后将文档分门别类存储到相应的文件夹下。设计合理的站点结构,能够提高工作效率,方便对站点的管理。

(4)使用合理的文件名称

当网站的规模变得很大时,使用合理的文件名就显得十分必要,文件名应该容易理解且便于记忆,让人看文件名就能知道网页表述的内容。由于 Web 服务器使用的是英文操作系统,不能对中文文件名提供很好的支持,中文文件名可能导致浏览错误或访问失败。如果实在对英文不熟悉,可以采用汉语拼音作为文件名称来使用。

2. 网站制作

完整的网站制作包括以下两个过程。

（1）前台页面制作

当网页设计人员拿到美工效果图以后，需要综合使用 HTML、CSS、JavaScript 等 Web 前端开发技术，将效果图转换为.html 网页，其中包括图片收集、页面布局规划等工作。

（2）后台程序开发

后台程序开发包括网站数据库设计、网站和数据库的连接、动态网页编程等。本书主要讲解前台页面的制作，后台程序开发读者可以在动态网站设计的课程中学习。

3．测试网站

网站测试与传统的软件测试不同，它不但需要检查是否按照设计的要求运行，而且还要测试系统在不同用户端的显示是否合适，最重要的是从最终用户的角度进行安全性和可用性测试。在把站点上传到服务器之前，要先在本地对其测试。实际上，在站点建设过程中，最好经常对站点进行测试并解决出现的问题，这样可以尽早发现问题并避免重犯错误。

测试网页主要从以下 3 个方面着手。

1）页面的效果是否美观。

2）页面中的链接是否正确。

3）页面的浏览器兼容性是否良好。

4．发布站点

当完成了网站的设计、调试、测试和网页制作等工作后，需要把设计好的站点上传到服务器来完成整个网站的发布。可以使用网站发布工具将文件上传到远程 Web 服务器以发布该站点，以及同步本地和远端站点上的文件。

11.2 网站结构

网站结构包括站点的目录结构和页面组成。

11.2.1 创建站点目录

在制作各个页面前，用户需要确定整个网站的目录结构，包括创建站点根目录和根目录下的通用目录。

1．创建站点根目录

本书所有章节的案例均建立在 D:\web 下的各个章节目录中。因此，本章讲解的综合案例建立在 D:\web\ch11 目录中，该目录作为站点根目录。

2．根目录下的通用目录

对于中小型网站，一般会创建如下通用的目录结构。

1）images 目录：存放网站的各种图标。

2）upload 目录：存放网站的图像素材。

3）css 目录：存放 CSS 样式文件，实现内容和样式的分离。

4）js 目录：存放 JavaScript 脚本文件。

在 D:\web\ch11 目录中依次建立上述目录，整个网站的目录结构如图 11-1 所示。

图 11-1 站点目录结构

对于网站下的各网页文件，例如，index.html 等一般存放在网站根目录下。

11.2.2 网站页面的组成

"馨美装修" 网站的主要组成页面如下。

1）公司首页（index.html）：显示网站的 Logo、导航菜单、广告、公司介绍、合作案例、新闻中心、合作伙伴和版权声明等信息。

2）合作案例页（case.html）：显示合作案例分类的页面。

3）案例明细页（case_info.html）：显示案例详细内容的页面。

4）新闻中心页（news.html）：显示新闻列表的页面。

5）新闻明细页（news_info.html）：显示新闻详细内容的页面。

6）人才招聘页（zhaopin.html）：显示招聘职位列表的页面。

7）招聘明细页（zhaopin_info.html）：显示招聘职位详细内容的页面。

8）关于我们页（about.html）：显示企业介绍、联系我们信息的页面。

11.3 网站技术分析

制作 "馨美装修" 网站使用的主要技术如下。

1. HTML5

HTML5 是网页结构语言，负责组织网页结构，站点中的页面都需要使用网页结构语言建立起网页的内容架构。制作本网站中使用的 HTML5 的主要技术如下。

1）搭建页面内容架构。

2）使用 Div 布局页面内容。

3）使用文档结构元素定义页面内容。

4）使用列表和链接制作导航菜单。

2. CSS3

CSS3 是网页表现语言，负责设计页面外观，统一网站风格，实现表现和结构相分离。制作本网站中使用的 CSS3 的主要技术如下。

1）网站整体样式的规划。

2）网站顶部 Logo 的样式设计。

3）网站导航菜单的样式设计。

4）网站广告条的样式设计。

5）网站栏目的样式设计。

6）网站合作案例展示的样式设计。

7）网站列表分页的样式设计。

8）网站版权信息的样式设计。

3. JavaScript

JavaScript 是网页行为语言，实现页面交互与网页特效。制作本网站中使用的 JavaScript 的主要技术如下。

1）使用 JavaScript 实现首页广告条图片的轮播效果。

2）使用 JavaScript 实现首页热点新闻循环向上滚动的效果。

11.4 制作首页

网站首页包括网站的 Logo、导航菜单、广告、公司介绍、合作案例、新闻中心、合作伙伴和版权声明等信息，效果如图 11-2 所示。

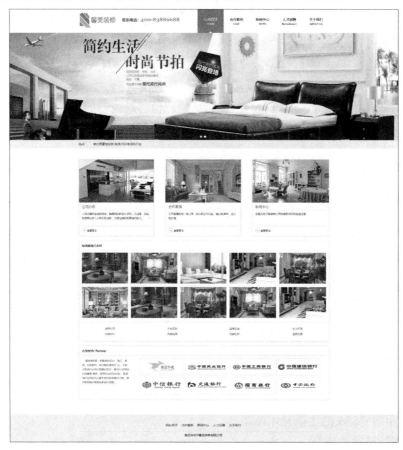

图 11-2 网站首页效果

网站首页的制作过程如下。

11.4.1 页面结构代码

首先列出页面的结构代码，使读者对页面的整体结构有一个全面的认识，然后在此基础上重点讲解页面样式、交互及网页特效的实现方法。首页（index.html）的结构代码如下。

```html
<!DOCTYPE html>
<html>
    <head>
        <meta charset="utf-8" />
        <title>馨美装修公司</title>
        <script type="text/javascript" src="js/jquery-1.8.3.min.js"></script>
        <script type="text/javascript" src="js/js_z.js"></script>
        <script type="text/javascript" src="js/banner.js"></script>
        <link rel="stylesheet" type="text/css" href="css/style.css">
    </head>
    <body>
        <!--头部-->
        <div class="head clearfix">
```

```html
<div class="logo">
    <a href="index.html"><img src="images/logo.png" alt="" /></a>
</div>
<div class="phone clearfix"><p>联系电话: <span>400-83886688</span></p></div>
<ul class="nav clearfix">
    <li class="now"><a href="index.html"><em>公司首页</em> HOME  </a></li>
    <li><a href="case.html"><em>合作案例</em> CASE</a></li>
    <li><a href="news.html"><em>新闻中心</em> NEWS</a></li>
    <li><a href="zhaopin.html"><em>人才招聘</em> Recruitment   </a></li>
    <li><a href="about.html"><em>关于我们</em> ABOUT US</a></li>
</ul>
</div>
<!--头部-->
<!--幻灯片-->
<div id="banner" class="banner">
 <div id="owl-demo" class="owl-carousel">
  <a  class="item"  target="_blank"  style="background-image:url(upload/bann-
er.jpg)"></a>
   <a  class="item"  target="_blank"  style="background-image:url(upload/ban-
ner2.jpg)"></a>
 </div>
</div>
<!--循环滚动的热点新闻-->
<div class="bg_a">
 <div class="t_news">
  <div class="t_news">
   <b>热点: </b>
   <ul class="news_li">
    <li><a href="news_info.html" target="_blank">建设……（此处省略文字）</a>
    </li>
    <li><a href="news_info2.html" target="_blank">家的……（此处省略文字）</a>
    </li>
   </ul>
   <ul class="swap"></ul>
  </div>
 </div>
</div>
<div class="space_hx"> </div>
<ul class="i_ma clearfix">
    <li>
        <div class="tu">
            <a href="about.html"><img src="upload/pic3.jpg" alt="" /></a>
        </div>
        <div class="wen">
            <div class="name"><a href="about.html">公司介绍</a></div>
            <div class="des">人民对美好生活的向往……（此处省略文字）</div>
            <div class="more"><a href="about.html">查看更多</a></div>
        </div>
    </li>
    <li>
        <div class="tu"><a href="case.html"><img src="upload/pic2.jpg" alt="" />
</a>
        </div>
        <div class="wen">
            <div class="name"><a href="case.html">合作案例</a></div>
            <div class="des">公司签署的每一笔订单……（此处省略文字）</div>
            <div class="more"><a href="case.html">查看更多</a></div>
        </div>
    </li>
    <li>
        <div class="tu"><a href="news.html"><img src="upload/pic1.jpg" alt="" />
</a>
        </div>
        <div class="wen">
            <div class="name"><a href="news.html">新闻中心</a></div>
            <div class="des">这里及时了解装修公司……（此处省略文字）</div>
            <div class="more"><a href="news.html">查看更多</a></div>
        </div>
    </li>
</ul>
<div class="jingdiananli">
    <div class="jcj-tit">经典案例/CASE</div>
```

```html
            <div class="jcj-con">
                <ul class="case">
                    <li>
                        <div class="picylbtn"><img src="images/case/caseli1.jpg">
                            <div class="hidenbox">
                                <p>工厂装修业务流程介绍</p>
                                <a href="case_info.html">查看案例</a>
                            </div>
                        </div>
                    </li>
                    ……（此处省略其余 9 个类似案例图片的结构定义）
                </ul>
            </div>
            <div class="jcjxc">
                <ul>
                    <li>装修引领<br>快装时代</li>
                    <li>个性定制<br>完美演绎</li>
                    <li>品质正装<br>低碳生活</li>
                    <li>全力打造<br>宜居空间</li>
                </ul>
            </div>
        </div>
        <div class="jingdiananli daili">
            <div class="jcj-tit">合作伙伴/ Partner</div>
            <div class="jcj-con">
                <div class="dali-abt">馨美装修是一家集装饰……（此处省略文字）</div>
                <div class="dali-brand">
                    <div class="brandlist">
                        <div class="list"><img src="images/part1.jpg"></div>
                        ……（此处省略其余 7 个类似合作伙伴图片的结构定义）
                        <div class="clear"></div>
                    </div>
                </div>
                <div class="clear"></div>
            </div>
        </div>
    </div>
    <div class="space_hx"> </div>
    <div class="f_bg">
        <div class="ftnav">
            <ul>
                <li><a href="index.html">网站首页</a></li>
                <li><a href="case.html">合作案例</a></li>
                <li><a href="news.html">新闻中心</a></li>
                <li><a href="zhaopin.html">人才招聘</a></li>
                <li><a href="about.html">关于我们</a></li>
            </ul>
            <div class="clearfix"></div>
        </div>
        <div class="line"> </div>
        <div class="foot clearfix">
            <div class="version">
                版权所有©馨美装修有限公司
            </div>
        </div>
    </div>
    </div>
    </body>
</html>
```

11.4.2 页面样式设计

1. 全局样式

全局样式文件为 style.css，定义在站点的 css 文件夹下，包括页面分区、段落、标题、图像、超链接、列表、表单元素、清除浮动等元素的 CSS 定义。CSS 代码如下。

```css
/*全局样式*/
* {margin:0; }
body{font-family:"Microsoft Yahei";font-size:14px;color:#555; padding:0; margin:0;}
div, dl, dt, dd, ul, ol, li, h1, h2, h3, h4, h5, h6, pre, form, fieldset, input,
```

```
textarea, p, blockquote, th, td {
        margin: 0;padding: 0;}
    input , textarea,select{font-family:"Microsoft Yahei"; color:#555; font-size:14px;}
    a{ color:#555; text-decoration: none;}
    a:hover{ color:#569635;}
    fieldset, img { border: 0;}
    address, caption, cite, code, dfn, em, th, var { font-style: normal; font-weight:
normal;}
    ol, ul { list-style: none;}
    caption, th { text-align: left;}
    q:before, q:after {content: '';}
    abbr, acronym { border: 0;}
    /*解决通用父子盒子嵌套浮动问题的样式*/
    .clear { margin: 0px auto; width: 100%; height: 1px; font-size: 1px;
        clear: both; background: none; overflow: hidden;}
    .clearfix:after { content: "."; display: block; height: 0; clear: both; visibility:
hidden;}
    .clearfix { display: inline-block;}
    * html .clearfix { height: 1%;}
    .clearfix { display: block;}
    *:before,*:after { margin:0;}
    /*横向间隙*/
    .space_hx { clear: both; width: 100%; height: 50px; font-size: 1px; overflow: hidden;}
    /*纵向间隙*/
    .space_zx { float: left; width: 10px; font-size: 1px; overflow: hidden;}
```

2．页面顶部导航的样式

页面顶部导航的内容被放置在名为 head 的 Div 容器中，主要用来显示网站的 Logo、联系电话和导航菜单，如图 11-3 所示。

图 11-3 页面顶部的布局效果

CSS 代码如下。

```
    /*顶部导航样式*/
    .head{ width:1200px; margin:0 auto; height:110px; overflow:hidden;}
    .head .logo{ float:left; margin-top:12px;}
    .head .logo img{ vertical-align:top;}
    .head .nav{float:right; height:110px;}
    .head .nav li{ float:left; height:110px;}
    .head .nav li a{ display:inline-block; *display:inline; zoom:1; width:auto; float:left;
height:40px;}
    .head .nav li a{ background:url(../images/icon2.png) no-repeat bottom center; color:#000;
padding:35px 30px; font-size:12px; text-align:center;}
    .head .nav li a em{ display:block; height:25px; line-height:25px; font-size:16px;}
    .head .nav li.now{ background:#569635;}
    .head .nav li.now a,.head .nav li.now a:hover{ color:#FFF;}
    .head .nav li a:hover{ color:#569635;}
```

3．广告条和热点新闻的样式

广告条的内容被放置在名为 banner 的 Div 容器中，主要用来显示网站的轮播宣传广告；热点新闻的内容被放置在名为 bg_a 的 Div 容器中，主要用来显示循环滚动的热点新闻，如图 11-4 所示。

图 11-4 广告条的布局效果

CSS 代码如下。

```
/* 轮播广告容器样式 */
.banner{ width:100%; min-width:1200px;}
.owl-carousel .owl-wrapper:after{content: ".";display: block;clear: both;visibility:
hidden;line-height: 0;height: 0;}
/* 播放器初始化 */
.owl-carousel{display: none;position: relative;width: 100%}
.owl-carousel .owl-wrapper{display: none;position: relative}
.owl-carousel .owl-wrapper-outer{overflow: hidden;position: relative;width: 100%;}
.owl-carousel .owl-item{float: left;}
.owl-controls .owl-page,.owl-controls .owl-buttons div{cursor: pointer;}
/* 鼠标悬停在广告时锁定显示当前广告 */
.grabbing {cursor:url(grabbing.png) 8 8, move;}
/* 播放广告 */
#owl-demo { position: relative; width: 100%; margin-left: auto; margin-right: auto;}
#owl-demo .item{ position: relative; display: block; height:500px; background-
position:top center; background-repeat:no-repeat;}
#owl-demo img { display: block; width: 100%;}
#owl-demo b { position: absolute; left: 0; bottom:5px; width: 100%; height: 78px;
background-color: 000; opacity: .5; filter: alpha(opacity=50);}
#owl-demo span { position: absolute; left: 0; bottom: 37px; width: 100%; font:
18px/32px "微软雅黑","黑体"; color: #fff; text-align: center;}
.owl-pagination { position: absolute; left: 0; bottom: 5px; width: 100%; height: 22px;
text-align: center;}
.owl-page { display: inline-block; width:10px; height: 10px; margin: 0 5px;
background:#fff; *display: inline; *zoom: 1; border-radius:50%;}
.owl-pagination .active { background:#27FF00;}
.owl-buttons { display: none;}
.owl-buttons div { position: absolute; top: 50%; width: 24px; height: 48px; margin-top:
-40px; text-indent: -9999px;}
/* 热点新闻的样式 */
.bg_a{ width:100%; min-width:1200px; height:30px; background:#F1F1F1; padding-top:9px;}
```

4．首页主体内容的样式

首页主体内容包括公司介绍、经典案例和合作伙伴 3 个部分。公司介绍内容被放置在名为 i_ma 的 Div 容器中；经典案例内容被放置在名为 jingdiananli 的 Div 容器中；合作伙伴内容被放置在名为 daili 的 Div 容器中，如图 11-5 所示。

图 11-5　首页主体内容的布局效果

CSS 代码如下。

```
/*公司介绍内容的样式*/
.i_ma{ width:1200px; margin:0px auto;}
.i_ma li{ width:363px; float:left; margin-right:52px; background:#FFF; box-shadow: 0
2px 6px #e5e5e5; border: 1px solid #dadada; overflow:hidden;}
.i_ma li .tu{ width:365px; height:200px; overflow:hidden;}
.i_ma li .tu img{ width:365px; height:200px; vertical-align:top; transition:all ease-
in-out .4s;}
.i_ma li:hover .tu img{ transition:all ease-in-out .4s; transform:scale(1.1); -moz-
transform:scale(1.1); -webkit-transform:scale(1.1);}
.i_ma li .wen{ padding:5px 15px}
.i_ma li .wen .name{ width:100%; height:30px; line-height:30px; white-space:nowrap;
overflow:hidden; font-size:16px; border-bottom:1px solid #ddd;}
.i_ma li .wen .des{ width:100%; height:60px; font-size:12px; line-height:170%;
overflow:hidden; margin:7px auto;}
.i_ma li .wen .more{ width:100%; border-top:1px solid #ddd; height:35px; line-
height:30px; padding-top:5px;}
.i_ma li .wen .more a{ display:inline-block; *display:inline; zoom:1; height:30px;
line-height:30px; font-size:12px; padding-left:25px; background:url(../images/more.png) no-
repeat left center;}

/*经典案例内容的样式*/
.jingdiananli{width:1170px; margin:20px auto; box-shadow: 0 2px 6px #e5e5e5; border:
1px solid #dadada; overflow:hidden; padding:14px 14px 104px 14px; background:#fff;
position:relative}
.jcj-tit{font-size:14px; font-weight:bold; color:#333; padding-bottom:10px; border-
bottom:1px solid #dadada;}
.jcj-tit a{float:right; color:#666; line-height:24px; font-weight:normal; font-
size:12px;}
.jcj-tit a:hover{color:#6C6;}
.jcj-con{padding:0 0 0 0; overflow:hidden;}
.jcj-con ul.case{overflow:hidden; zoom:1; width:1200px;}
.jcj-con ul.case li{width:222px; float:left; margin:12px 15px 0 0;}
.jcj-con ul.case li .picylbtn img{width:222px; height:144px;}
.case li{position: relative;}
.hidenbox{position: absolute; overflow: hidden; text-align: center; opacity: 0; transition: .3s
all; top:0; left: 0; width:100%; height: 100%; background-color: rgba(255,255,255,0.9);}
.hidenbox p{padding:30px 0 20px; font-size: 15px; width: 100%; color: #666666; vertical-
align: middle; display: inline-block;text-align: center;}
.hidenbox a{padding:8px 25px; border: 1px solid #429A00; color: #666666;}
.hidenbox a:hover{background-color: #429A00; color: #FFFFFF;}
.case li:hover .hidenbox{opacity: 1; transition: .3s all;}
/*合作伙伴内容的样式*/
.jingdiananli.daili{padding:14px;}
.dali-abt{width:230px; height:170px; font-size:12px; line-height:20px; color:#666;
float:left; border-right:1px solid #dadada; padding:0 22px 0 0; margin-top:15px;}
.dali-brand{width:890px; float:right; margin-top:15px;}
.dali-brand h1{font-size:14px; height:20px; line-height:20px; margin-bottom:8px;}
.dali-brand .list{width:200px; padding:3px; border:1px solid #dadada; float:left;
margin-right:10px; text-align:center;}
.dali-brand .list p{line-height:40px; font-size:12px; color:#333;}
.dali-brand .list img{height:65px;}
```

5．版权区域的样式

版权区域的内容被放置在名为 f_bg 的 Div 容器中，如图 11-6 所示。

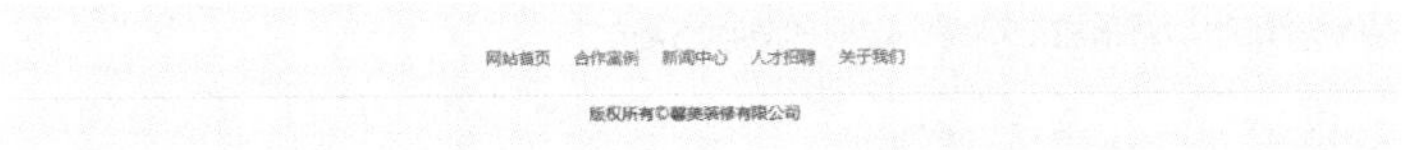

图 11-6 版权区域的布局效果

CSS 代码如下。

```
/*版权区域内容的样式*/
.f_bg{ width:100%; min-width:1200px; background:#f1f1f1; padding:19px 0; clear:both;}
.ftnav{text-align: center; padding:20px 0 0;}
.ftnav ul{display: inline-block;}
.ftnav li a{padding:5px 10px;}
.ftnav li{float: left;}
.foot{ width:1200px; margin:0 auto;}
.foot .version{height:30px; line-height:30px; text-align:center; font-size:14px; color:#333;}
```

11.4.3 页面交互与网页特效的实现

首页中页面交互与网页特效的主要内容如下。

● 使用 JavaScript 实现首页广告条图片的轮播效果。

● 使用 JavaScript 实现首页热点新闻循环向上滚动的效果。

页面交互与网页特效的制作过程如下。

1）准备工作。由于以上网页特效需要使用 JavaScript 脚本文件来实现，因此需要将 JavaScript 脚本文件 banner.js、js_z.js、jquery-1.8.3.min.js 复制到当前站点的 js 文件夹中。

2）打开首页 index.html，添加引用 JavaScript 脚本文件的代码（这 3 行代码已经在页面结构文件中给出，这里再强调一下代码的引用方法），代码如下。

```
<script type="text/javascript" src="js/jquery-1.8.3.min.js"></script>
<script type="text/javascript" src="js/js_z.js"></script>
<script type="text/javascript" src="js/banner.js"></script>
```

3）打开 js 文件夹中的 js_z.js 文件，实现广告条图片轮播效果和热点新闻循环滚动效果的代码如下。

```
// 设置播放器样式
$(function(){
    $('.i_ma li:nth-child(3n)').css('margin-right',0);
    $('.video li:nth-child(3n)').css('margin-right',0);
    $('.pro .pro_l dl:nth-child(2n)').css('margin-right',0);
    $('.scd_m .news:last-child').css('border',0);
    $('.s_nava li a').click(function(){
        $(this).parent('li').siblings('li').removeClass('on');
        $(this).parent('li').addClass('on');
    });
})
// 广告条图片的轮播效果
$(function() {
    $('#owl-demo').owlCarousel({
        items: 1,                                    //数组下标为 1 表示 2 幅广告
        navigation: true,                            //允许导航链接
        navigationText: ["上一个", "下一个"],
        autoPlay: true,                              //页面加载后自动播放动画
        stopOnHover: true                            //允许鼠标悬停时播放当前广告，暂停播放下一个广告
    }).hover(function() {
        $('.owl-buttons').show();
    }, function() {
        $('.owl-buttons').hide();
    });
});
// 设置热点新闻滚动动画播放的高度、方向和滚动间隔时间
function b(){
    t = parseInt(x.css('top'));
    y.css('top','19px');                             //每个 li 元素的高度为 19px
    x.animate({top: t - 19 + 'px'},'slow');
    if(Math.abs(t) == h-19){
        y.animate({top:'0px'},'slow');               //设置慢速向上滚动的动画
        z=x;
```

```
            x=y;
            y=z;                        //重置动画播放的起点位置，实现循环播放
        }
        setTimeout(b,3000);            //设置滚动间隔时间为 3 秒
    }
    $(document).ready(function(){
        $('.swap').html($('.news_li').html());
        x = $('.news_li');
        y = $('.swap');
        h = $('.news_li li').length * 19;    //每个 li 元素的高度为 19px
        setTimeout(b,3000);                  //设置滚动间隔时间为 3 秒
    })
```

　　至此，"馨美装修"网站首页制作完毕，读者可以在此基础上根据自己的喜好修改相关的 CSS 规则，进一步美化页面。

制作合作
案例页面

11.5　制作合作案例页面

　　由于一个网站的风格是一致的，所以首页完成以后，其他页面可以复用主页的样式和结构。合作案例页（case.html）的布局与首页相似，如网站的 Logo、导航菜单、版权区域等，它们仅仅是页面主体的内容不同。该页面的主体内容由两部分组成，左侧包括合作案例分类链接；右侧显示案例列表，效果如图 11-7 所示。

图 11-7　合作案例页主体内容的显示效果

制作过程如下。

11.5.1　页面结构代码

　　合作案例页主体内容的结构代码如下。

```
<div class="bg_b">
    <div class="pst">
        您当前的位置：<a href="index.html">首页</a> > <a href="case.html">合作案例</a>
    </div>
</div>
<div class="scd clearfix">
    <div class="scd_l">
        <div class="l_name"><img src="images/name_6.png" /><i> </i></div>
```

```
                <ul class="s_nav">
                    <li class="on"><a href="case.html">工装案例</a></li>
                    <li><a href="case2.html">家装案例</a>    </li>
                    <li><a href="case3.html">其他案例</a></li>
                </ul>
            </div>
            <div class="scd_r">
                <div class="r_top"><span>合作案例</span></div>
                <div class="scd_m">
                    <dl class="news clearfix">
                        <dt><a href="case_info.html"><img src="images/case/caseli1.jpg" /></a>
</dt>
                        <dd>
                            <div class="title">
                                <p><a href="case_info.html">工厂装修业务流程介绍</a></p>
                                <span>2022-03-02</span>
                            </div>
                            <div class="des">工厂装修业务流程介绍……（此处省略文字）</div>
                            <div class="more"><a href="case_info.html">查看详情>></a></div>
                        </dd>
                    </dl>
                    <dl class="news clearfix">
                        <dt><a href="case_info2.html"><img src="images/case/caseli2.jpg" />
</a> </dt>
                        <dd>
                            <div class="title">
                                <p><a href="case_info2.html">景观改造业务流程介绍</a></p>
                                <span>2022-03-02</span>
                            </div>
                            <div class="des">景观改造业务流程介绍……（此处省略文字）</div>
                            <div class="more"><a href="case_info2.html">查看详情>></a></div>
                        </dd>
                    </dl>
                    <div class="space_hx"> </div>
                    <div class="pages">
                        <a href="">首页</a><a href="">上一页</a><a href="" class="cur">1</a>
                        <a href="">2</a>    <a href="">3</a>    <a href="">…</a>
                        <a href="">下一页</a><a href="">尾页</a>
                    </div>
                </div>
            </div>
        </div>
    </div>
```

11.5.2　页面样式设计

合作案例页主体内容的样式代码如下。

```css
/*当前页面位置容器的样式*/
.bg_b{ width:100%; min-width:1200px; }
/*当前页面位置导航的样式*/
.pst{ width:1200px; height:60px; line-height:50px; padding-top:15px; text-align:right;
margin:0 auto;}
/*主体内容容器的样式*/
.scd{ width:1200px; margin:0 auto;}
/*主体内容左侧菜单容器的样式*/
.scd .scd_l{ width:210px; float:left; position:relative; z-index:9; margin-top:-50px;}
/*主体内容右侧内容容器的样式*/
.scd .scd_r{ width:940px; float:right;}
/*左侧菜单项的样式*/
.scd_l .l_name{ width:210px; height:80px; position:relative; text-align:center; line-
height:80px;}
.scd_l .l_name img{ max-width:100%; height:auto; vertical-align:middle;}
.scd_l .l_name i{ display:block; width:30px; height:30px; position:absolute; right:-
30px; bottom:0;}
.s_nav{ width:202px; background:#EEEEEE; padding:0 4px 4px;}
```

```
        .s_nav li,.s_nav li a{ display:block; width:100%; text-align:center; background:#FFF;}
        .s_nav li a{ border-bottom:1px solid #ddd; font-size:16px;height:50px; line-height:
50px;}
        .s_nav li.on a{ color:#569635;}
        /*右侧内容的样式*/
        /*右侧内容标题的样式*/
        .scd_r .r_top{ width:100%; height:40px; line-height:40px; margin-top:15px; border-
bottom:1px solid #ddd;}
        .scd_r .r_top span{ display:inline-block; *display:inline; zoom:1; height:40px; line-
height:40px; font-size:18px; color:#569635; border-bottom:1px solid #569635;}
        /*右侧内容列表的样式*/
        .scd_r .scd_m{ width:100%; padding:10px 0; text-align:left; font-size:14px; line-
height:180%;}
        .scd_r .scd_m img{ vertical-align:top;}
        .scd_m .news{ width:100%; padding:15px 0; border-bottom:1px solid #ddd;}
        .scd_m .news dt{ width:170px; height:130px; float:left; border:1px solid #ddd;
overflow:hidden;}
        .scd_m .news dt img{ width:170px; height:130px; vertical-align:top;}
        .scd_m .news dd{ width:750px; float:right;}
        .scd_m .news dd .title{ width:100%; height:35px; position:relative; line-height:35px;}
        .scd_m .news dd .title span{ display:block; text-align:right; position:absolute;
right:0; top:0;}
        .scd_m .news dd .title p{ width:600px; height:35px; line-height:35px; white-
space:nowrap; overflow:hidden; text-overflow:ellipsis; font-size:14px; }
        .scd_m .news dd .title p a{color:#569635;}
        .scd_m .news dd .des{ width:100%; height:70px; text-indent:2em; font-size:13px;
overflow:hidden; line-height:180%; color:#777;}
        .scd_m .news dd .more{ width:100%; height:25px; line-height:25px; text-align:right;}
        .scd_m .news dd .more a{ font-size:14px; color:#569635;}
        .scd_m dl:last-child{ border:0;}
        /*右侧内容分页的样式*/
        .pages{ width:100%; text-align:center;}
        .pages a{ display:inline-block; *display:inline; zoom:1; height:25px; line-height:20px;
border:2px solid #eee; padding:0 7px; font-size:13px;}
        .pages a.cur{ background:#569635; color:#fff; border:2px solid #569635;}
```

网站其余页面的制作方法与主页非常类似，局部内容的制作已经在前面章节中讲解，读者可以在此基础上制作网站的其余页面。

11.6　网站的整合

在前面讲解的"馨美装修"的相关示例中，都是按照某个栏目进行页面制作的，并未将所有的页面整合在一个统一的站点之下。读者完成"馨美装修"所有栏目的页面之后，需要将这些栏目页面整合在一起形成一个完整的站点。

需要注意的是，当这些栏目整合完成之后，记得正确地设置各级页面之间的链接，使之有效地完成各个页面的跳转。

习题 11

1. 制作"馨美装修"网站的工装案例页（case_info.html），如图 11-8 所示。
2. 制作"馨美装修"网站的人才招聘明细页（zhaopin_info.html），如图 11-9 所示。
3. 制作"馨美装修"网站的企业介绍页（about.html），如图 11-10 所示。
4. 制作"馨美装修"网站的联系我们页（contact.html），如图 11-11 所示。

图 11-8　题 1 图

图 11-9　题 2 图

图 11-10　题 3 图

图 11-11　题 4 图

参 考 文 献

[1] 刘瑞新. 网页设计与制作教程：Web 前端开发[M]. 6 版. 北京：机械工业出版社，2021.

[2] 刘瑞新，张兵义，朱立. HTML+CSS+JavaScript 网页制作：Web 前端开发[M]. 3 版. 北京：机械工业出版社，2021.

[3] 张兵义，朱立，朱清. JavaScript 程序设计教程[M]. 北京：机械工业出版社，2018.

[4] 师晓利，王佳，邵彧. Web 前端开发与应用教程：HTML5+CSS3+JavaScript[M]. 北京：机械工业出版社，2017.

[5] 刘增杰，臧顺娟，何楚斌. 精通 HTML5+CSS3+JavaScript 网页设计[M]. 北京：清华大学出版社，2019.

[6] 丁亚飞，薛燚. HTML5+CSS3+JavaScript 案例实战[M]. 北京：清华大学出版社，2020.

[7] 黑马程序员. HTML+CSS+JavaScript 网页制作案例教程[M]. 2 版. 北京：人民邮电出版社，2021.

[8] 青软实训. Web 前端设计与开发：HTML+CSS+JavaScript+HTML5+jQuery[M]. 北京：清华大学出版社，2016.

[9] 郑娅峰，张永强. 网页设计与开发：HTML、CSS、JavaScript 实验教程[M]. 北京：清华大学出版社，2017.

[10] 张朋. Web 前端开发技术：HTML5+Ajax+jQuery[M]. 北京：清华大学出版社， 2017.

[11] 孙甲霞，吕莹莹. HTML5 网页设计教程[M]. 北京：清华大学出版社，2017.

[12] 李雨亭，吕婕. JavaScript+jQuery 程序开发实用教程[M]. 北京：清华大学出版社， 2016.

[13] 王庆桦，王新强. HTML5＋CSS3 项目开发实战[M]. 北京：电子工业出版社，2017.

[14] 董丽红. HTML+JavaScript 动态网页制作[M]. 北京：电子工业出版社，2016.

[15] 吕凤顺. JavaScript 网页特效案例教程[M]. 北京：机械工业出版社，2017.